看图学艺

服装篇

FUZHUANG
CAD
YINGYONG
SHIJIAN

服装CAD
应用实践

张俊英　朱宏达　主编

化学工业出版社

·北京·

本书依托布易（ET SYSTEM）服装 CAD 系统为基础平台，全面、系统地介绍了国内最新第三代智能服装 CAD 技术，内容包括服装 CAD 基本概念、软件构成及硬件配置；纸样设计系统、推板放码系统和排料出样系统的功能和使用方法。

目前，国内已出版的服装 CAD 类的图书已很多，本书的不同之处在于根据作者长期从事服装 CAD 的教学体验并结合企业实际应用经验，侧重介绍服装 CAD 在纸样设计、纸样放码及排料等制板技术方面的具体应用，列举了大量服装纸样设计实例，将服装 CAD 的各种功能和操作技巧融于具体实例之中。再则，目前关于布易（ET SYSTEM）服装 CAD 的教材几乎是空白，本书的出版将为系统学习布易（ET SYSTEM）服装 CAD 提供一定的便利。

本书既可作为各类服装院校的服装 CAD 教材，也可作为服装企业的从业人员提高技能的培训教材，对广大服装设计爱好者也有参考价值。

图书在版编目（CIP）数据

服装 CAD 应用实践 / 张俊英，朱宏达主编. —北京：化学工业出版社，2009.9（2023.11重印）
（看图学艺·服装篇）
ISBN 978-7-122-06308-3

Ⅰ. 服… Ⅱ. ① 张…② 朱… Ⅲ. 服装–计算机辅助设计 Ⅳ. TS941.26

中国版本图书馆 CIP 数据核字（2009）第 119894 号

责任编辑：陈　蕾　　　　　　装帧设计：尹琳琳
责任校对：吴　静

出版发行：化学工业出版社（北京市东城区青年湖南街 13 号　邮政编码 100011）
印　　装：北京建宏印刷有限公司
787mm×1092mm　1/16　印张 16¼　字数 396 千字　2023 年 11 月北京第 1 版第 16 次印刷

购书咨询：010-64518888　　　　　售后服务：010-64518899
网　　址：http：// www.cip.com.cn
凡购买本书，如有缺损质量问题，本社销售中心负责调换。

定　　价：49.00 元

看图学艺·服装篇
服装 CAD 应用实践

前 言

本书在编写过程中，编写组一方面从 ET 软件公司获得准确的一手资料，另一方面，从各种渠道调研了大量服装院校、职业技能培训学校、广大服装企业、服装公司等，得到以下反馈。

1.作为服装 CAD 软件业内的后起之秀，ET 服装 CAD 软件（简称 ET 软件）一经推出，便以强大的技术优势迅速站稳国内市场。而出于防盗版方面的考虑，深圳市布易科技有限公司很少公开 ET 软件相关的技术资料读本。这使得众多需求者在学习和应用 ET 软件中遇到了较大的困难。

2.为提高在校生未来求职的竞争力，在开设服装设计与工程专业的高校中，越来越多的高校将《服装 CAD 应用实践》作为在校生未来就业的技能要求之一。

3.作为各高校服装专业开设的主干课程和社会上大量职业技能培训学校的主要技能课程，《服装 CAD 应用实践》的课程讲授急需基于 ET 软件编写的配套教材。

基于以上对需求市场的调研反馈，结合市场中的大量迫切需求和高技能人才培养的要求，本编写组确立以 ET 软件为基础编写本书主要内容，在书中系统介绍了服装 CAD 技术在服装设计及生产领域中的应用原理，对照实例详细介绍了服装纸样设计及放码排料的具体应用和操作方法。本书最大的特点就是在每章节中都有大量作图实例，使本书图文并茂，对照软件的各项功能及服装设计的实例，手把手教读者服装图例绘制的每一步，具有非常强的实践性，切实做到在书中将理论与基本实践能力、综合实训能力和设计创新能力相结合，形成理论教学内容与市场需求密切接轨的特色教材。

本书是服装设计专业广大服装师生及服装企业 CAD 技术人员的首选读物，也是服装专业工程技术人员及服装设计爱好者进行学习及参考的良师益友。

本书的编写填补了目前国内基于 ET 软件的指导性与实践性相结合的完整内容书籍的空白。它必将推动国内服装 CAD 市场尤其是 ET 软件的应用快速发展。

此书的编撰为希望学习和了解 ET 软件的读者提供了良好的机会。希望此书的出版能让更多的人关心了解中国国产服装 CAD 软件，因为只有我们自己的服装科技发展了，中国的服装产业振兴才会有真正坚实的基础。我们始终以此为己任。

本书由河南工程学院张俊英、朱宏达主编，由东华大学朱奕和郑州易体电子科技有限公司杜秀玲任副主编，第一章由杜秀玲编写；第二章由李延锋和刘吉庆编写；第三章和附录由张俊英、朱宏达编写；第四章由中原工学院李彦编写；第五章由朱奕编写，全书由张俊英主审、朱宏达校稿。

本书在编写过程中得到深圳市布易科技有限公司的大力支持，公司在百忙中派专人协助本书编写，并对全稿进行仔细阅读，并提出了宝贵建议！在此表示衷心感谢！

另外，撰稿和出版过程中，河南工程学院白莉红、高亦文、王红歌、张巧玲、扬州纺校刘荣平、河南大学谢伟、义乌合作银行商博分理处张红英、浙江捷科通信科技有限公司朱凯荣等给予多方面的帮助，在此一并表示感谢！

由于编者水平有限，书中难免有疏漏和不足之处，恳请各位读者阅后提出宝贵意见和建议，以期再版时修正。

编者
2009 年 7 月

看图学艺·服装篇
服装 CAD 应用实践

目　录

第三章　打板系统技巧与综合应用实例　76

第四章　推板放码系统　　163

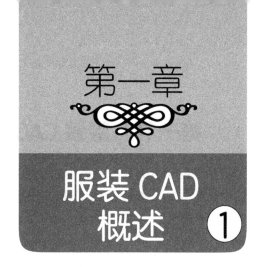

第一章

服装 CAD
概述 ①

　　服装 CAD 是应用于服装设计领域的计算机辅助设计（Computer Aided Design）的简称，是服装设计师在计算机软硬件系统支持下，通过人机交互手段，在屏幕上进行服装设计的一项专门的现代化技术。它集计算机图形学、数据库、网络通讯等计算机及其他领域的知识于一体，将服装设计师的设计思想、经验和创造力与计算机系统功能密切结合起来，是现代服装设计的主要方式。

　　目前，欧美等发达国家的服装企业已基本普及CAD 技术。我国服装计算机辅助设计（CAD）技术的开发和应用在近二十年发展迅速。现在，服装 CAD 不仅被我国服装企业普遍采用，并且正在成为每个服装设计者不可缺少的设计工具。

看图学艺·服装篇

服装 CAD 应用实践

① 服装 CAD 概述

② 打板系统

③ 打板系统技巧与综合应用实例

④ 推板放码系统

⑤ 排料系统

附录

第一节　服装 CAD 在服装工业生产中的作用

服装设计的优劣直接影响服装的款式、质量和价格，而这些因素直接决定服装在市场中的竞争力。将服装 CAD 应用于服装设计全部环节，其在服装工业生产中的作用尤为突出。

一、降低劳动强度，提高工作效率

服装 CAD 系统的应用取代手工制板、推板、算料排版、裁剪排版中的所有操作环节，使原来繁杂的重复性的手工劳动变得事半功倍，大大降低了劳动强度、提高了生产效率。

二、提高设计精度，保证产品质量

（1）使用服装 CAD 系统设计服装纸样，可不受画笔粗细、各种尺板的精密度等工具因素的影响，保证服装纸样的长度、角度的精确度。

（2）可以减少设计人员因心理、生理等因素造成的失误，并能快速、方便地检查各部位的尺寸，提高产品规格合格率。

三、节省人力资源，降低人员管理成本

企业使用服装 CAD 系统以后，原本需要多人从事的工作只需要 1~2 人即可完成，为公司缩减人员管理成本提供了便利。

四、节省原辅材料，降低生产成本，提高企业利润

使用服装 CAD 系统的排料功能进行算料排版，可以更迅速、更准确地预算原辅材料的用量，减少呆料和废料的产生，尽可能地降低原料库存积压资金；节省裁剪排料的工序、提高布料的使用率，从而降低面辅料的消耗。另一方面，杜绝产生由于未经准确用料计算导致的企业面料供应不及时或延误销售时机的现象，为提高企业终端运营畅通提供有力的支持。

五、逼真着装效果，增强营销效应

作为服装 CAD 的分支技术，三维虚拟缝合和二维半曲面网格技术可以提供不同层次的虚拟试衣服务。顾客可以任意挑选款式，试穿快捷方便，着装效果自然、逼真，并可瞬间变换颜色、面料，具有立体真实感，是推销广告、扩大市场份额的有效手段。

六、信息管理科学化

作为服装企业信息化进程的起点，使用服装 CAD 系统，其系统文件、图档信息管理功能，为服装的销售、经营提供科学、有效的管理支持。

七、使企业的技术资料保密更加严谨

服装企业技术资料的保密一直是企业一项头疼的问题，而使用 CAD 后，这项问题便可轻易地解决了。因为，服装 CAD 系统具有良好的记忆功能，所有图样全部数字化管理，调阅、查找、修改、工作交接、管理交接、经验的延续、风格的把握、与加工单位的技术交流等，即使同一套技术资料，换到另一台机器上就无法打开。所以使用 CAD 后，能够保证企业的技术文件不会因技术人员的流动而流失。

第二节　国内外服装 CAD 系统现状与发展

一、国外服装 CAD 发展现状

世界上第一套服装 CAD 产品诞生于 20 世纪 70 年代的美国。主要解决推档（Grading）和排料（Marking）的计算机操作。随后，日本、法国、西班牙、德国等都相继推出了服装 CAD 产品。当时的服装 CAD 软件主要为解决当时服装工业化生产中的瓶颈问题，即推档和排料的计算机操作。这些不仅使生产效率得以显著提高，生产条件和环境也得到很大的改善。90 年代左右，各服装 CAD 软件公司又不断更新，推出了服装结构设计和款式设计等系统，完善了服装 CAD 产品，使款式设计、结构设计、样板制作与推档排料形成一体，实现了设计人员设计的全电脑化操作。

迄今，国外服装生产已经从 20 世纪 60 年代的机械化、70 年代的自动化、80～90 年代的计算机化，逐步向现在的傻瓜化、智能化、多元化方向发展，如自动生成样板、自动推板、自动排料等。较为成熟的为自动推板模块，目前，美国、欧洲各国 CAD/CAM 占有率为 70% 左右，日本为 80% 左右，中国台湾 40%，泰国、菲律宾等国为 20%。

在世界各国拥有大量用户的美国格柏（Gerber）公司历史悠久，占据了服装 CAD 技术的首领地位。该系统比较注重专业软件的通用性和操作系统的兼容性，已经进入了软件的集成化即 CIMS 和硬件的 CAM 发展阶段。另外，在国际上和我国影响较大的还有法国的力克（Lectra）公司。力克系统比较注重 CAD 软件的服装专业化和自成体系。格柏和力克在界面均做了一定程度的汉化，且在三维服装 CAD 系统方面也有一定的尝试。此外，一些国外软件还直接走入了服装院校的教学环节，以便更加深入地进入国内的服装行业。

二、国内服装 CAD 发展现状

我国服装 CAD 软件的研究开始于"六五"期间;"七五"期间,服装 CAD 产品有了一定的雏形;"八五"后期真正推出了我国自己的商品化服装 CAD 产品,此时涌现出了大批的服装 CAD 企业。国内服装 CAD 产品虽然在开发应用的时间上比国外产品要短,但是发展速度非常快。与国外服装 CAD 产品相比,国内服装 CAD 软件更注重打板环节,能真正做到电脑起头样。国内自行设计的服装 CAD 不仅能很好地满足服装企业生产和大专院校教学的需求,而且产品的实用性和适用性、可维护性、更新的反应速度等方面与国外产品相比都更具有优势。

目前,国内比较有影响的服装 CAD 软件有航天(Arisa)、杭州爱科(ECHO)、ET 服装 CAD 系统(ETSYSTEM),智尊宝纺(MODASOFT)、北京日升(NAC)、富怡(RICHPEACE)、丝绸之路(SILKROAD)、时高、广州樵夫(WOODMAN)等多个品牌(备注:以上软件排名按软件的首字母顺序)。

在国内服装 CAD 系统中,ET 服装 CAD 系统(以下简称 ET 系统)是非常有特点的软件。它强调人与软件的和谐,追求功能与智能的平衡。ET 系统提供了人性化的界面,在拥有强大技术功能的同时,也提供了非常自由的操作流程。其率先推出的"智能笔"、"一片袖"、"点对点加密"、"综合安全检测"等诸多技术概念已经成为国内服装 CAD 的技术模板。ET 软件可提供智能模板技术,智能结构调整技术,工具组自定义导向技术,文件差异比较技术,系统综合安全机制(包括:无限制 undo\redo。安全隐患检测,文件自动备份等)。目前 ET 软件正摆脱单一的 2D 服装 CAD 技术的限制,正向 2D/3D 集成的综合化信息平台方向发展。

三、服装 CAD 发展趋势

国际服装 CAD 企业纷纷抢滩登陆中国,以及国内 CAD 企业的逐渐起步,都显示了 CAD 业界对我国市场的高度重视。在 2002 年中期,力克已将其位于中国香港的亚太区总部迁至上海,2003 年 10 月,力克在全球的第三个国际先进科技中心又落户上海。而格柏科技早在 2000 年就在上海建立了领先科技中心,同时,这两大巨头的销售服务网点、员工数量均在逐渐有序地增长之中。2004 年 12 月 22 日,法车力克并购了西班牙的艾维,力克实力更加雄厚。随着国内服装 CAD 软件的崛起,以往国外品牌独大的市场格局已经被打破,国内服装 CAD 软件正逐步扩大,已经成为国内服装 CAD 市场的主流。在品牌建设方面,中国也涌现出像 ET 服装 CAD 这样的中高端品牌,它们的出现将逐步改变以往国产服装软件品牌落后的不利局面。

从国内外较高水准的服装公司对服装 CAD 的研究态势和产品开发上可见,服装 CAD 的普及推广成为一种必然趋势。目前服装 CAD 的技术正朝着集成化、智能化、网络化、三维设计和自动量衣、试衣方向发展。服装 CAM 和 CIMS 的作用会显得日益重要。而随着对服装合体性、舒适性、个性化要求的提高,3D-CAD 的开发已迫在眉睫,成为亟待解决的热门课题，在这方面深圳布易科技已经走在前面，他们正致力于 2D 和 3D 服装 CAD 技术的全面融合，开发全新的集成服装 CAD 系统。

服装 CAD 要想得到更进一步的发展，就必须借助于在用户中的普及和应用，服装 CAD 开发商应致力于智能化模块的开发，使得技术操作更加简捷，便于推广，加强操作使用培训以及完善售后服务等。同时，在高等院校及中专院校培养和训练出更多的服装 CAD 应用人才，只有具备高素质、高技术水平的应用人才，才能给服装 CAD 的发展提供更广阔的开发空间。在这一点上，国内服装 CAD 软件具有更强的地缘优势。相信在不久的将来，国产服装 CAD 软件将会有更大的发展。

第三节　服装 CAD 系统的硬件配置

服装 CAD 系统由硬件系统和软件系统两部分组成。

一、硬件系统

硬件系统主要由计算机、输入设备和输出设备等设备组成。常用的输入设备有数字化仪、扫描仪、摄像机和数码相机等；而输出设备包括绘图机、打印机和自动裁床等。

（一）图形输入设备

1．扫描仪

扫描仪（Scanner）是图像信号输入设备。服装 CAD 主要采用彩色扫描仪，用于图像的采集，扩充图库。

2．数字化仪

图形数字化仪是一种重要的图形输入装置，能方便地实现二维图形数据的准确输入。在服装 CAD 系统中，根据服装纸样的实际大小往往采用大型数字化仪作为服装样板的输入工具，因此大幅面数字化仪是服装 CAD 系统的重要外设之一。

3．数码相机

数码相机又称为数码式相机，服装 CAD 系统利用相机把图像（如模特照片、效果图、面料、饰物等）逼真地输入到计算机内。

4．摄像机

摄像机用于摄录人体轮廓和动态图像，通过接口将图形输入计算机内，可为顾客进行电脑仿真试衣服务。

（二）图形输出设备

服装 CAD 工作站图形输出设备有数字化仪、纸样切割机、笔式绘图仪、高速喷墨绘图仪和自动裁床等，其中常用的图形输出设备有打印机、绘图仪等。图 1-1 中显示的是一种标准配置模式，服装企业或个人可选择其中一部分或逐步配置该系统。

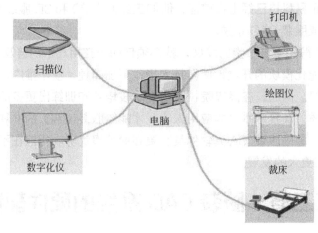

图 1-1　服装 CAD 标准配置模式

二、软件系统

　　服装 CAD 的软件是硬件的灵魂，从功能上一般分为服装款式设计系统、服装纸样设计系统、服装纸样推码系统、服装样片排料系统和服装工艺单制作系统等五个。

（一）服装款式设计系统

　　包括服装面料的设计以及服装款式的设计，可以进行梭织纹理的设计和变化，针织效果的设计变化；对服装款式作 3D 效果的设计，并能适时更换面料。

（二）服装纸样设计系统

　　包括结构图的绘制功能，样片的智能提取、分割、合并、对称等；自动作省褶，任意转省等；缝份的自动加放，标注标记等功能；以及动态直观的检查测量工具。

（三）服装纸样推码系统

　　由基本号型纸样生成系列多号型纸样，包括端点式、切开线式、点线结合式、分段放缩式、角度、公式等多种推码方式。

（四）服装样片排料系统

　　包括全自动、交互式、对格对条、专家经验排料、智能排料等多种排料方式，针对面料的缩水率、弹性、色差、疵点、段花、倒顺毛等面料信息，对样片进行模拟排料，确定排料方案。

（五）服装工艺单制作系统

　　自由绘制款式或工艺平面图、工艺表格、文字及各种线迹，口袋等多种部件，填充材质；并可直接导入其他系统软件所设计的款式图、号型规格表、结构图、工艺图、排料图、文字标注等。

第四节　服装 CAD 系统启动

一、开机与关机

1．开机

先开计算机外部设备，后开主机。

外部设备包括显示器、打印机、绘图仪和数字化仪等。

2．关机

先关主机，后关外部设备。

二、电脑主机端口识别

正确认识各端口，以便正确连接外部设备。

通常情况，台式机主机箱体背部面板中各端口位置、形状如图 1-2 所示。

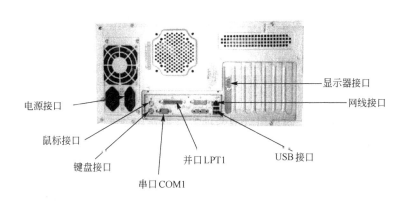

图1-2　电脑主机端口

三、ET 服装 CAD 系统的启动

（一）正常启动系统

软件安装成功后，可按下述任一方式启动 ET 服装 CAD 系统。

1．开始菜单启动

〈开始〉→〈程序〉→〈ET 系统〉，进入 ET 系统主界面，如图 1-3 所示。

看图学艺・服装篇

服装 CAD 应用实践

① 服装 CAD 概述

② 打板系统

③ 打板系统技巧与综合应用实例

④ 推板放码系统

⑤ 排料系统

附录

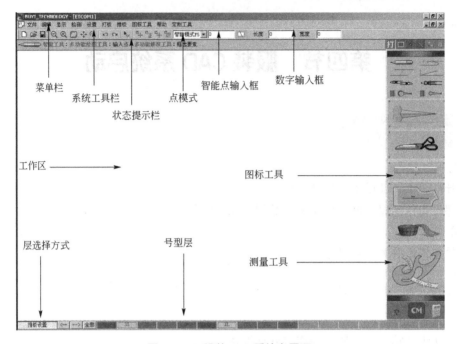

菜单栏　系统工具栏　状态提示栏　点模式　智能点输入框　数字输入框

工作区　图标工具

层选择方式　号型层　测量工具

图 1-3　ET 服装 CAD 系统主界面

2. 快捷图标启动

双击桌面上 ET 服装 CAD 系统快捷图标，进入 ET 系统主界面，如图 1-3 所示。

3. 通过已有文件启动

打开已有的 ET 软件编辑的文件。

（二）非正常启动系统

如遇系统不能正常运行，通常用以下两种方法重新启动计算机。

1. 通过开始菜单重启

〈开始〉→〈关机〉→〈重新启动计算机〉。

2. 热键重启

同时按下键盘上的〈Ctrl〉+〈Alt〉+〈Delete〉→重新启动计算机。

如上述两种操作均不起作用，则采取强制关机的方式重启计算机。具体做法：持续按压主机电源的方式，直到主机关机；30 秒后重新打开主机电源，重新进行软件启动。但此项操作可能造成部分未保存数据丢失。

（三）ET 服装 CAD 系统主界面简介

ET 系统主界面由菜单栏、工具栏、状态栏、工作区、层选择方式、号型层和图标工具栏组成。

1. 菜单栏

菜单栏描述本系统的基本操作。

菜单栏内放置着打板与推板系统的十一个菜单。单击某个菜单时，会弹出相应的下拉式工具列表。可以用鼠标单击选择其中某一工具，此时，状态栏内显示对应该工具的快捷键。在下文中列出了本软件中主要的快捷键组合，熟记它们会大大提高工作效率。

2．工具栏

工具栏内放置常用工具的快捷图标、点选择模式、点输入框和要素选择模式等，为快速完成打板、排料工作提供了极大的方便。

3．状态栏

状态栏内显示当前选择的工具。大多数工具在状态栏能够实时显示每一步的操作提示。

4．工作区

工作区如一张带有坐标的无限大的纸，在其上可以尽情发挥设计者的设计才能。

5．层选择方式

层选择方式位于系统界面的最下角，用于设置推板号型的层数和选择显示操作层。

6．号型层

号型层显示当前打板操作的号型，在推板状态下可以设置和显示多个号型的样板。

7．图标工具栏

图标工具栏存放着打板、推板所用工具。采用遮盖式设计，用鼠标点击其上方的 `et system` ，可以切换打板常用工具及放码工具；而点击下方的〈et system〉图标可以切换打板专业工具及测量工具。在 `CM` 图标的〈CM〉处按鼠标右键，出现活动对话框，可以将"图型面板"分类菜单进行打开或关闭；也可以在"智慧之蓝"、"黑客帝国"、"传统风格"及"老版本风格"等四种界面风格中切换使用；另外，在〈CM〉处按鼠标左键，可以在打板的公制及不同英制之间切换；在〈数值〉处按鼠标左键，可以进入裁片清单大表。

四、部分操作术语说明

（1）点击：表示鼠标指针指向一个想要选择的对象，然后快速按下并释放鼠标左键。主要用于选择某个功能。

（2）双击：表示鼠标指针指向一个想要选择的对象，然后快速按下并释放鼠标左键两次。主要用于进入某个应用程序。

（3）右键单击：表示鼠标指针指向一个想要选择的对象，然后快速按下并释放鼠标右键。主要用于结束或取消某步操作或某个功能。

（4）左键拖动：按住鼠标左键，移动鼠标。通常用于应用软件中的放大等操作。

（5）框选：表示在空白处单击并拖动鼠标，把所选内容框在一个矩形框内，再单击。

（6）〈Ctrl〉+〈Z〉：文中出现〈Ctrl〉+〈Z〉通常是指按住〈Ctrl〉键的同时按 Z 键。

（7）滚轮：移动滚轮，使当前页面上下滚动。应用软件可以对滚轮做特殊的定义。

五、ET 服装 CAD 系统中部分文件后缀名介绍

（1）打、推板文件：*．prj。

（2）预览图文件：*．emf。

（3）排料文件：*. pla。

（4）数字化仪文件：*. Dgt。

（5）输出文件：*. Out。

（6）尺寸表文件：*. Stf。

（7）关键词文件：mykeyword. kwf。

（8）附件库文件：*. prt。

① 服装 CAD 概述

② 打板系统

③ 打板系统技巧与综合应用实例

④ 推板放码系统

⑤ 排料系统

附录

第二章

打板系统

②

　　打板推档是服装行业的技术部门,包含服装结构设计和服装工艺制版。

　　打板系统是 ET 服装 CAD 系统的主要模块之一。

　　本章重点介绍打板系统工具的使用。

看图学艺 · 服装篇　服装 CAD 应用实践

① 服装 CAD 概述

② 打板系统

③ 打板系统技巧与综合应用实例

④ 推板放码系统

⑤ 排料系统

附录

第一节　桌面工具栏

一、系统工具栏

　　系统工具栏又称标准工具栏，用来实现本系统中系统的基础支持功能。下文中对系统工具栏中各按钮具体功能进行描述。

1. 新建文件

　　用于新建一个空白的工作区。如果当前画面上有图形，则将当前画面中的内容全部删除，删除前系统会弹出如图 2-1 所示的提示对话框。

　　提示"本操作会导致当前数据被清除"，鼠标左键点击是"是"，即创建了一个空白工作区，点击"否"则取消该操作。

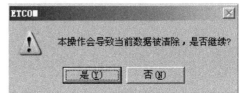

图 2-1　新建文件

2. 打开文件（F2/Ctrl+O）

　　用于打开一个已有的文件，选此功能后，弹出如图 2-2 所示的对话框。

图 2-2　打开文件

选择文件名后 "打开"键，文件被打开。文件打开对话框中提供"文件查询"功能，用户可输入"设计者"、"样板号"、"季节"及"制板时间"后，按"文件查询"，查询结果将显示在"文件查询结果"处。要注意的是，"删除查询文件"是指永久删除"文件查询结果"下显示的所有文件，要慎重使用该功能。

3. 🖬保存文件（F3/Ctrl+S）

可将绘制的纸样文件保存起来，以便后期存档、修改。点击功能后,初始文件的保存，会自动转为文件另存功能，并出现如图2-3所示的对话框。

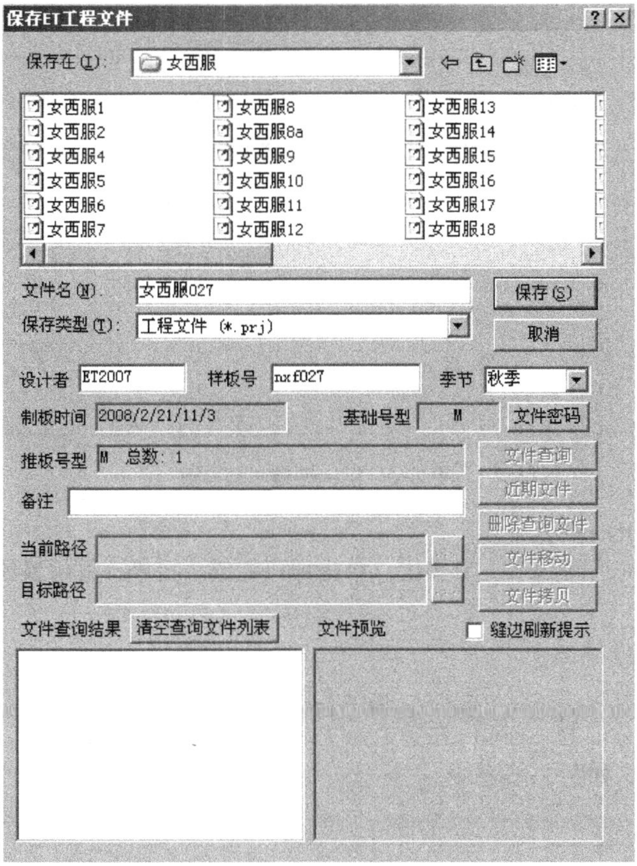

图2-3 保存文件

① 服装 CAD 概述

② 打板系统

③ 打板系统技巧与综合应用实例

④ 推板放码系统

⑤ 排料系统

附录

在文件名处，填写文件名（必须把文件后缀的*.prj 删除）后按"保存"。在"设计者"、"样板号"、"备注"及"季节"处，填写相应的内容，以备文件查询时使用。"文件密码"功能可以对文件进行加密保存，当打开文件时，必须输入对应的密码，解除密码时，应选择"另存为"。"制板时间"与"基础号型"由系统自动填写。放过码的文件，"号型"处会显示已推放的号型数。

【注】：如文件已有文件名，再次按"文件保存"功能，则当前内容将取代已有保存的文件；"样板号"一般必须填写，在裁片的纱向上会出现"样板号"的内容，否则系统会自动呈现"noname"的字样。

看图学艺·服装篇

服装 CAD 应用实践

① 服装 CAD 概述

② 打板系统

③ 打板系统技巧与综合应用实例

④ 推板放码系统

⑤ 排料系统

附录

4. ⤺撤销操作（Ctrl+Z）

在发生错误或误操作时使用。回到上一步操作，可连续使用。打板、推板系统可由用户自定义撤销步数，在【文件/系统属性设置/操作设置】菜单中可以设置"撤销恢复步数"的数值，如图 2-4 所示；系统的备份文件位置为 ET 服装 CAD 系统软件根目录下的"temp_dir"文件夹。

图 2-4　撤销恢复步数设置

5. ⤼恢复操作（Ctrl+X）

在进行撤销操作后回到下一步操作，单击即可完成。打板、推板系统可由用户自定义恢复步数。

6. ⊕区域放大（Z）

可放大当前的图形，点击功能后，通过鼠标左键"框选"区域，放大画面；鼠标左键拖动两点（拖 1、拖 2），按〈Shift+左键〉点击一下，则按点击位置放大，右键结束可回到之前正在使用的工具，如图 2-5 所示。

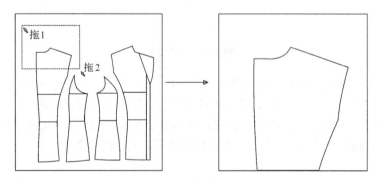

图 2-5　区域放大

7. ⊖视图缩小（X）

整个画面以屏幕中心为基准，缩小左键每选择一次此功能，画面就缩小一次。可连续操作。

【注】：此功能只是画面的变化，实际图形的尺寸并没有改变。

8. □ 充满视图（V）

可将当前工作区内的所有图形显示在当前画面中，单击即可实现。

9. ✥ 视图查询（C）

按住鼠标左键，将图形拖到你想要的观察位置。

10. ☒ 前画面（F10）

用于在"现在"或"刚才"的两个画面之间进行切换，鼠标单击即可完成操作。

11. ✖ 删除

将选中的要素删除。鼠标左键"框选"选择要删除的要素（包括图形、文字、刀口、打孔等任何要素），鼠标右键结束操作，如图 2-6 所示。

12. ✛ 平移

按指示的位置，平移或复制选中的要素。

鼠标左键"框选"要移动的要素，按右键确定；左键拖住，移动要素至所需位置，松开即可，如图 2-7 所示。在松开鼠标前，加按〈Ctrl〉键，则为平移复制。

在"单步长"输入框 单步长 5 中输入数值，按小键盘上的方向键"2、4、6、8"（2 = 下移、4 = 左移、6 = 右移、8 = 上移），则按指定单步长平移要素。在按右键确定之前，如果在"横偏移"或"纵偏移"输入框 横偏移 50 纵偏移 0 中输入数值，则可以按指定数值进行横向（纵向）平移或复制。

13. ⊾ 水平垂直补正

将所选图形，按指定要素做水平或垂直补正。

鼠标左键"框选"参与补正的要素，右键确定；左键"点选"补正参考要素的旋转中心侧，系统自动做垂直补正，如图 2-8 所示；如果按〈Shift〉+ 补正的参考要素，系统自动做水平补正。

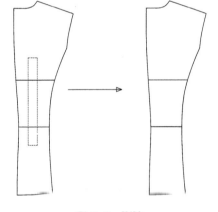

图 2-6　删除

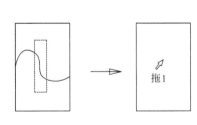

图 2-7　平移

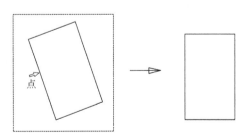

图 2-8　水平垂直补正

14. ⊾ 水平垂直镜像

对选中的要素做上下或左右的镜像。

鼠标左键"框选"要做镜像的要素，右键确定；单击左键指示镜像轴的方向，如图 2-9

所示：点 1、点 2 为垂直镜像；点 3、点 4 为水平镜像；45°角镜像为点 5、点 6。在指示最后一点之前按〈Ctrl〉键，为复制镜像。

15. ▨ **要素镜像**

将所选要素按指定要素做镜像。

鼠标左键"框选"要做镜像的要素，右键确定；左键指示镜像要素（点），指示最后一点前按〈Ctrl〉键，为要素镜像复制，如图 2-10 所示。

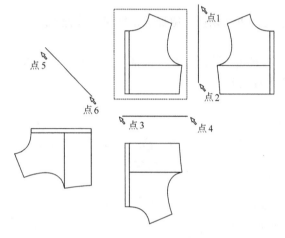

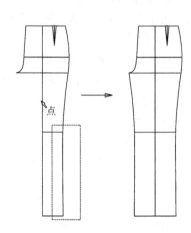

图 2-9　水平垂直镜像　　　　　　　　　　图 2-10　要素镜像

📌 二、点模式与要素模式

1. 点模式 [智能模式F5 ▾] [5] [▱]

所谓要素模式是指在利用服装 CAD 系统作图过程中，用鼠标确定与已有要素的相对位置时所选择的方法。ET 服装 CAD 系统中共提供了 6 种点模式。

（1）端点：选择要素中心偏向侧的位置，就会选到端点。此点可输入数值，如输入正值 5，则会在线上找到 5cm 位置，如输入负值，则在线外找到相应数值的位置。

（2）交点：直接选择两线交叉位置，就会选到相应的交点。如输入数值 2，则会找到距交点 2cm 位置。交点模式不可输入负值。

（3）比例点：通过输入比例，并指示中心偏向侧，找到相应点的位置。比例必须通过小数的方式来输入，如 1/3 需输入 0.33、1/4 需输入 0.25。

（4）要素点（F4）：要素上的任意位置。

（5）任意点（F5）：屏幕上的任意位置。

（6）智能点（F5）：系统自动判断以上的 5 种点模式，多数情况下，只需使用此种点模式。

① 替代端点、交点功能：鼠标在画面上移动，端点与交点会自动变红。如果在"智能点"输入框 [2] [▱] 中输入大于等于 1 的数值，则端点（交点）与系统自动找到的相应的数值点，都会变红。如果输入 0~1 之间的数值，如输入"0.5"系统会自动找到 2 个位置，

一个是距端点 0.5cm 的位置，此点为红色；第二个是在要素上 1/2 的位置，此点为黄色。如果输入"0.5，1"系统会自动找到二分之一偏离 1cm 的两个位置。

② 替代比例点功能：如果在"智能点"输入框中输入"1/3"系统会自动在要素上找到两个三分之一点，端点与两个三分之一点为黄色。

③ 替代要素点和任意点功能：要素上的任意点与屏幕上的任意点，只需直接指示。

2. 要素模式

所谓要素模式是指在利用服装 CAD 系统作图时，用鼠标选取已存在要素所选择的方法。ET 服装 CAD 系统中提供了 3 种要素模式。

（1）点选：鼠标左键通过点击的方式，一条一条地选择。选错的要素，再次选择时将被取消。

（2）框内选：鼠标左键按下，拖住移动，形成矩形框后松开，整体都在矩形选择框内的哪些要素将被选中。选错的要素，可以以"点选"的方式，一条一条地取消。一般只有在选择有重叠边线的小线段、小部件等特殊情况下才使用这种模式；如图 2-11（b）可以实现提取小袖的操作。

（3）压框选：鼠标左键按下，拖住移动，形成矩形框后松开，矩形框内的要素与被矩形框碰到的所有要素均被选中。选错的要素，可以以"点选"的方式，一条一条地取消。多数情况下，只使用此种框选模式，如图 2-11（c）由于大袖的部分边线也被选中，所以不能进行提取小袖的操作。

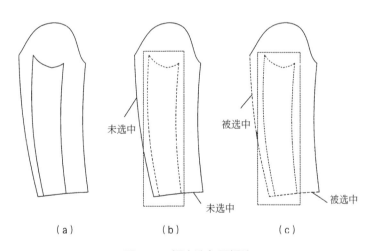

（a）　　　　　（b）　　　　　（c）

图 2-11　框内选与压框选

三、状态显示

1. 打板状态与推板状态

单击此图标一次，进入推板状态，图标变成推，再次选择，返回打板状态图标变成打。

2. 缝边的显示状态

单击此图标一次，显示缝边，再次选择，关闭缝边。

看图学艺·服装篇

服装 CAD 应用实践

① 服装 CAD 概述

② 打板系统

③ 打板系统技巧与综合应用实例

④ 推板放码系统

⑤ 排料系统

附录

3. **放码点的显示状态** ⊙

单击此图标一次，显示放码点，再次选择，关闭放码点。

4. **放码线的显示状态** ◤

单击此图标一次，显示放码线，再次选择，关闭放码线。

5. **放码规则的显示状态** ↑

单击此图标一次，显示放码规则，再次选择，关闭放码规则。

6. **文字的显示状态** a

单击此图标一次，显示文字，再次选择，关闭文字。

第二节　ET 智能笔功能

鼠标左键单击图标 ━━●，或者用快捷方式键盘的<~>键在任意状态下进入 ET 智能笔作图状态。ET 服装 CAD 系统中的这支"智能笔"功能，可以完成同类软件中 28~39 个功能的频繁切换。这意味着，使用其他软件和使用 ET 系统软件，设计同一种衣板时，ET 系统软件在时间上快 15%~45%，而且轻松方便。效率的提高，可以缩短生产周期；也可以把节约出来的时间用在对衣板与效果图间的结构分析与推敲上，让样衣的成功率更高。

特别要注意的是由于智能笔的功能强大，所以系统在智能笔上设置了三种功能状态——智能工具、多功能绘图工具和多功能修改工具，可以用鼠标右键进行相互切换，选择需要的智能笔功能状态。

一、作图类

1. 任意直线

单击鼠标左键一下，拉出一条直线，再单击左键，单击鼠标右键结束。在"长度"输入框中 长度 10 输入数值"如 10"，则按指定长度做任意直线，如图 2-12 所示。

2. 矩形

在"长度"和"宽度"输入框中 长度 20 宽度 10 输入数据，单击鼠标左键一下，移动鼠标拉出一个矩形，指示矩形的长度与宽度的方向（本软件的长度与宽度没有严格的规定，两者方向是相对的）再单击左键确定，形成一个矩形框；如果不输入任何数据，则会画出任意尺寸的矩形，如图 2-13 所示。

图 2-12　任意直线功能

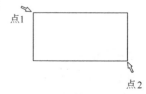

图 2-13　矩形功能

注意：如果在工作区有任何要素或图形的情况下，需要按住<Shift>键不放，左键单击一下，移动鼠标拉出矩形，再单击左键确定。

3. 丁字尺

　　鼠标左键单击一下，拉出一条任意直线，按一下<Ctrl>键并松开，就可以切换到丁字尺状态（指直线的方向被控制在水平线、垂直线和 45° 线三个方向），再单击左键即可。如果在"长度"输入框中输入数值，则按指定长度做水平线、垂直线、45° 线，如图 2-14 所示。

　　注意：<Ctrl>键为切换键，可以在"任意直线"和"丁字尺"两个功能之间切换。

4. 画曲线

　　鼠标左键单击、移动、再单击……（曲线点数大于等于 3），单击右键结束，即可做出一条任意曲线。在用智能笔功能绘制曲线时，按 ← <Backspace>键可以退掉前一个曲线点，如图 2-15 所示。

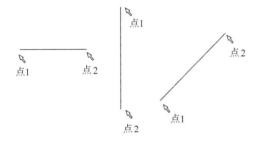
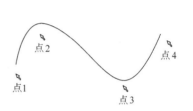

図 2-14　丁字尺功能　　　　　　図 2-15　画曲线功能

5. 做省道

　　该功能可以在裁片做省部位线上直接做省。"长度"输入框中输入"省长"数据，在"宽度"输入框中输入"省量"数据。左键在要做省的要素线上单击（点 1），鼠标往做省方向移动（如下图虚线），再单击左键（点 2）形成省道，如图 2-16 所示。

　　注意：智能笔只能做垂直于要素线的省道。

6. 做省折线

　　该功能可以为已做好的省道加上中心折线。左键"框选"要做省折线的四条要素，鼠标指示省折线的倒向侧按右键结束操作，如图 2-17 所示。

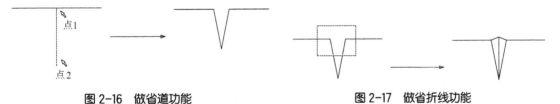

図 2-16　做省道功能　　　　　　図 2-17　做省折线功能

二、修改曲线类

1. 测量线长度

　　鼠标右键"点选"要测量的直线或曲线，系统就会弹出该线的长度数值，如图 2-18 所示。

　　注意：打板所使用的数量单位在"系统属性设置"中可以选择是"厘米 cm"或是"英

寸 in 或 inch"（1in=2.54cm）。

2．调整曲线

　　鼠标右键"点击"要调整的曲线，再用左键选择曲线上要修改的曲线点，拖到目标位置松开左键，调整结束后单击右键结束操作，如图 2-19（b）所示。

3．群点修正

　　先按住<Ctrl>键不放，右键"点选"要调整的曲线，左键点住某个点拖动，实现所有曲线点列一起调整，调整结束后按右键结束操作，如图 2-19（c）所示。

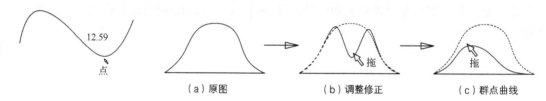

（a）原图　　　　　　（b）调整修正　　　　　　（c）群点曲线

图 2-18　测量线长度功能　　　　图 2-19　调整曲线与群点修正功能

　　注意："调整曲线"与"群点修正"的区别：前者在调整时调整点相邻的两个曲线点的位置始终固定不变，而后者在调整时，曲线上的所有曲线点列会一起移动。

4．点追加

　　在"调整曲线"时，按住<Ctrl>键，在需要加点的位置单击左键，可以增加曲线上的点。

5．点删除

　　在"调整曲线"时，按住<Shift>键，在需要减点的位置单击左键，可以删除曲线上的点。

6．定长曲线修正

　　该功能可用于调整袖山弧线的吃量。右键"点选"要修改的曲线，曲线显红色，在"长度"输入框中该线调整后的最终长度数值（如 45cm），左键拖动线上任一点，该线就会在两端点固定的情况下自动调成所需长度的曲线，按右键结束（在按右键之前，该线可无限次的调节，而长度始终保持不变），如图 2-20 所示。

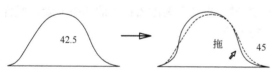

图 2-20　定长曲线的修正

7．直线变曲线

　　鼠标右键"点选"要修改的直线，再用左键点击直线上的"黄色"中心点，拖动该点进行修改，修改结束后按右键结束操作。

8．定义曲线点数

　　该功能可以避免在要素的曲线点数过多时，逐个删除曲线点的麻烦。用鼠标右键"点选"曲线，在"点数"输入框 点数 ⃞4⃞ 中输入指定的点数（指定的曲线点数包含两个端点），再按右键确定即可。

三、修改类

1．线长调整

　　鼠标左键"框选"要素的调整端（不能超过该要素的中点），在"长度"输入框中

长度 [30] 输入数值为调整整条线的长度，在 调整量 [-10] 中输入数值为加长或减短线的长度（数值加长为正、减短为负）。右键结束操作。

如图 2-21（a）为长度框中输入数值为 30；图 2-21（b）为调整框中输入数值为 -10。

2. 删除要素

左键"框选"要删除的要素，按<Delete>键，选中的要素就被删除了。另外左键"框选"要删除的要素，按<Ctrl + 右键>又可以达到同样的删除目的，如图 2-22 所示。

注意：智能笔的删除功能只能删除要素，不能删除任意文字、刀口、打孔等非要素的内容。

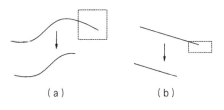

图 2-21　线长调整功能

图 2-22　删除要素功能

3. 平行线

该功能可以做参照线的平行线。左键"框选"平行参照要素，如图 2-23（a）所示，移动鼠标指示相对于参照线要做平行线的一侧，按<Shift+右键>完成平行线操作。如果在"长度"输入框输入平行距离数值，可做指定平行距离（点 1）的平行线，如图 2-23（b）所示；如果在"长度"输入框中没有输入数值，移动鼠标到指定一点（点 2）或任意一点处，按<Shift+右键>即可形成一条通过指定点或任意点的平行线，如图 2-23（c）所示。

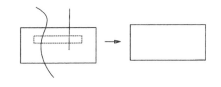

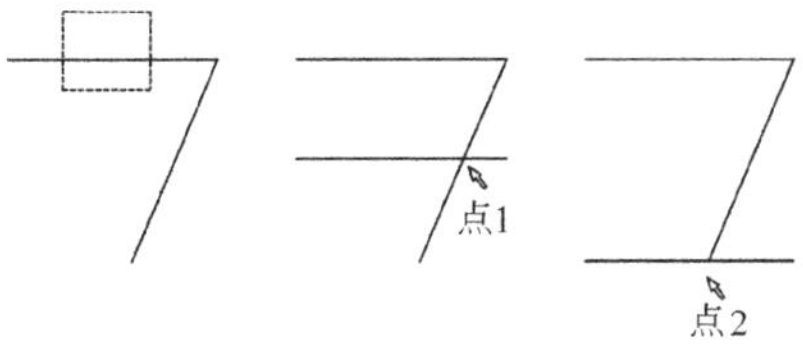

图 2-23　平行线功能

4. 要素打断

左键"框选"要打断的要素，左键再"点选"能够确定打断位置的参考要素（或参考要素的延伸方向），按<Ctrl+右键>结束操作，如图 2-24（a）和（b）为要素打断，图 2-24（c）和（d）为要素延长打断。

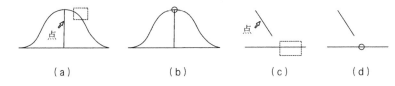

图 2-24　要素打断功能

5. 要素合并

选功能可以将两条线段或几条段线段连成一条线段。左键一次或多次"框选"两条或多条线要连接的线，在中文（中国）文字输入状态下按 $\pm$ 键，两条或多条线段就成了一条整线。如图 2-25（a）为两条线段的合并，图 2-25（b）为多条线段的合并。

【注】：要素合并与角连接是有区别的，要素合并是一条线，而角连接是两条线。

看图学艺 · 服装篇

服装 CAD 应用实践

① 服装 CAD 概述

② 打板系统

③ 打板系统技巧与综合应用实例

④ 推板放码系统

⑤ 排料系统

附录

（a）两条线段的合并　　　　　　　　（b）多条线段的合并

图 2-25　要素合并

6．角连接

可使两条线形成一个夹角，多余的部分会被删除，不足的部分会相互延长。左键"框选"（或点选）需要构成角的两条线（不可多于两条）的"调整端"，按右键结束操作，如图 2-26 所示。

7．单边修正

该功能可对一条或数条的线段一端或两端进行修正。左键"框选"被修正线段的"调整端"，允许框选多条线，左键"点选"修正后的新位置的位置线（该线变为绿色），按右键结束操作，如图 2-27 所示。框选时要注意不要超过要素线的中点。

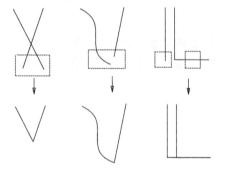

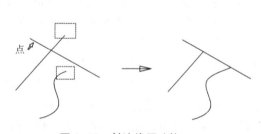

图 2-26　角连接功能　　　　　　　图 2-27　单边修正功能

8．双边修正

左键"框选"被修正线的需要保留的部分，允许框选多条线，左键分别"点选"两条修正位置线（点 1 和点 2），按右键结束操作，如图 2-28 所示。

9．转省

鼠标左键"框选"所有需要参与转省的要素，左键再依次"点选"省道闭合前要素（点 1）、闭合后要素（点 2）和新省线（点 3），按右键结束操作，如图 2-29 所示。

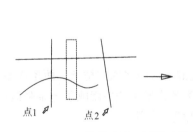

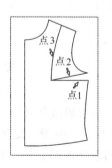

图 2-28　双边修正功能　　　　　　图 2-29　转省功能

10. 坐标点

以图形或要素中的某一点作为参照点，在图形中"捕捉"另一点。可用于做落肩点、下摆起翘点等偏离点的"捕捉"。

鼠标移近图形或线条的某一点（参照点 a ）时，该点发红；按<Enter>键，弹出"捕捉偏移"对话框（如图 2-30 ），在"横偏"输入框中输入"-6.8"，在"纵偏"输入框内输入"-8"，按"确认"按钮即可在制图区产生此"偏离"点，如图 2-31 所示。

系统将参照"点 a"当做坐标轴的原点，"捕捉偏移"对话框的"横偏"即 X 轴，原点的右边为正值，原点的左边为负值；"纵偏"即 Y 轴，原点上方为正值，原点下方为负值。

图 2-30　捕捉偏移对话框

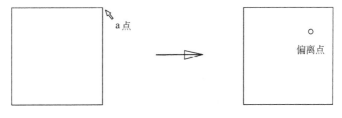

图 2-31　坐标点功能

11. 线上找点

该功能可以在线上找一个相对于端点（交点、刀口）规定距离的点（位置）。首先在"智能点"输入框 [智能模式F5 ▼] [0] 中输入该距离的数据，当鼠标箭头在线上滑动时，符合该距离数据的线上两点均会变红。

12. 端移动

左键"框选"移动端，在未松开左键时按住<Ctrl>键，先松开左键再放开<Ctrl>键，右键点击新的端点，如图 2-32 所示。

13. 曲线编辑

该功能可对曲线进行编辑和修改。

用鼠标右键"点击"要编辑的曲线，曲线变成红色，并显示此曲线的长度数据；用鼠标左键选择拖动任一个端点，可以改变曲线的线型，拉伸或缩短曲线（缩短的线段上不能有"点"），右键结束。在曲线编辑过程中一直同步显示着曲线的长度数据，如图 2-33 所示。

图 2-32　端移动功能

图 2-33　曲线编辑功能

14. 多功能修改

可以调整线长度、属性文字、任意文字、刀口、缝边、线型。

按<Shift+右键>点选，可以进入智能笔的多功能修改状态。

当点选线时，弹出如图 2-34 的"多功能调整"对话框，可以修改线长度、横纵偏移量、

看图学艺·服装篇

服装 CAD 应用实践

① 服装 CAD 概述

② 打板系统

③ 打板系统技巧与综合应用实例

④ 推板放码系统

⑤ 排料系统

附录

曲线点数、线属性及线颜色、线的缝边宽度；当点选刀口时，可以修改刀口距离；当点选任意文字时，可以修改文字大小与文字内容；当点选纱向时，可以修改裁片属性。

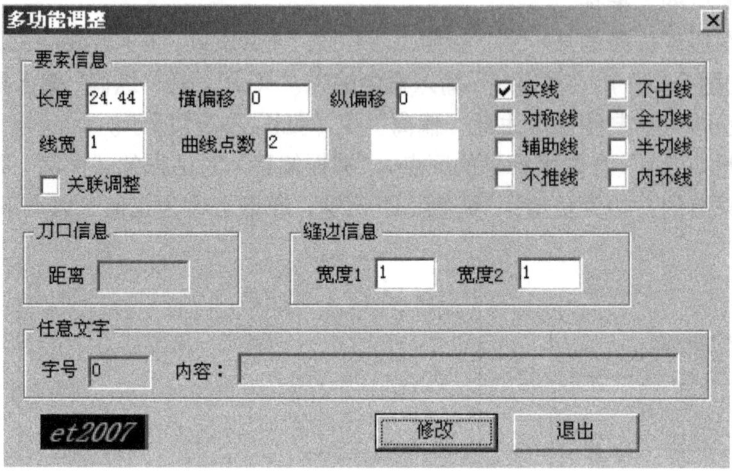

图 2-34　多功能调整对话框

第三节　打板工具的功能及使用方法

一、打板图标工具组

1. ╍←╌ 端移动

用于将一个或多个要素的端点移动到指定的位置，新要素与原要素相似，常用于调整袖窿、领口弧线、平驳头改为戗驳头等。

先在右上角的"选择栏" ◉ 局部　　○ 整体 中选择端移动的类型，"局部"端移动为线端做局部移动，"整体"端移动为线的点列整体移动。

左键"点选"或"框选"线的移动端，按右键结束选择；左键点击或拖动鼠标移动后的点，结束操作。在结束操作前，加按<Ctrl>键，则可以进行移动复制。

下例为将西服的平驳头改为戗驳头，如图 2-35 所示，（a）为平驳头，（b）是以"局部"方式完成的戗驳头，（c）是以"整体"方式端移动的结果。

2. ───── 平行线

按指定距离或指定点做与参考线等距离的线。

鼠标左键"点选"参考线，在"等距离"输入框 等距离 10 中输入平行间距数值，再用鼠标指示方向侧，点击左键完成按指定距离做平行线；如果未输入数值，则按指定位置六种点模式的任意一种）做平行线。如图 2-36 所示，（a）为指定距离做平行线，（b）为指定点做平行线。

3. ╲──── 角度线

做与某要素成一定角度的定长直线，如用于画肩斜线、插肩袖、领子等。

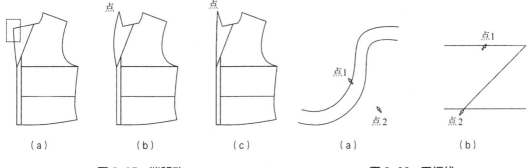

图 2-35　端移动　　　　　　　　　图 2-36　平行线

鼠标左键"点选"基准要素（参考要素）点 1，左键再"点选"角度线的起点，点 2，此时会出现以起点为中心的四个方向的绿色角度参考线，在输入框 长度 17 角度 19 中输入"直线长度"和与基准线的"角度"，左键指示角度线的目标方向（四个方向中大致的一个角度方向），点3，操作结束。如图 2-37 所示，（a）为做一条长为 17cm 肩斜度为 19° 的后肩下；（b）为曲线上做角度线。

【注】：曲线不能通过参考线外的点做角度线。

4. 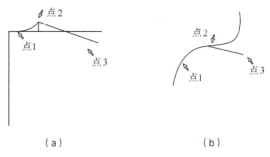 双圆规

通过指示两点位置，同时做出两条指定长度的线。主要用于做袖山斜线，西装的驳头、驳领等部位。

图 2-37　角度线

鼠标左键单击指示目标点 1，左键再单击目标点 2，在输入框"半径 1"和"半径 2"中 半径1 21 半径2 20 处输入数值，鼠标指示方向，在单击左键，则按指定半径同时做两条线，如图 2-38 所示。

5. 量规（单圆规）

从某一点做到另一要素上的定长直线，常用于画袖山斜线、肩斜线和裤子后腰线等。

用单击鼠标左键指示角度线的起点，点 1，并在"半径"输入框 半径1 21 中输入数值，再单击左键选择目标要素（只要大致的位置即可），操作结束，如图 2-39 所示。

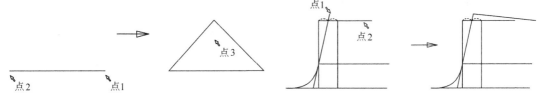

图 2-38　双圆规　　　　　　　图 2-39　量规（单圆规）

6. 扣子

在指定位置做等距或不等距扣子。

（1）等距扣子。先在"等距或不等距"工作状态选择框 ● 等距　　○ 非等距 中选择"等

① 服装 CAD 概述

② 打板系统

③ 打板系统技巧与综合应用实例

④ 推板放码系统

⑤ 排料系统

附录

看图学艺·服装篇

服装 CAD 应用实践

① 服装 CAD 概述

② 打板系统

③ 打板系统技巧与综合应用实例

④ 推板放码系统

⑤ 排料系统

附录

距"，系统默认等距扣子状态。在"智能点"输入框中 2 依次输入基线特征点（扣上距、扣下距）如：扣上距=2cm，扣下距＝10cm。鼠标左键点击扣子基准线点 1、点 2，按右键形成基线；在"直径"和"个数"输入框中 直径 1.5 个数 5 输入扣子参数，如：扣子直径＝1.5cm，扣子数 5 个，按左键进行预览，此时扣子为绿色的，扣子参数还可以调整，最后按右键结束操作，如图 2-40 所示。

　　（2）不等距扣子。先在"等距或不等距"工作状态选择框 ○ 等距　　● 非等距 中选择"非等距"，在"智能点"输入框中 2 依次输入基线特征点（扣上距、扣下距），鼠标左键点击扣子基准线点 1、点 2，按右键形成基线；在输入框中输入扣子参数，如：扣子直径 1.5cm，扣子数 8 个，第一、二粒扣间距 3cm，直径 1.5 个数 8 距离 3 按左键进行预览，此时扣子为绿色的，扣子参数还可以调整；继续输入第二、三粒扣间距 7cm 距离 7 ，在屏幕任意位置按鼠标左键，则出现第三粒扣子；再输入第三、四粒扣间距 3cm 距离 3 ，按鼠标左键；依照此规律做 8 粒扣子，最后按右键结束操作，如图 2-41 所示。

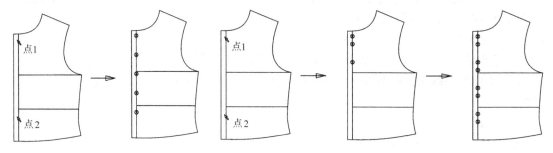

图 2-40　等距扣子　　　　　　　　　图 2-41 不等距扣子

7. 扣眼

　　（1）等距扣眼。先选择等距或不等距工作状态，系统默认等距扣子状态。在"智能点"输入框中 2 依次输入基线特征点（特征点不少于 2 个即扣上距、扣下距），如扣上距=2cm，扣下距＝10cm。鼠标左键点击扣眼基准线，点 1、点 2，按右键形成基线；在输入框中输入扣眼参数（直径、个数和扣偏离量），如扣眼直径 1.5cm、扣眼数 5 个、扣偏离 0.3cm 直径 1.5 个数 5 扣偏离 0.30 ，按左键进行预览，此时扣眼为绿色的，扣眼参数和扣偏离方向还可以调整，在衣片一侧点击鼠标左键，点 3，指示扣偏离方向，最后按右键结束操作。扣偏离量为扣眼比扣子大的量，是为方便系扣子而加多的量，往往加在扣眼基线的衣片侧，如图 2-42 所示。

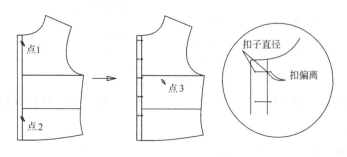

图 2-42　等距扣眼

【注1】：在生成绿色扣眼时，按住<Ctrl+左键>，就可以形成纵向扣眼，再按鼠标右键结束操作。

【注2】：如果基线特征点为曲线，则扣眼生产在曲线上。

（2）不等距扣眼：与不等距扣子的操作基本相同，再结合等距扣眼的操作方法即可完成。

二、省道工具组

1.  单向省

以某一点为顶点做一个指定长度为底边的等腰三角形。常用于画单边省、驳领的倒伏量等。

在"省量"输入框 省量 ┃3 ┃ 中输入省量，用鼠标左键指示省尖位置，点1，此时出现两个绿色的省线，再用左键确定省线的方向，点2，操作结束，如图2-43所示。

2. 省道

在指定部位做指定省长和省量的省道。

（1）在有省中心线的情况下，只需先在"省量"输入框 省量 ┃3 ┃ 中输入省量，鼠标左键点击要做省的线，点1，再用左键点击省中线（点2）即可完成省道操作，如图2-44所示。

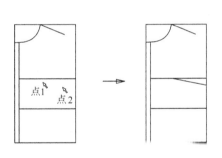

图2-43 单向省

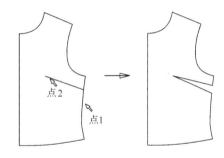

图2-44 省道

（2）在无省中心线的情况下，只能做垂直于做省线的省道。先要在"省长"和"省量"输入框 省长 ┃15.86┃ 省量 ┃3 ┃ 中输入完整的省道参数，鼠标左键点击要做省道的线，点1，按住鼠标左键拖动做出省中心线，操作结束。如图2-44中虽然拖动鼠标左键的方向是向上的斜线（同图2-44），但由于没有省中线，所以做出的省道仍然只能是垂直于侧缝线，如图2-45所示。

3. 省折线

用于做成省的折山线，且把不等长的两条省线修至等长。

（1）做常规省折线。鼠标左键"框选"四条省线，此时出现绿色的省折山线，再用左键选择省折线的倒向侧方向，按左键操作结束（按右键可取消本操作）。在选择省的倒向侧时，如图2-46所示，（b）表示省道向下倒，形成凸型省折线；（c）表示省道向上倒，形成凹型省折线。

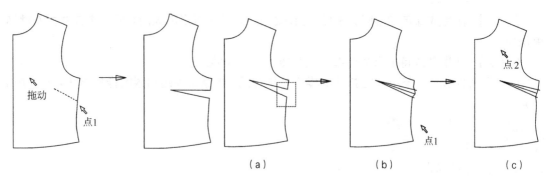

图 2-45　省道　　　　　　　　　　图 2-46　做常规省折线

（2）做活褶线，上述操作时如果在"省深度"输入框 省深度 4 中输入数值，则为活褶功能，做出活褶，如图 2-47 所示。

【注】：在做省折线前，最好先使用"接角圆顺"功能，调整与省道相连的线。

4. 转省

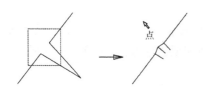

图 2-47　做活褶线

将现有的省道转移到其他地方。

（1）直接通过 BP 点转省。用鼠标左键"框选"需要参与转省的线，按右键确定选择；左键依次点击省道转移闭合前的省线点 1、闭合后的省线点 2 和新省线点 3，按右键结束操作，如图 2-48 所示。

（2）等分转省。先在"等分数"输入框 等分数 4 中输入等分数，左键"框选"需要参与转省的线，按右键确定选择；左键依次点击省道转移闭合前的省线点 1、闭合后的省线点 2 和新省线点 3，按右键结束操作，如图 2-49 所示。

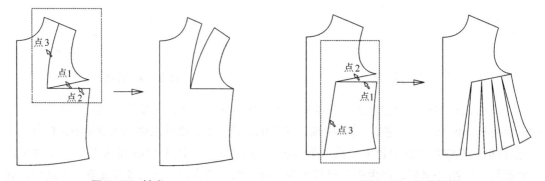

图 2-48　转省　　　　　　　　　　图 2-49　等分转省

（3）等比例转省。用鼠标左键"框选"需要参与转省的线（框 1），按右键确定选择；左键依次点击省道转移闭合前的省线点 1、闭合后的省线点 2，左键再"框选"新省线（框 2）按右键结束操作，如图 2-50 所示。

【注】：转省工具与智能笔转省的区别在于该工具可以进行等分转省和等比例转省而智能笔则不能。

5. 枣弧省

在指定中心点，做枣核型弧线省的专业工具。

鼠标左键点选枣核省的中心点，出现如图 2-51 的"枣弧省"对话框，输入相关参数，dx 表示上省尖水平偏移量 0cm（正为右偏移，负为左偏移），dy 表示上省长（如 10cm），省量（如 4cm），打孔偏移分别表示省大处的打孔偏移量（如 0.3cm），上省尖处的打孔偏移量（如 1cm），L 量表示下省长（如 15cm），开口表示下省未封闭的量（如 1cm），曲线处理表示对省线进行弧线处理，在空框打勾后，用鼠标左键拉动曲线调整滑杆，调整上省线内、外弧度，左键点击"预览"键，可以预览做省情况，左键点击"确定"键完成操作，如图 2-52 所示。

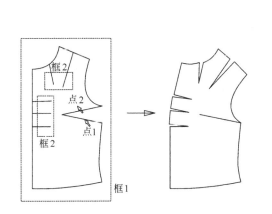

图 2-50　等比例转省

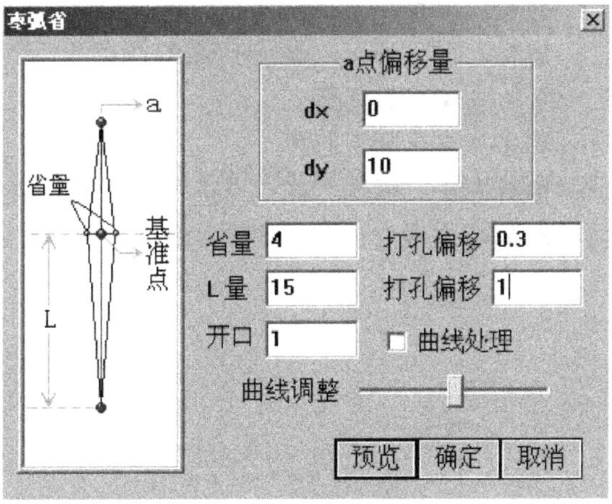

图 2-51　枣弧省对话框

6. 接角圆顺

　　将衣片上需要缝合的部位对接起来，调整对接后曲线的曲度，调整完毕，调整好的曲线自动回到原位置。此功能可用于圆顺衣片下摆、省道、前后袖隆曲线、大小袖的拼接处、前后领口及肩点拼接处等位置。

　　鼠标左键点击被圆顺的曲线点 1、点 2，右键确定选择。再用左键点击与曲线连接的要素，点 3、点 4，右键确定。左键直接修改曲线点列，修改完毕，右键结束操作，被修改的曲线将自动回到初始位置，如图 2-53 所示。

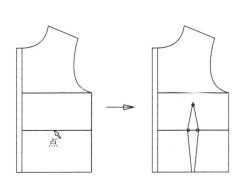

图 2-52　枣弧省

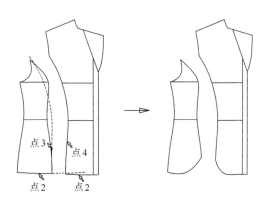

图 2-53　接角圆顺

看图学艺·服装篇

服装 CAD 应用实践

① 服装 CAD 概述

② 打板系统

③ 打板系统技巧与综合应用实例

④ 推板放码系统

⑤ 排料系统

附录

【注】：在进行"接角圆顺"之前，如对被圆顺要素先使用"要素合并" 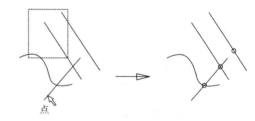 工具，在"节点数"输入框 节点数 ⫽7⫽ 中输入节点数"7"，鼠标左键"框选"被圆顺要素后按右键结束，则在"接角圆顺"处理时会把被圆顺的线拼成一条 7 个点的曲线，再调整曲线的曲度。

三、剪切工具组

1. ✂ 点打断

将指定的要素，按指定点打断。

鼠标左键"点选"需要打断的线点 1；左键点击打断位置点 2 即可，如图 2-54 所示。

2. ✦ 要素打断

将多条要素相互打断。

鼠标左键"框选"或"点选"需要打断的要素，按右键确定；左键点击打断要素（此时，被打断的线变成红绿两种颜色的断开线）操作结束，如图 2-55 所示。

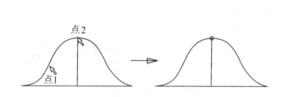

图 2-54　点打断

图 2-55　要素打断

【注】："点打断"是将一条要素上在指定位置进行打断，而"要素打断"可以将多条要素相互打断，包括要素延长线方向的打断。

3. ✂ 要素合并

将一条或多条要素线合并成一条要素。

鼠标左键"框选"或分别"点选"需要合并的要素，右键结束操作，如图 2-56 所示。

如果在"节点数"输入框中 节点数 ⫽7⫽ 输入要素合并后的节点数，则按指定点数合并；如果不输入点数，系统在保证曲线形状的前提下，按最少的点数合并；如果对一条要素本身进行"要素合并"处理时，在不输入点数的情况下，按 5 个点合并。

【注】：要素合并与角连接的区别在于，要素合并后是一条整线，而角连接后还是两条线。

4. ⌢⌢ 要素属性定义

将裁片上任何一条直线边，变成自定义属性的特殊线。

选此功能后，弹出如图 2-57 的"要素属性定义"对话框，鼠标左键选择某一个要素属性按钮后，再用左键"框选"或"点选"要改变属性的要素，按右键结束操作。

首次"框选"要素时，是进行自定义要素属性的操作，而再次"框选"该要素时，则是返回操作，即又将它变回原来的普通要素状态。

"要素属性定义"的名词解释如下。

（1）辅助线：要素变成辅助线后，将不参与缝边的操作。当进入推板与排料模块时，不显示辅助线。如果在"文件菜单"下的"系统属性设置"里的子菜单"操作设置"中，选择"禁止对辅助线操作" ☑ 禁止对辅助线操作 ，则在打板时，只能捕获到辅助线上的点，不能选择辅助线。只有"要素属性定义"功能，能选择辅助线。如果想删除所有辅助线，可选择【编辑】菜单中的"删除所有辅助线"功能。

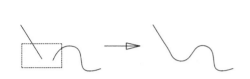

图 2-56 要素合并

图 2-57 要素属性定义对话框

（2）对称线：将衣片上任何一条直线边，变成对称边。在"刷新缝边" 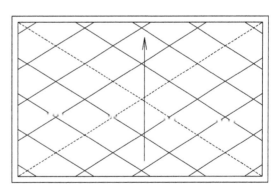 处理后，被对称边会呈现。再次选择对称边，此边变成普通要素，同时，假的一边会自动删除，如图2-58 所示。

（3）不对称：此功能只对设过对称线的裁片中的任意文字起作用。

（4）全切线：针对纸样切割机操作是否切割的单独的线（如胸围线）。

（5）半切线：裁片上的对称线，如在纸样切割机上输出，可切"半刀"便于纸样折叠。

（6）剪切线：用于服装的棉间线位置，先输入等距离数值，再选基线。刷新缝边后可看到效果如图 2-59 所示。当数值为 0 时，可以做不规则的棉间线。

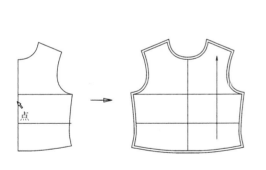

图 2-58 对称线处理

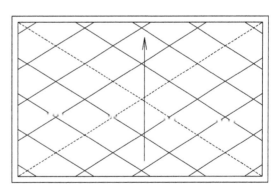

图 2-59 剪切线处理

（7）虚线：将实线变为虚线，或将虚线变为实线。

（8）不输出：在排斜或输出模块中，不输出的线。

（9）清除：设过其他类型的线，变回普通实线。

（10）不推线：只在基础码上出现，不进入其他型号。

（11）内环线：针对纸样切割切割机操作时，内部口袋等封闭线型的切割定义。

5. ➡️ ⬅️形状对接与复制

将所选的图形，按指定的两点位置对接起来。要用于西装领、插肩袖、前后衣片的对接。鼠标左键"框选"需要对接的形状，按右键确定；左键"点选"对接前的起点 1 和终点

看图学艺·服装篇

服装 CAD 应用实践

① 服装 CAD 概述

② 打板系统

③ 打板系统技巧与综合应用实例

④ 推板放码系统

⑤ 排料系统

附录

2，左键再"点选"对接后的起点 3 和终点 4 即可，如图 2-60 所示。当需对接的部位长度不一时，应注意选相对应的起点。同时，在鼠标指示第 4 点之前按<Ctrl>键，为形状对接"复制"功能。

【注】1："形状对接与复制"功能具有多层操作的功能，在对推过板的裁片文件进行操作时，直接点击屏幕左下角的"全部"号型显示按钮 全部 ，可以查看所有号型的对接情况；但要注意不能直接选择"推板展开" ▓▓▓▓ 功能。

【注】2：该工具与"平移"工具的区别是它可以在任何角度上进行对接。

6. ▓▓→▓ 纸形剪开及复制

沿衣片中的某条分割线将衣片剪开，或复制剪开的形状。主要由于分割片、贴边和挂面的取出。

鼠标左键"框选"需要剪开的要素，按右键确定选择。单击左键选择剪开线点 1，按右键确定。左键按住要剪开的裁片，拖动到目标位置，松开即可，如图 2-61 所示。左键松开前按<Ctrl>键，为复制功能。

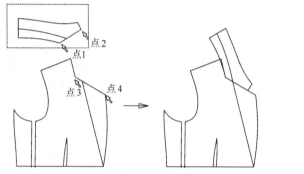

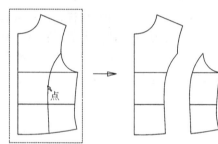

图 2-60　形状对接与复制　　　　　　图 2-61　纸形剪开及复制

【注】：此功能也具有多层操作的功能。但要注意多层剪开时一定要保留母板。

四、刀口标记工具组

1. ▓▓▓▓ 刀口

在指定要素上做对位剪口。

在做任何一种类型的刀口前，首先要选择刀口形式 ⊙单刀　○双刀 。同时做任何一种形式的刀口均要指示衣片的净线进行操作。

（1）普通刀口：按输入的数值或比例，在指定要素的法向(垂直方向)生成刀口。

在"长度"输入框 长度 9 中输入刀口从线的起始点开始计算的长度（或在"比例"输入框 比例 0.5 中输入该条线的比例位置），鼠标左键"框选"要素的起始端（只能框选一条线），按右键结束操作，如图 2-62 所示。

（2）要素刀口：在指定要素上，按另一要素的延伸方向生成刀口。

鼠标左键先"点选"要做刀口的要素（点 1），左键"点选"决定刀口方向的要素（点 2），按右键生成刀口，如图 2-63 所示。

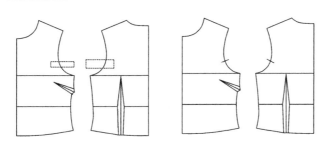

图 2-62　普通刀口

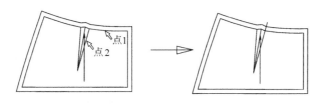

图 2-63　要素刀口

【注】1：要素刀口在该要素删除后将不存在。做要素刀口的过程中，如按住<Ctrl＋右键>确定，可按要素的反转方向做刀口。

【注】2：除了以上两种刀口功能以外，在"打板"菜单下"服装工艺"的子菜单中还提供了"指定刀口"功能。

2.　袖对刀

在裁片上的袖窿位置与袖片上的袖山位置同时生成对刀刀口。

由于该工具的操作有些复杂，用实例表述如下。在如图 2-65 的裁片上做袖对刀，要求为第一个刀口从袖底向上 8cm，在这一段前后都要加上 0.25cm 的袖山容量（袖山吃量），第二个刀口要从袖顶下 3cm 的位置做刀口。

鼠标左键从袖窿底开始依次"框选"（或"点选"）前袖窿线（框 1、框 2），按右键结束选择；左键从袖山底开始依次"框选"前袖山线（框 3、框 4），按右键结束；然后左键从袖窿底开始依次"框选"后袖窿线（框 5、框 6），按右键结束选择；再从袖山底开始依次"框选"后袖山线（框 7、框 8），按右键弹出"袖对刀"对话框，如图 2-64 所示。

袖对刀						
袖笼总长 44.92		刀口1	袖山容量	刀口2	袖山容量	确定
袖山总长 47.50	前袖笼	0	0	0	0	取消
总袖容量 2.58	后袖笼	8	0.25	3	0	预览
□ 刀口1是从袖顶刀口向下算起			☑ 刀口2是从袖顶刀口向下算起			

图 2-64　袖对刀对话框

在对话框中把相关数值填入对应的对话框内。在后袖窿的"刀口 1"处填入数值"8"，"袖山容量"处填入数值"0.25"；"刀口 2"处填入数值"3"，刀口 2 的"袖山容量"处不必填入数值，系统会自动计算剩余的袖山容量，再勾选"刀口 2 是从袖顶刀口向下算起"选项，按<预览>按钮可以进行情况预览，最后按<确定>按钮完成整个操作，如图 2-65 所示。

看图学艺·服装篇

服装 CAD 应用实践

① 服装 CAD 概述

② 打板系统

③ 打板系统技巧与综合应用实例

④ 推板放码系统

⑤ 排料系统

附录

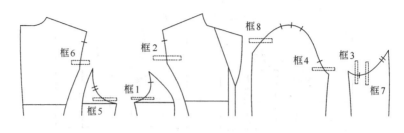

图 2-65　袖对刀

【注】1：大袖的袖山曲线必须是一条曲线，而小袖的袖山底处要打断；"框选"曲线时必须按曲线的顺序进行"框选"，同时要注意指定各段曲线的起始端。

【注】2：袖对刀在后袖窿曲线及后袖山曲线上生成的第一个刀口一律是双刀；如果选择"刀口 1 从袖顶刀口向下算起"选项，则第一个刀口，从袖顶向下计算；如果选择"刀口 2 从袖顶刀口向下算起"选项，则第二个刀口，从袖顶向下计算。

【注】3：袖对刀的刀口在推板中能够完成刀口的电脑自动放码，如果某号型的曲线长度不足时，刀口会自动跑到下一段曲线上去，非常智能、方便。由于袖对刀的各刀口之间有相互依存的关系，所以在做完袖对刀口后，不能再将要素打断。

3. ▬┳▬✕修改及删除刀口

修改已做好的刀口的数值，或删除刀口。

（1）修改刀口：鼠标左键"框选"刀口，输入框中会显示原刀口数值，在"长度"输入框 长度　9 或"比例"输入框 比例　0.5 中，填入要修改的数值或比例，右键结束操作，如图 2-66 所示。

（2）删除刀口：鼠标左键"框选"刀口后按<Delete>键，完成删除刀口。

【注】：修改刀口时，只能一次框选一个刀口；而删除刀口时，可以一次框选多个刀口。

4. ◦▬ ▬▬打孔

在衣片上生成指定半径的孔标记。

在"智能点"输入框 1　　　　　中输入打孔距省尖距离 1cm 鼠标左键"点选"打孔位置即可完成打孔操作，如图 2-67 所示。

图 2-66　修改刀口　　　　　　　　　　图 2-67　打孔

【注】1：在文件菜单中的系统属性设置中，设置孔的半径，系统默认半径为 0.25cm，在"文件菜单"下的"系统属性设置"中，可以设置"省尖自动加打孔点"、"省线自动加要素刀口"、"缝边自动加要素刀口"等自动功能。"打孔"的删除只能依靠"删除"工具进行操作。

【注】2："打孔"功能与"半径圆"功能的作用完全不同，用"打孔"功能做的是一种

特殊的标记，使用纸样切割机出图时，会在纸上直接打孔。

五、缝边工具组

1. TEXT 裁片属性定义

指代表衣片属性的特殊文字，如样板号、衣片名、基础号型等，以备这些信息可以在除打板以外的其他模块起到作用。

只有加过缝边的衣片才能加属性文字；鼠标左键点击输入纱向两点（点 1、点 2），弹出如图 2-68 的对话框：

填入相关信息后，按"确定"按钮，此时裁片上的纱向指示线变成绿色，如果按屏幕右上角的图标"a" ，裁片上将显示属性文字信息（一般在纱向上部显示样板号、号型名、备注和缩水，在纱向的下部显示裁片名、裁片数和面料），如图 2-69 所示。

如果裁片纱向上的信息不全时裁片的纱向为红色。系统生成的纱向允许有三个方向：水平、垂直及 45°角；鼠标右键再次"点选"纱向时，可以修改裁片属性。按<Shift+左键>，可以生产多纱向，按<Shift+右键>，可以删除增加的纱向。另外左键点击纱向起始两点的先后顺序和长度，直接关系到纱向的箭头方向和纱向符号的长度。

"样板号"和"号型名"两项内容为不可用状态，"样板号"只能在"文件保存"时设置，而"号型名"一般是系统默认的基码号型。在"设置"菜单的下拉菜单中，有"设置布料名称"的功能，可以自定义布料名称。如果勾选"对称裁片"选择框，系统自动将"裁片数"设置为"2"，否则"裁片数"为"1"。"文字倾斜"可以将文字任意角度倾斜，使属性文字不平行于纱向。如果在数字化仪读图前的纸样已经包含缩水，想清回未加过缩水的状态，再修改成现在所需的缩水率，可以用"初始缩水"功能进行基码缩水记录。

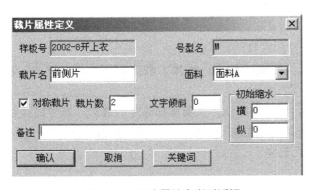

图 2-68　裁片属性定义对话框

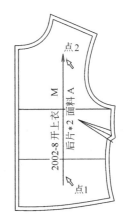

图 2-69　裁片属性定义

2. 缝边刷新

当衣片上的净线被调整后，将缝边自动更新。

修改衣片上的曲线后，选刷新缝边功能，屏幕上所有衣片的缝边自动更新，如图 2-70 所示。

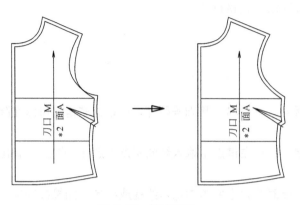

图 2-70　缝边刷新

"缝边刷新"功能可以对没加过缝边的裁片，自动加系统默认的 1cm 缝边。此功能仅限于结构没被破坏的衣片，即衣片必须是一个完全封闭的图形。缝边的宽度可以在"系统属性设置"中的"缺省缝边宽度"加以自定义设置。

3. 自动加缝边

将选中的裁片自动加上缝边，缝边的宽度可以自由设定。

在"缝边宽"输入框 缝边宽 1.5 中输入数值(如不输入任何数值，则按 1cm 自动加缝边)。按鼠标左键"框选"需要加缝边的衣片，按鼠标右键缝边自动加入，如图 2-71 所示。

衣片加过缝边后会自动加入红色的纱向，此时只要选择纱向，就可以选择到整个裁片。

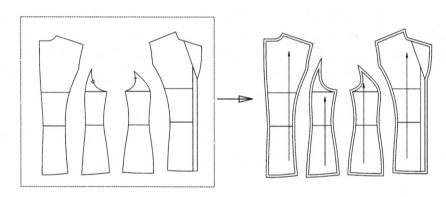

图 2-71　自动加缝边

4. 修改缝边宽度

调整衣片局部缝边的宽度。

在"缝边宽"输入框 缝边宽1 4　缝边宽2 0 处,填入数值,鼠标左键"框选"要修改宽度的边，按右键结束操作，如图 2-72 所示。

当只在"缝边宽 1"处输入数值，则系统默认一条要素加等距的缝边。当"缝边宽 1"与"缝边宽 2"都输入数值，则可在一条要素上加渐变的缝边。每次修改只能修改一条要素。缝边宽度在指定宽度以上，自动变成反转角。

5. 缝边角处理

将缝边中的指定边变成指定角处理。

（1）延长角：左键"点选"一条边，按右键结束操作，如图 2-73 所示。

（2）反转角：是"延长角"的反向操作。左键"框选"一条边，按右键结束操作，如图 2-74 所示。

（3）切角：在"切量"输入框 切量1 1.5　切量2 1 处，输入数值，用<Shift+左键>分别"框选"两条要素，如图 2-75 所示。先框的一边为"切量 1"，后框的一边为"切量2"。

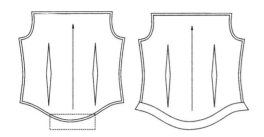

图 2-72　修改缝边宽度

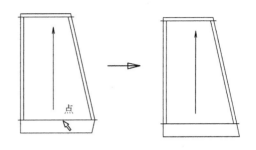

图 2-73　延长角

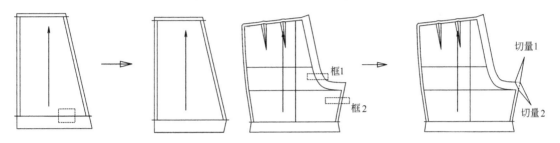

图 2-74　反转角　　　　　　　　　　图 2-75　切角

（4）折叠角：左键"框选"两条同片要素，如图 2-76 所示。

（5）直角：左键分别"点选"两条要素，点 1、点 2，如图 2-77 所示。

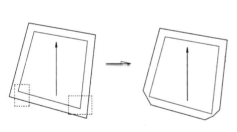

图 2-76　折叠角

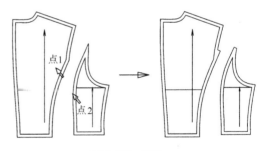

图 2-77　直角

（6）延长反转角：左键分别"框选"两条要素框 1、框 2，如图 2-78 所示。

6. 删除缝边

将衣片上的缝边删除。

鼠标左键"框选"需要删除缝边的衣片的纱向符号，按右键结束操作，如图 2-79 所示。

六、缩水工具组

1. 缩水操作

给指定的要素或衣片加入横向及纵向的缩水量。

在"横缩水"、"纵缩水"输入框 横缩水% 5　　　　纵缩水% 10 中输入数值，加大裁片尺

看图学艺·服装篇

服装 CAD 应用实践

① 服装 CAD 概述

② 打板系统

③ 打板系统技巧与综合应用实例

④ 推板放码系统

⑤ 排料系统

附录

寸取正值，缩小取负值。鼠标左键"框选"需要加缩水的要素或裁片，按右键结束操作，如图 2-80 所示为横向缩水 5%，纵向缩水 10%。

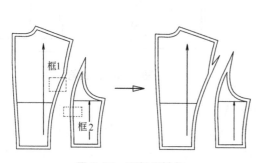

图 2-78 延长反转角

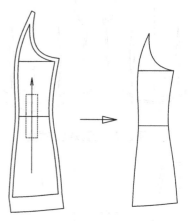

图 2-79 删除缝边

ET 服装 CAD 系统中缩水率的计算公式为：

$$缩水率 = \frac{缩水前尺寸 - 缩水后尺寸}{缩水前尺寸} \times 100\% = \frac{11.111 - 10}{11.111} \times 100\% = 10\%$$

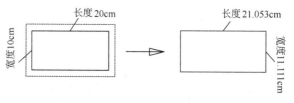

图 2-80 缩水操作

横向及纵向的缩水都是相对于屏幕来说的，因此在做缩水操作前要用"水平垂直补正"的功能将裁片纱向补正后再进行缩水处理。加过缩水的要素或裁片，如想将原缩水值清除时，可再次输入负的缩水量，进行反向操作即可。做完缩水后，系统会自动在"裁片属性"中的备注上标出缩水量。

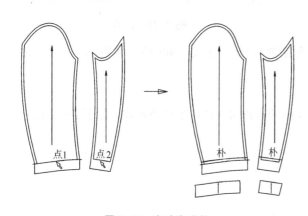

图 2-81 自动生成朴

2. ┈┈朴┈┈ 自动生成朴

对于加放过缝边的裁片，自动生成服装底摆、袖摆处的衬布纸样。

在"侧偏移"和"折边距"输入框 侧偏移 0.20 折边距 1 中输入朴相当于贴边的侧偏移量和折边距，鼠标左键"点选"需要生成朴的基础线，按右键确定，左键选择放置朴的位置，按左键放下操作结束，如图 2-81 所示。

3. 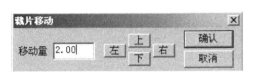 裁片拉伸

将裁片上的指定部位拉长或减短。

鼠标左键"框选"参与拉伸的要素，按右键弹出如下对话框，图 2-82 所示。

在移动量处填入数值后，左键选择要移动的方向，系统会出现绿色的裁片拉伸情况预览，移动完毕，按"确认"键。图 2-83 所示为将向下衣长拉伸 2cm。

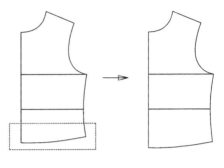

图 2-82　裁片拉伸对话框　　　　　图 2-83　裁片拉伸

4. 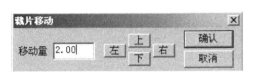 两枚袖

将一片袖做成两枚袖的专用工具。

在袖山顶点被打断的一片袖基础上，鼠标左键"点选"前袖山弧线，点 1，左键再"点选"后袖山弧线，点 2，弹出如图 2-84 的对话框，对两枚袖的参数进行逐个校对，按"预览"键可以看到调整尺寸后的袖型预览，所有尺寸修改完毕，按"确定"键，两枚袖生成（如图 2-85）。注意一片袖的袖山曲线必须打断分成前袖山、后袖山两条曲线。

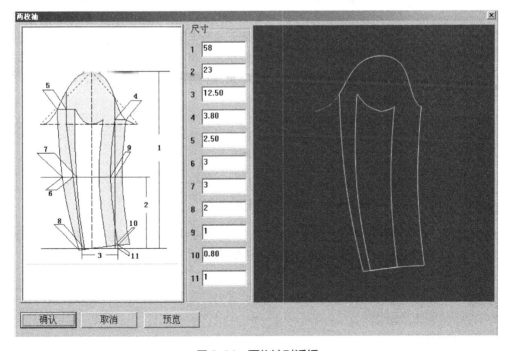

图 2-84　两枚袖对话框

看图学艺 · 服装篇

服装 CAD 应用实践

① 服装 CAD 概述

② 打板系统

③ 打板系统技巧与综合应用实例

④ 推板放码系统

⑤ 排料系统

附录

5. 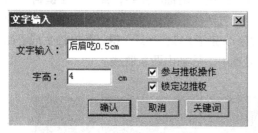 等分线

按指定等分数，做一条要素上两点的等分标记。

在"等分数"输入框 等分数 3 中输入数值，鼠标左键指示两点位置，生成辅助线形式的等分线，如图 2-86 所示。

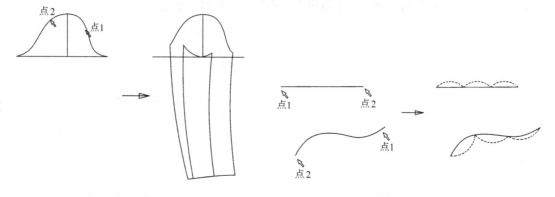

图 2-85　两枚袖　　　　　　　　图 2-86　等分数

6. abc 任意文字

在裁片上的任意位置，标注说明的文字。

鼠标左键指示文字的位置及方向点 1、点 2，弹出如图 2-87 对话框，输入"文字内容"及"字高"后，按"确认"键，如图 2-88 所示。

"参与推板操作"选择框表示文字可以在除基础码外的其他码上出现；"锁定边推板"选择框表示文字与最近边产生关联，使其按最近边的规则推放，但文字需靠近要锁定的边，并与此条边尽量保持平行；写完文字后，再点该文字，可以直接修改文字相关的内容。

文字输入

文字输入：后肩吃0.5cm

字高： 4　cm　☑ 参与推板操作　☑ 锁定边推板

确认　取消　关键词

图 2-87　任意文字对话框

图 2-88　任意文字

使用技巧：文字可以应用"平移"、"旋转"、"比例变换"等工具进行调整，必须用"删除"工具才能删除文字，用智能笔工具是无法删除的。

七、测量工具组

1. 皮尺测量

按皮尺的显示方式测量选中要素。

鼠标左键选择被测量要素的始点侧，系统显示出测量结果，如图 2-89 所示。左键再次选择为关闭皮尺。快捷键"F8"可以关闭所有皮尺显示。

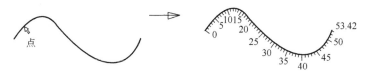

图 2-89　皮尺测量

2. ▱ 要素长度测量

测量一条要素的长度，或几条要素的长度和。

鼠标左键"框选"要测量的要素，按右键弹出"要素检查"对话框，如果是放过码的文件，能测出全码档差，如图 2-90 所示。点"尺寸 1"或"尺寸 2"和"尺寸 3"，可以将对应的测量值追加到尺寸表中。

测量出线长后如果要直接修改线长，可以在对话框的"要素长度和"处填入新的数值，左键点击"修改"按钮，则可以修改线长，如勾选"联动操作"，则与它连接的那条线也随之修改。

在测量操作完毕后，在右上角的选择框 ⦿ 不保留　○ 保留 中选择"不保留"，在用其他工具时不会显示这个测量对话框，如果选择"保留"则在用其他工具时，还能保留测量对话框。

要素检查

测量值	要素长度和	长度2	层间长度差
25	50.65	0.00	0.51
S	50.14	0.00	0.50
M(标)	49.64	0.00	0.00
L	49.13	0.00	-0.50
XL	48.63	0.00	-0.50
2XL	48.13	0.00	-0.50

确认　取消　命名　尺寸1　尺寸2　尺寸3
修改　□ 联动操作　□ 监控预警　*et2007*

图 2-90　要素长度测量对话框

3. △ 两点测量

通过指示两点，测量出两点间的长度、横向、纵向的偏移量。

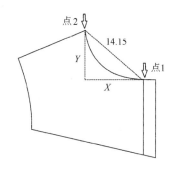

图 2-91　两点测量

鼠标左键指示两点位置点 1、点 2，在指示第二点的过程中，测量值在屏幕上随时出现，如图 2-91 所示。当鼠标左键点击第二点时，会弹出如图 2-92 的"要素检查"对话框，如果是放过码的文件，能测出全码档差，点击"尺寸 1"或"尺寸 2"和"尺寸 3"，可以将对应的测量值追加到尺寸表中。

在测量操作完毕后，同样可以在右上角的选择框 ⦿ 不保留　○ 保留 中选择"保留"或"不保留"，在用其他工具时分别保留或不保留测量对话框。

使用技巧：如图 2-91 中"Y"表示纵偏离量，"X"表示横偏离量，在需要测量领宽和领深、袖山高和袖宽等纵、横数据的情况下，用"两点测量"工具可以一次完成。

4. ▦ 拼合检测

测量两组要素的长度及长度差。通常用来测量袖隆与袖山、领口弧长及领子、及衣片中

看图学艺·服装篇

服装 CAD 应用实践

① 服装 CAD 概述

② 打板系统

③ 打板系统技巧与综合应用实例

④ 推板放码系统

⑤ 排料系统

附录

要素检查

测量值	两点距离	横偏移量	纵偏移量
2S	13.59	-11.30	7.55
S	13.87	-11.50	7.75
M(标)	14.15	-11.70	7.95
L	14.42	-11.90	8.15
XL	14.70	-12.10	8.35
2XL	14.98	-12.30	8.55

确认　取消　命名　尺寸1　尺寸2　尺寸3

修改　□联动操作　□监控预警　et2007

图 2-92　两点测量对话框

所有需要缝合的部位。

如图 2-93 用鼠标左键"框选"第一组要素 1，按右键确定；左键"框选"第二组要素 2，按右键弹出测量结果"要素检查"对话框（如图 2-94），查看完毕，按"确定"键。对话框中的"长度 1"表示第一组要素的长度和、"长度 2"表示第二组要素的长度和、"长度 3"表示两组要素的长度差。另外，该工具还能进行多条要素求和的操作，在左键"框选"第一组的多条要素后，按<Ctrl + 右键>即可。

如测量推放过的样板，测量结果将显示所有号型的测量值。点击"尺寸 1"或"尺寸 2"和"尺寸 3"，可以将对应的测量值追加到尺寸表中。在测量操作完毕后，同样可以在右上角的选择框中选择"保留"或"不保留"，在用其他工具时分别保留或不保留测量对话框。

测量出线长后如果要直接修改线长，可以在对话框的"要素长度和"处填入新的数值，左键点击"修改"按钮，则可以修改线长，如勾选"联动操作"，则与它连接的那条线也随之修改。

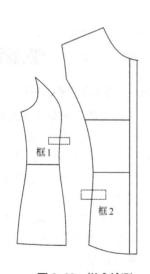

框1

框2

图 2-93　拼合检测

要素检查

测量值	长度1	长度2	长度3
2XS	0.00	0.00	0.00
2S	0.00	0.00	0.00
S	0.00	0.00	0.00
M(标)	47.41	45.43	1.98
L	0.00	0.00	0.00
XL	0.00	0.00	0.00
2XL	0.00	0.00	0.00

确认　取消　命名　尺寸1　尺寸2　尺寸3

修改　□联动操作　□监控预警　et2007

图 2-94　拼合检测对话框

5. 要素上两点检测

通过指示要素及要素上的 2 点位置，测量出 2 点间的要素长度。常用于要素上两个刀口的间距。

如图 2-95 用鼠标左键"框选"测量要素，左键指示第一点，点 1，左键指示第二点，点2，指示完毕，出现测量值，当选择其他工具时测量值自动消失（如图2-96）。如果是放过码的文件，会弹出如图2-97的"要素上两点长度测量"对话框，能测出全码档差，点击"尺寸1"或"尺寸2"和"尺寸3"，可以将对应的测量值追加到尺寸表中。同样可以在右上角的选择框中选择"保留"或"不保留"，在用其他工具时分别保留或不保留该测量对话框。

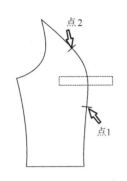

图2-95　要素上两点检测

图2-96　要素上两点检测显示框

图2-97　要素上两点检测对话框

6. 角度测量

测量两条要素的夹角。

如图2-98用鼠标左键选择两条要素点1、点2，在指示第二条要素时，出现测量角度值，如图2-99所示。

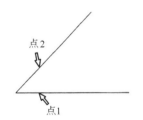

图2-98　角度测量

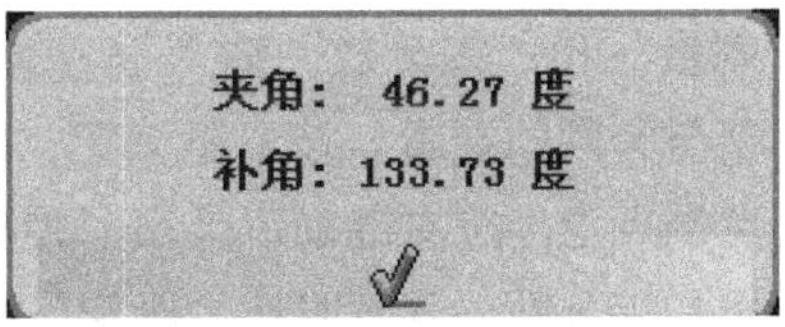

夹角：46.27　度

补角：133.73　度

图2-99　角度测量显示框

第四节　第二组打板专业工具

用鼠标点击下方的图标 et system ，可以由测量工具切换到第二组打板专业工具。

1. 变更颜色

将所选要素变更成为指定的颜色。

鼠标左键选择"点选"或"框选"目标要素（如图2-100），按右键弹出"颜色"对话

看图学艺·服装篇

服装 CAD 应用实践

① 服装 CAD 概述

② 打板系统

③ 打板系统技巧与综合应用实例

④ 推板放码系统

⑤ 排料系统

附录

框，选择要变更的颜色，按"确定"按钮即可，如图 2-101 所示。

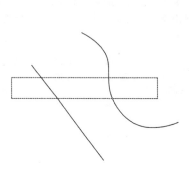

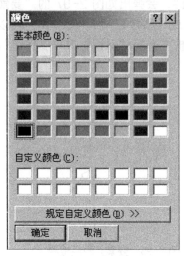

图 2-100　变更颜色　　　　　　　图 2-101　变更颜色对话框

2. 直角连接

通过两点做出两条相互垂直的线。常用于做领口线。

鼠标左键点击两点位置点 1、点 2，移动鼠标后，在屏幕上出现两个方向的直角连接显示，用鼠标左键指示作图方向即可。

例如，同时生成领宽 8cm、领深 10cm 的领口线。在"智能点"输入框 中输入领宽值"8"，用鼠标左键点击直角连接的起点，进行线上找点（点 1），再在"智能点"输入框中输入领深值"10"，左键在前中线上找点，左键点击直角连接的终点（点 2），指示直角连接的方向（点 3），操作结束，如图 2-102 所示。

3. 固定等分割

将裁片按自定义的等分量及等分数进行切展分割处理。

常用于原型法打板的等分割切展处理如荷叶领等。

先在"分割量"和"等分数"输入框 分割量 1 　 等分数 10 中输入数值，鼠标左键"框选"参与分割的要素，按右键确定；左键点击固定侧要素的起点端点 1，再点击展开侧要素的起点端点 2，按右键确定弹出"螺旋调整"对话框，如图 2-103 所示。，可以用滑标调整切展量和等分数，满意时按"确定"按钮结束操作，如图 2-104 所示。在按右键弹出对话框之前，加按<Ctrl>键，则可以自动对切展后的裁片进行曲线连接，如图 2-104（c）所示。

4. 指定分割

在有切展线的裁片上，按指定分割量进行分割处理。

在"分割量"输入框 分割量 1 中输入各分割线的切展量，鼠标左键"框选"参与分割的裁片，按右键确定；左键点击固定侧的要素，并指示静止端，点 1；左键点击展开侧的要素，点 2；左键再从静止端开始依次"点选"分割线点 3、点 4，按右键结束操作[如图 2-105（b）]。操作时应注意必须按切展线从静止端开始依次"点选"各条分割线。切展量也可以是负数，表示进行折叠处理。在按右键的同时按<Ctrl>键，自动进行曲线连接[如图2-105(c)]。

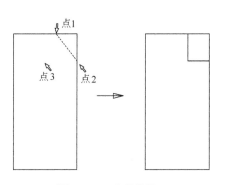

图 2-102 直角连接

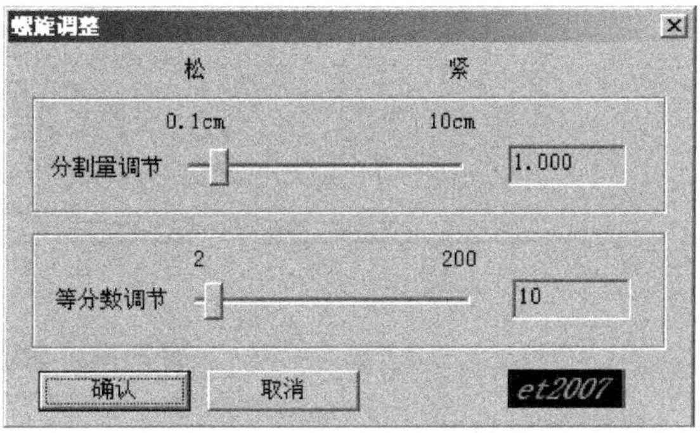

图 2-103 固定等分割对话框

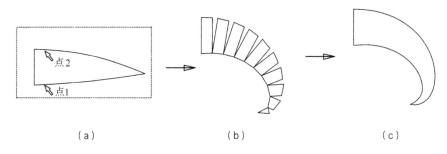

(a)　　　　　　　(b)　　　　　　　(c)

图 2-104 固定等分割

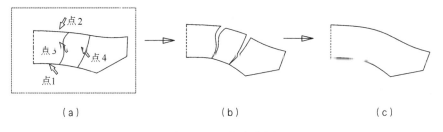

(a)　　　　　　　(b)　　　　　　　(c)

图 2-105 指定分割

5. 单边分割展开

按指定的分割量向两侧展开，系统自动生成泡泡袖形状。

在"分割量"输入框 分割量 2 中输入各条分割线的展开量，鼠标左键"点选"展开基线（如袖肥线），按右键结束操作，如图2-106所示。在按右键结束操作之前，按<Ctrl>键，裁片可以自动进行曲线连接。在做"单边分割展开"操作时，袖山曲线和袖肥线必须是一条完整的要素。

6. 多边分割展开

裁片按指定的分割量，系统自动展开成指定的形状，常用于爆破省。

在"分割量"输入框 分割量 2 中输入各分割线的展开量，鼠标左键"框选"参与展开的要素，按右键确定；左键"点选"基线要素，点 1，再从左向右依次"点选"分割要素，点 2，按右键结束操作，如图 2-107 所示。

图 2-106　单边分割展开

7. ◯ =? 半径圆

通过输入圆的半径做圆。

鼠标左键点取圆心的位置，点 1，松开左键并移动，当圆显示为目标大小时，再单击鼠标左键确定。如果在"半径值"输入框中输入数值，则按指定半径做圆，如图 2-108 所示。

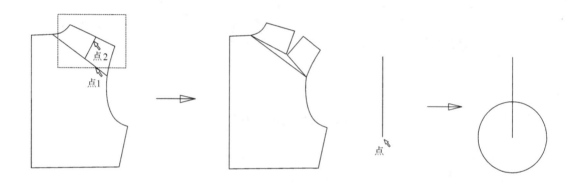

图 2-107　多边分割展开　　　　　　　　图 2-108　半径圆

8. ◯／ 切线/垂线

通过指定点，做圆或曲线的切线/垂线。

鼠标左键点击圆或曲线外的切线起点，点 1，左键指示圆或曲线上的一点，点 2，完成操作，如图 2-109 所示。在指示起点后，按<Shift>键，可做指定圆或曲线的垂线。

9. ◡ 圆角处理

对两条相连接的要素，做等长的圆角处理。常用于处理袋盖、底摆等。

鼠标左键"框选"参与圆角处理的两条要素，拖动鼠标左键，指示圆角半径的大小，松开左键操作结束。如果在"半径"输入框半径 2 中输入圆角半径，左键点击圆心的方向，则可以按指定半径做圆，如图 2-110 所示。

10. ◡ 曲线圆角处理

将两条相连接的要素，做不等长的圆弧处理。常用于处理西装的弧形下摆等。

鼠标左键分别"框选"参与圆角处理的两条要素，拖动鼠标左键直到获得理想的曲线连接为止，松开左键操作结束，如图 2-111 所示。

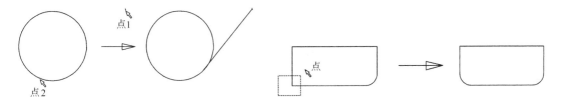

图 2-109　切线/垂线　　　　　　　　　　图 2-110　圆角处理

"曲线圆角处理"与"圆角处理"的区别是前者两边为不同的圆角半径，不能输入数字准确控制圆角半径，属于曲线的艺术设计；后者圆角半径两边相同，可以输入数字准确控制圆角半径。

11. 贴边

在裁片上生成等距离的贴边。

鼠标左键"框选"参与贴边操作的要素（一般要有三条要素），按右键结束选择；在"贴边宽"输入框 贴边宽 4 中输入贴边量数值，用左键拖动贴边的参考线，指示贴边的位置，松开左键结束操作，如图 2-112 所示。

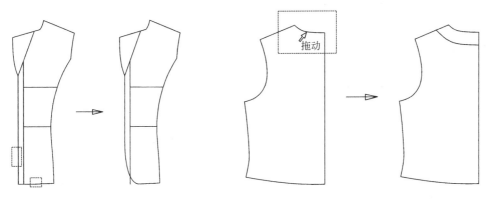

图 2-111　曲线圆角处理　　　　　　　　图 2-112　贴边

在屏幕右上角的选择框 ⦿ 固定 　○ 移动 中，如果选择"固定"模式，在拉伸时会在原来的基础上另加出一条贴边线；如果选择"移动"模式，在拉伸时则是直接移动参考线。在没有输入任何数值的情况下，则按鼠标指示位置做贴边。

12. 明线

做纸样明线工艺标志符号的专用工具，在指定要素上做明线标记。

在"距离"输入框 距离1 0.2 距离2 0.6 距离3 0 中输入明线宽度数值（如只做双明线，距离 3 处可不填），鼠标左键"点选"做明线的边界要素，点 1，左键指示明线方向，点 2，结束操作，如图 2-113 所示。如果在"系统属性设置"中勾选"明线进入推板" 明线：☑ 进入推板 ，则所做出的明线可以自动跟着参考线推板。

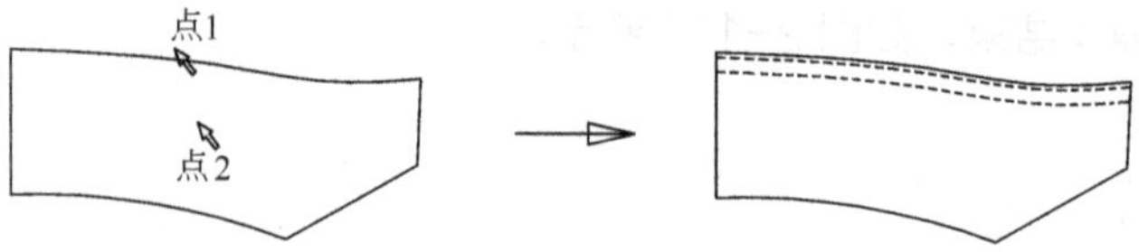

图 2-113 明线

13. 波浪线

在裁片上做代表吃量的缩褶工艺标记。

鼠标左键在要做波浪线的要素上点击指示起点，点 1，再点击波浪线的终点，点 2，左键指示波浪线的位置方向点，点 3；操作结束，如图 2-114 所示。位置方向点到基线的距离，决定波浪线的波幅。

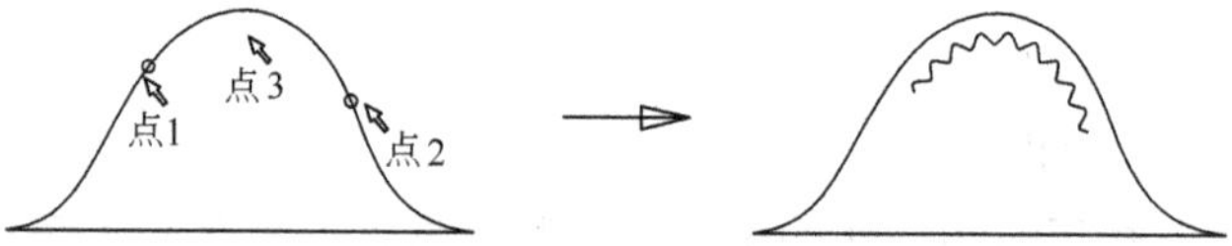

图 2-114 波浪线

14. 衣褶

在裁片上生成倒褶或对褶。

鼠标左键先选择褶的类型“倒褶”或“对褶” 倒褶 对褶 ，在“上、下褶量”输入框 上褶量 1 下褶量 2 处输入数值，左键“框选”参与做褶的裁片，按右键确定选择；左键依次从固定侧开始选择褶线的上端，点 1、点 2 和点 3，按右键确定；左键指示褶线的倒向侧，点 4，此时画面上的图形为绿色，还可以继续修改数值进行预览，按右键结束操作。如图 2-115 所示为倒褶，图 2-116 为对褶。

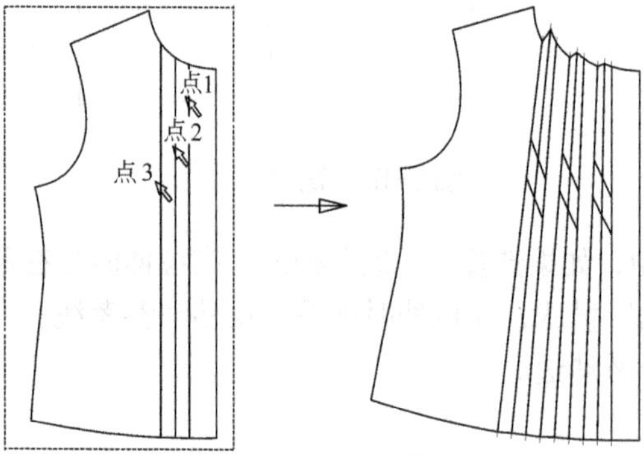

图 2-115 倒褶

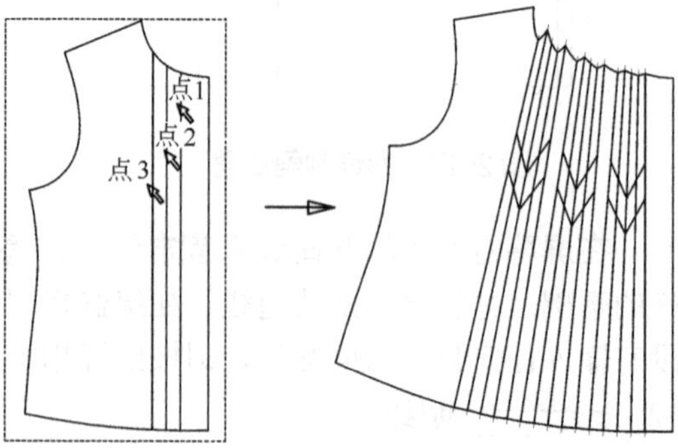

图 2-116 对褶

在“褶深度”输入框 褶深度 2 处输入数值，则按指定深度做褶。当褶线为曲线时，褶量不能超过 0.5cm。

15. 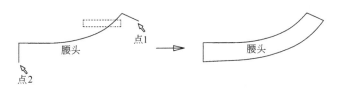 两点相似

在指定的两点上作与参考要素相似的曲线。

鼠标左键"点选"参考要素的起点端，左键指示与参考要素起点对应的第一点，点 1，左键再指示第二点，点 2，操作结束，如图 2-117 所示。

另外，在左键指示第二点的同时，加按<Shift>键，可以同时删除原要素。

图 2-117　两点相似

16. 局部调整

以要素上的一点为固定端，将局部调整多条要素。

鼠标左键在调整要素上指定固定端，点 1（可以指定多条要素），在调整端（点 2）按右键确定（该端点的位置非常重要，它决定了移动哪一端），弹出"裁片移动"对话框（如图 2-118），输入移动量并选择调整端的移动方向，按"确定"按钮结束操作，如图 2-119 所示；如果按"取消"按钮是将移动后的量返回到移动前的状态。在弹出对话框后，可以用鼠标左键拖动的方式，移动调整端至所需的位置，松开左键即可。

图 2-118　局部调整对话框

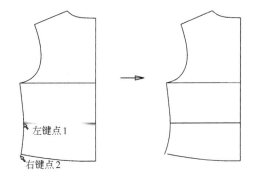

图 2-119　局部调整

第五节　打板系统菜单

在 ET 服装 CAD 的打板系统中，共有 10 个菜单，每个菜单中又分若干子菜单，子菜单的右侧有黑色三角的表示还有下一级菜单，使用时用鼠标点取相应菜单项即可。本节主要介绍打板系统的专有功能，工具栏和专业工具栏中已有的功能在此不再赘述。

一、【文件】菜单

【文件】菜单主要用于对整个文件进行操作，共有 13 项菜单功能，下面介绍其中几种。

1. 【文件/另存为…】

将当前文件重新命名并保存。

操作方法：点击【另存为…】子菜单，系统弹出"保存 ET 工程文件"对话框，选择文件要保存的位置，在"文件名"处填入新的文件名；点击<保存>按钮，则执行保存操作，点击<取消>按钮，则放弃保存。对话框下方的项目，可根据实际情况填写，除"样板号"比较重要以外，其他内容可以忽略。

2. 【文件/文档转移】

可将打好的板型直接转移到其他任意通用软件中。如可将纸样图形直接导入 word、Excel 中打工艺单或直接调入 Photoshop、Coreldraw 等设计软件，这是 ET 服装 CAD 系统极具特色的功能，本书中的所有纸样图形均是用【文档转移】功能直接导出的。

操作方法：点击【文档转移】子菜单，用鼠标左键"框选"需要转移的纸样图形，按右键结束选择；在新建的其他任意通用软件中按<Ctrl+V>键（或按右键选择"粘贴"），完成文档转移操作。在 Word 中纸样图形的大小，是和打推系统所选的图形成正比例缩放的，而在其他通用软件中是以 1:1 的比例导入的。

使用技巧：可以结合【变更颜色】 工具，将纸样图形的颜色全部变成白色，再进行【文档转移】操作，这样得到的是反向色彩的图形文件，更便于普通黑白打印机输出非常清晰的图形。

3. 【文件/打开最近文档】

在非正常退出打推系统后，重新进入系统时，使用此功能就可以找回最后一步的操作画面。

ET 的文件备份技术，采用的是"读步文件硬备份技术"，任何意外停机，都会找到全部操作步骤文件。所有打推文件一经排料输出都会产生自动压缩备份。也就是说，你只需保护好排料文件，就等于保护好打板文件、尺寸表文件、缩水信息、数据信息、推放码结果、推放码规则等。

4. 【文件/打开分类文件】

可以打开数字化仪读入的板型文件。

用数字化仪读到电脑中的文件，文件格式为"*.dgt"，必须通过此功能才能打开。

操作方法：点击此功能后，系统弹出文件类型为"*.dgt"的<打开>对话框。如图 2-120 所示，选择需要的数字化仪文件，再点击<打开>按钮即可。

图 2-120　打开分类文件

5. 【文件/打开标准 DXF 文件】

用来打开国内外其他服装 CAD 软件所输出的*.DXF 文件，该类型的纸样文件可调入到本系统中进行放码、改板等操作。

DXF 是美国 Autodesk 公司制定并首先用于 AutoCAD 的图形交换的文件格式，它是一种基于矢量的 ASCII 格式，文件的扩展名为"*.DXF"，用于外部程序和图形系统或不同的图形系统之间交换图形信息。由于它结构简单、可读性好，易于被其他程序处理，因此已是事实上的工业标准。目前，绝大多数 CAD 系统都能读入或输出 DXF 文件。

操作方法：点击【打开标准 DXF 文件】功能，弹出文件类型为*.dxf 的<打开>对话框，如图 2-121 所示，选择需要的 DXF 文件，再点击<打开>按钮即可。

图 2-121　打开标准 DXF 文件

6. 【文件/富怡 DXF 文件】

用来打开富怡服装 CAD 所输出的"*.DXF"文件。

7. 【文件/打开模板文件】

用来打开用公式法打推板制作的模板文件，只需要改变尺寸表中的数据就可以完成修改纸样尺寸的操作。这一功能对于常有翻板任务的企业而言非常有用。在纸样完全相同，只是成品规格尺寸不同的情况下，便可以完成快速改板并自动放码的操作。

操作方法：点击【打开模板文件】功能，弹出文件"打开"对话框，如图 2-122 所示，修改指定部位的尺寸，勾选"覆盖"选择框，再点击<打开>按钮即完成改板操作，如果模板是放过码的，新纸样只需点击"推板展开"即可完成放码操作。

此功能的前提条件是，模板必须是用尺寸表公式法打制的，而且放码也是通过尺寸表的参数用公式法进行的，才能实现改板操作。

8. 【文件/调入底图】和【文件/关闭底图】

用来打开（关闭）由 Photoshop 等图形软件制作的图像文件。

操作方法：点击【调入底图】功能，弹出【打开底图图像文件】的对话框，如图 2-123 所示，选择需要的底图文件，再点击<打开>按钮即可。

ET 服装 CAD 系统可以打开的底图文件在位图类型、位图宽度好高度等方面有较严格的要求，而在其升级版的 ET2008 中，增加了【打开款式文件图】的功能，可以打开各种图像

看图学艺·服装篇

服装 CAD 应用实践

① 服装 CAD 概述

② 打板系统

③ 打板系统技巧与综合应用实例

④ 推板放码系统

⑤ 排料系统

附录

文件（BMP、JPG、GIS、JPEG）；ET 打推系统能够打开所有图像文件，使纸样文件和服装款式图能够显示在同一屏幕上。

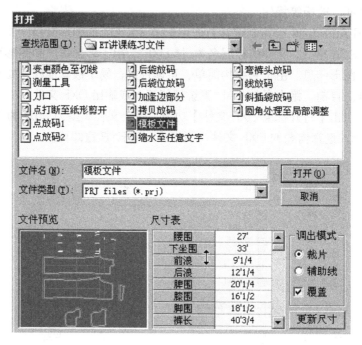

图 2-122　打开模板文件

图 2-123　打开底图图像文件

9. 【文件/系统属性设置】

调整打、推系统的各种参数设置和为用户提供个性化设置。

点击【系统属性设置】功能，弹出操作对话框，如图 2-124 所示，共有【工艺参数】、【操作设置】、【单位设置】、【界面设置】和【系统设置】五个选项卡，具体设置内容介绍如下。

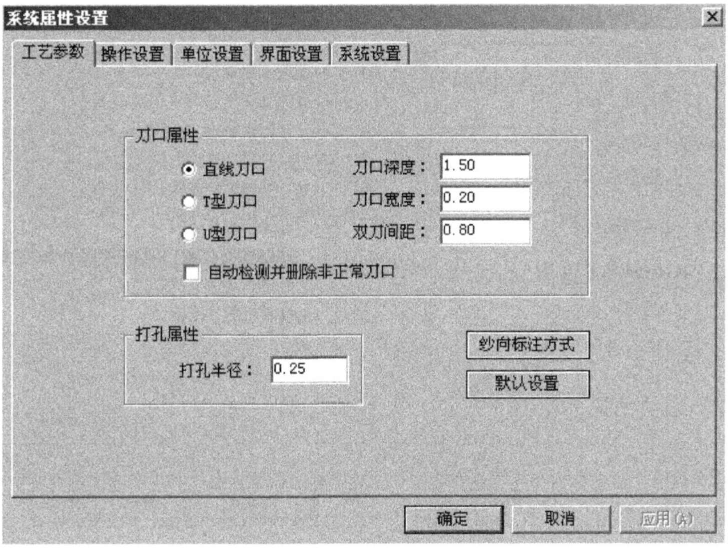

图 2-124　系统属性设置

（1）【工艺参数】选项卡。在【刀口属性】中提供了直线、T 型和 U 型三种刀口的选择类型及其参数的设定，并且可以选择"自动检测并删除非正常刀口"的自动功能。

"打孔属性"可以设置"打孔半径"，系统的默认值为"0.25cm"。

点击"纱向标注方式"选择框会弹出如图 2-125 所示的"属性文字布局设置"对话框，分别选择"纱向线上、下部"需要显示的裁片文字信息，实现在经过放缝处理的裁片上，进行必要的文字标注，设置完毕按<确定>按钮即可。

注意：系统属性设置中的"刀口大小"与"打孔半径"，与排料输出中的设置是有区别的，前者只是起到屏幕显示的作用，方便用户的查看；而后者则是绘图机输出纸样文件时刀口、打孔的最终设置情况。

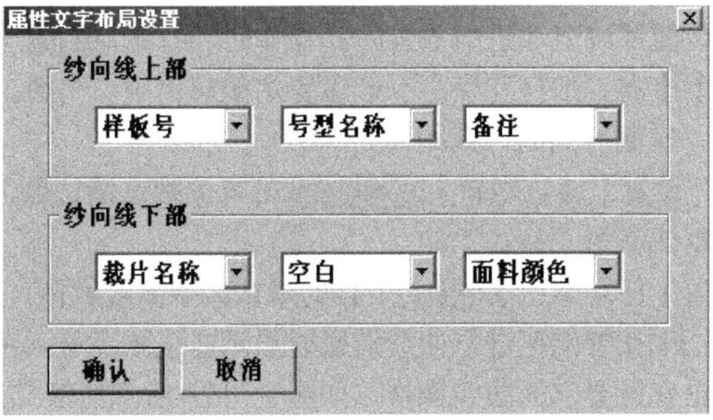

图 2-125　纱向标注方式

看图学艺·服装篇

服装 CAD 应用实践

① 服装 CAD 概述

② 打板系统

③ 打板系统技巧与综合应用实例

④ 推板放码系统

⑤ 排料系统

附录

（2）【操作设置】选项卡。如图 2-126 所示，【操作设置】对打推系统的整个操作参数进行设置。具体设置内容介绍如下。

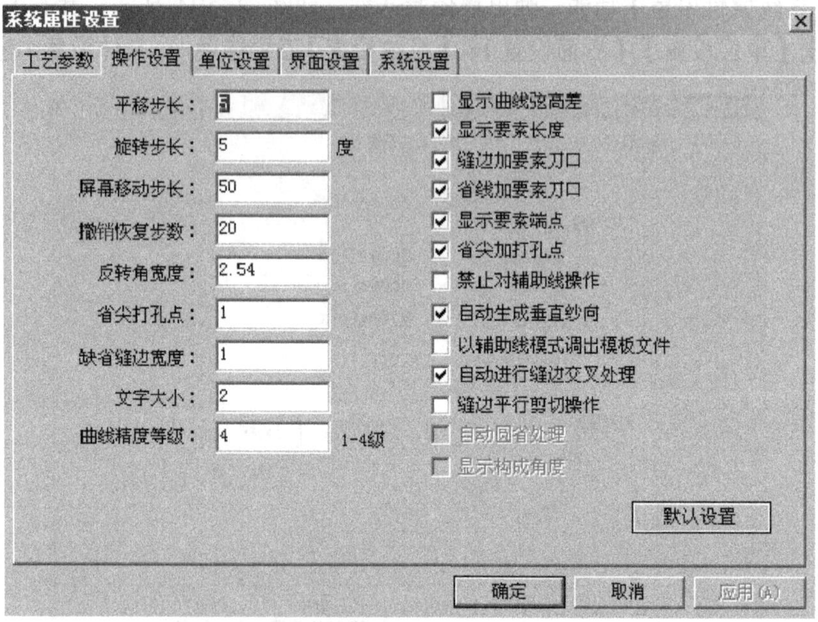

图 2-126　操作设置

【平移步长】和【旋转步长】：分别用于设置每次点击数字小键盘上的 2、4、6、8 键时，"平移"的厘米数或"旋转"角度数。系统默认值为"5"。

【屏幕移动步长】：用于设置每次点击键盘上的上、下、左、右方向键时，屏幕移动的厘米数。系统默认值为"20"。

【撤销恢复步数】：用于设置操作过程中备份步数，用户可以根据所用计算机硬盘的容量尽量设置大一些，这样系统可以更多的备份用户的打板步骤，即使万一出现文件被覆盖的误操作事故，也还有可能将文件找回来。系统默认值为"20"。

【反转角宽度】：用于设置反转角处理的最小缝边宽度，裁片的缝边宽一旦大于该设置值，系统将自动进行缝边的反转角处理。系统默认值为"2.54cm"，即 1in（英寸）。

【曲线精度等级】：设定图形的曲线精细度。

【省尖打孔点】：设置系统自动进行省尖打孔操作时，打孔点到省尖的距离，此功能必须与【省线加要素刀口】、【省尖加打孔点】一起设置才能起作用。一般工业制板要求，省长方向的打孔距离为"1"，省宽方向的打孔距离为"0.3"。

【缺省缝边宽度】：设置【缝边刷新】工具的默认缝边数值，用户可以根据实际需要自行设置，系统默认值为"1"。

【文字大小】：设置【任意文字】 **abc** 工具的默认文字高度数值，一般数值为"4"。

【显示曲线弦高差】：在智能笔进行曲线调整时显示曲线弦高差，系统默认为不勾选。此功能主要用于有曲度垂直量要求的曲线操作，如图 2-127 所示的驳口线曲度的调整操作。

【显示要素长度】：在智能笔进行曲线调整时，在曲线中点的位置显示该曲线的长度，系统默认值为勾选。

【缝边加要素刀口】：在缝边宽度超过 1.5cm 时，系统会自动在两边加上要素刀口。系统默认值为不勾选。

【省线加要素刀口】和【省尖加打孔点】：在用"省折线"工具处理省道或"衣褶"工具操作结束后，系统自动在省开口处或褶线处加上要素刀口，省尖处加打孔点。系统默认值为勾选，如图 2-128。

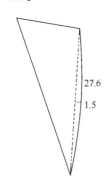

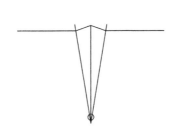

图 2-127　显示曲线弦高差　　　　　　图 2-128　省线加要素刀口和打孔

【显示要素端点】：使要素的端点显示绿色的位置点，特别是被打断的要素，可以显示出打断点的位置。系统默认值为勾选。

【禁止对辅助线操作】：使辅助线只能是打板操作的参考线，而不能进行修改、调整及删除操作。系统默认值为勾选。

【自动生成垂直纱向】：当裁片进行"缝边刷新"或"自动加缝边"操作后，自动生成垂直的纱向（布纹方向）。如果勾选此功能，则自动生成垂直纱向，否则自动生成水平纱向。用户可以根据自己竖向（横向）的打板习惯进行选择。系统默认值为勾选。

【以辅助线模式调出模板文件】：使【打开模板文件】功能打开的模板文件全部以辅助线的模式呈现，适应某些用户的打板习惯，对模板进行改板的作业。

【自动进行缝边交叉处理】：使裁片在交叉处的缝边自动连接。系统默认值为勾选。

【缝边平行剪切操作】：用于服装的棉衣、羽绒间线是否扩展到缝边。系统默认值为勾选。如图 2-129（a）表示棉间线不扩展到缝边，而图 2-129（b）勾选该选项后表示棉间线扩展到缝边的情况。

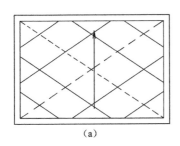

（a）　　　　　　　　　　（b）

图 2-129　缝边平行剪切操作

① 服装 CAD 概述

② 打板系统

③ 打板系统技巧与综合应用实例

④ 推板放码系统

⑤ 排料系统

附录

（3）单位设置选项卡。如图 2-130 所示，【单位设置】提供了"厘米/cm"和"英寸/inch"两种打板单位选项，用户可以根据实际订单的尺寸单位制进行选择。系统默认为"厘米/cm"制。

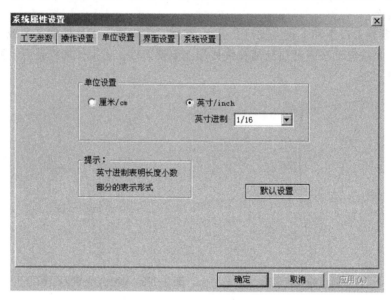

图 2-130 单位设置

在"英寸/inch"进制的 1/8、1/16、1/32 等代表是测量精度，而不是输入精度。系统默认的英寸进制为 1/16，因为 1/8 进制太大了而 1/32 则过于精确。

（4）界面设置选项卡。主要是对整个操作界面的颜色和界面风格等进行设置。如图 2-131 所示。

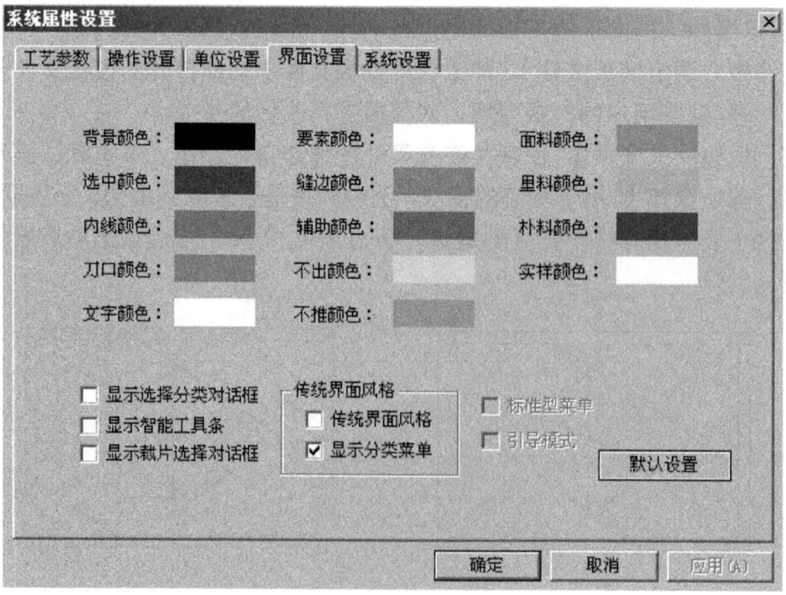

图 2-131 界面设置

各种颜色的设置操作方法相同。鼠标左键点击每一个选项的颜色框，弹出如图 2-132 所示的"颜色"对话框，在"基本颜色"或"自定义颜色"中选择一个颜色，按<确定>按钮即可。

【显示智能工具栏】：勾选此选项后，界面上会弹出"智能工具栏"，如图 2-133 所示，但"智能工具栏"中的所有功能已经被 ET 系统智能笔完全取代，一般不再使用此工具栏了。

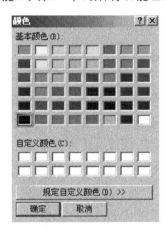

图 2-132　颜色的设置　　　　　图 2-133　智能工具栏

【显示选择分类对话框】：用于显示屏幕上各种要素的属性。

勾选此选项后，界面上会弹出如图 2-134 的"选择分类"对话框，用鼠标左键选择点击一种要素的属性，操作屏幕上相应属性要素的颜色就变成绿色，以便检查要素属性定义的是否正确。用快捷键<F9>可以快速打开与关闭该对话框。

图 2-134　显示选择分类

【显示裁片选择对话框】：勾选此选项后，在进入推板操作界面时，系统会弹出如图 2-135 所示的裁片选择对话框，可以选择面料或里料的名称。系统默认为勾选。

【传统界面风格】：勾选此选项后，"专业工具栏"按早期 ET2000 版本的风格显示。

【显示分类菜单】：在传统界面风格的状态下，将"专业工具栏"以遮盖式滑动界面方式显示。

二、【编辑】菜单

【编辑】菜单主要用于对裁片文件进行整体修改拷贝等操作，共有 10 项菜单功能，现介绍部分内容。

图 2-135　裁片选择对话框

1．【编辑/旋转】

将所选的要素或图形，按指定角度进行旋转。

看图学艺·服装篇

服装 CAD 应用实践

① 服装 CAD 概述

② 打板系统

③ 打板系统技巧与综合应用实例

④ 推板放码系统

⑤ 排料系统

附录

鼠标左键"框选"要旋转的要素，按右键结束选择；左键点击旋转中心（点），拖动鼠标左键到指定位置，松开左键完成操作。在松开左键前按<Ctrl>键，可以进行旋转复制，如图 2-136 所示。

在"旋转角度"输入框 旋转角度 5 中输入角度值，可以按照指定角度进行旋转；在"旋转步长"输入框 旋转步长 5 中输入数值，按小键盘上的 2、4、6、8 键，可以按指定步长旋转要素。

2. 【编辑/比例变换】

将所选的要素或图形，按指定的纵横向比例进行放大或缩小。

鼠标左键"框选"要缩放的要素，按右键结束选择；上下拖动鼠标左键进行缩小（放大），松开左键完成操作。如果先在"横比例"或"纵比例"输入框 横比例 0.8 纵比例 1 输入比例数值，则可以按指定比例进行缩放。如图 2-137 所示。

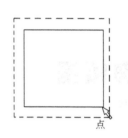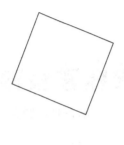

图 2-136 旋转工具

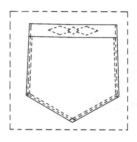

图 2-137 比例变换

3. 【编辑/删除所有辅助线】

删除辅助线的专用工具。

选择此功能，系统自动将屏幕上的所有辅助线全部删除。

另外，如果在【操作设置】选项卡中不勾选"禁止对辅助线操作"的选项，则可以用智能笔的删除功能或"删除"工具对辅助线进行任意的删除或修改操作。

4. 【编辑/对称修改】

在做对称的过程中修改曲线。

鼠标左键"框选"或"点选"要修改的曲线，按右键结束选择；左键指示对称轴（点 1、点 2），会出现对称过来的曲线（绿色），可以左键修改原曲线或对称曲线（拖动），修改完毕，可以按<Shift>键保留原边结束对称修改操作，如图 2-138 所示后领弧线的圆顺调整。如果按<Ctrl>键可以保留新边；直接按右键则原边和新边全部保留。注意直线是不能进行"对称修改"操作的。

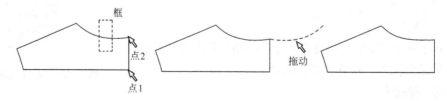

图 2-138 对称修正

5. 【编辑/联动修改】

做对应两条曲线的联动调整。

鼠标左键点击被联动修改的曲线,按右键结束选择,左键拖动对应的曲线到指定位置,松开左键结束操作。如图 2-139 所示。

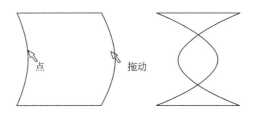

图 2-139 联动修正

6. 【编辑/双文档拷贝】

将两个打板全部或部分文件合并到一个文件中。

在有一个打板文件的情况下,点击此功能后系统会出现"打开文件"对话框,选择要拷贝的文件后,按<打开>按钮,系统又会弹出如图 2-140 的双文件窗口,用鼠标左键在左窗口中选择要复制的衣片或部件,按右键确定,左键再在右窗口中指示复制定位点即可,最后关闭左窗口,完成复制操作。

复制操作可以分几次进行,同时也可以选择用"左右对称"或"上下对称"的方式进行复制操作。

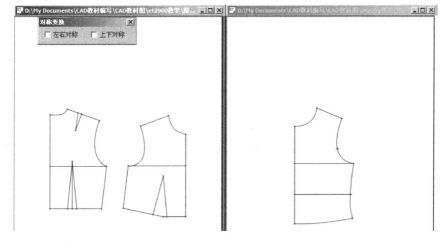

图 2-140 双文档拷贝

7. 【编辑/回到文件拷贝状态】

是"双文档拷贝"的辅助配套功能。

在进行"双文档拷贝"操作过程中,如果在右窗口中进行了一定的操作后,又想继续进行复制拷贝左窗口中的文件,这时就必须使用"回到双文档拷贝"功能才能实现继续复制的目的。

8. 【编辑/层间拷贝】

用于将图形复制(或替代)到其他号型层上。

在放过码的裁片文件中,用鼠标左键选择要复制的对象,按右键结束选择,弹出如图 2-141 所示的对话框,在"数据层"中选择要复制的号型(如 28),再在"目标层"中勾选要复制到的号型(如 30)(可同时选择多个号型),按<确定>按钮结束操作,这样就使这两个号型层的指定对象尺寸完全相同了。

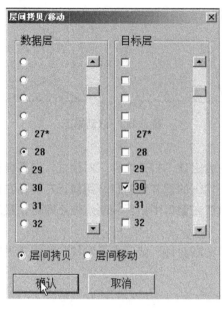

图 2-141 层间拷贝

如果选择"层间移动"的模式，通过上述操作，就能实现将"数据层"的指定对象移动到"目标层"，同时也删除了的"数据层"的相应内容。

三、【显示】菜单

【显示】菜单主要用于选择各种形式的屏幕显示操作，共有 19 项菜单功能。各菜单名称右侧的字母为对应工具的快捷键。

1. 【显示/工具栏】

"桌面工具栏"的显示或隐藏，系统默认为勾选显示"工具栏"状态。

2. 【显示/视图放大】

整个画面以屏幕中心为基准放大，每选择一次画面就放大一次。

3. 【显示/动态缩放】

上下拖动鼠标左键，使画面进行相应的缩小或放大。

4. 【显示/线框显示】

以常规的模式显示有缝边的裁片，系统默认为勾选"线框显示"状态。如图 3-25 所示。

5. 【显示/填充显示】

以填充色模式显示有缝边的裁片。如图 2-142 所示。

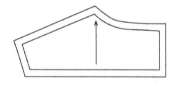

图 2-142　填充显示

6. 【显示/纹理显示】

以填充纹理图形的模式显示有缝边的裁片。

7. 【显示/编辑纹理】

对填充的图形进行纹理编辑操作。

选择此功能后，弹出如图 2-143 所示的对话框，可以用滑杆调节"编辑纹理比例"和更换纹理图案。

8. 【显示/单片全屏】

对于已经放过缝边的裁片，进行单一裁片的全屏显示。

9. 【显示/1:1 显示】

在屏幕上以 1:1 的比例显示真实尺寸的图形，用户可以在屏幕上用尺子进行测量或与手工打板的裁片进行对比。注意在此功能下，仅能使用"视图查询"功能，而其他的显示功能（放大、缩小、前画面等）均不起作用。

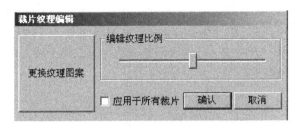

图 2-143　编辑纹理

10. 【显示/裁片隐藏】

用于隐藏屏幕上的指定裁片。

选择此功能，鼠标左键需要隐藏的裁片，按右键结束即可。按快捷键<A>可以将隐藏过的裁片全部显示出来。注意裁片隐藏后，不要将其他裁片移动到所隐藏裁片的位置上，因为隐藏后的裁片还是在原来的位置。

11. 【显示/隐藏净边】

用于隐藏裁片的净边，只显示裁片的缝边。

12. 【显示/关闭缝边宽度】

可以将裁片的缝边宽度显示在裁片的缝边上。用户可以查看屏幕上所有裁片的缝边宽度。注意当裁片的缝边宽度修改后，缝边宽度的标注需要人工更新。

13. 【显示/关闭缝边宽度】

将缝边宽度标注的数值关闭。

14. 【显示/裁片分类放置】

可以将屏幕上的所有裁片整齐的排列成一行。

【使用技巧】：在视图显示方面 CT 服装 CAD 系统提供了多种方式，用户可以按照自己的习惯有选择的进行操作。最佳的视图显示组合方式笔者推荐为，快捷键<Z>进行"区域放大"、<V>键进行"充满视图"、<X>键进行"视图缩小"、滚动鼠标的滚轮可以上下移动视图、<Ctrl+滚轮>则可以左右移动视图；同时在使用上述功能后，可以直接回到进行视图显示功能前所使用的工具状态，不需要再进行更换工具的繁琐操作。

四、【检测】菜单

【检测】菜单主要用于选择各种形式的屏幕显示操作，共有 7 项菜单功能。

1. 【检测/三点角度测量】

用于测量屏幕上任意三点之间的夹角。

鼠标左键依次点击指示三个点，系统会弹出测量数值对话框，显示三点之间的夹角角度值。

2. 【检测/要素上两点拼合检查】

看图学艺 · 服装篇

服装 CAD 应用实践

①
服装 CAD 概述

②
打板系统

③
打板系统技巧与综合应用实例

④
推板放码系统

⑤
排料系统

附录

可出来出两组要素中部分曲线长的差值。

鼠标左键选择第一组需要测量的线，左键"点选"线上需要测量的起点、终点，（如果想求和再重复上面的步骤），按右键结束；左键再选择第二组中需要测量的线，左键"点选"线上需要测量的起点、终点，按右键结束操作。系统会弹出如图 2-144 所示的要素检查对话框，对话框中的"尺寸 1"和"尺寸 2"分别表示第一组（第二组）线上两点的距离，"长度差"表示两个测量距离的差值。

测量值	长度1	长度2	长度差
2XS	0.00	0.00	0.00
2S	0.00	0.00	0.00
S	0.00	0.00	0.00
M(标)	30.51	33.25	-2.73
L	0.00	0.00	0.00
XL	0.00	0.00	0.00
2XL	0.00	0.00	0.00

要素检查

确认　取消　命名　尺寸1　尺寸2　尺寸3

修改　□ 联动操作　□ 监控预警　et2007

图 2-144　要素上两点拼合检查

3. 【检测/要素检测】

检查当前文件中有无重复要素或超短要素。

选此功能后，如未发现非正常要素，则会弹出如图 2-145"未发现非正常要素"的提示。

如果系统发现非正常要素，则会弹出如 2-146 的"发现 X 条非正常要素，是否需要清除这些要素？"的提示，如选"是"，非正常要素将被删除，如选"否"将保留这些非正常要素。

使用技巧：一般在打板操作过程难免有重复、重叠、超短等要素的存在，靠人工检查或一条一条的删除非常麻烦，可以使用此工具让系统进行自动检查和删除操作。

图 2-145　要素检测 1

图 2-146　要素检测 2

4. 【检测/缝边检测】

检查当前文件中有无不正常缝边。

5. 【检测/裁片情报】

显示屏幕上所有裁片的相关信息。

选择此功能会弹出如图 2-147 的"裁片信息"对话框。

布料种类	裁片名称	片数	净边面积	毛边面积	净边周长	毛边周长
里	前袋布	2	57.22	74.12	30.57	34.75
里	前袋布	2	44.40	59.78	28.89	33.28
面料	机头	2	10.04	23.00	17.53	22.22
面料	后幅	2	359.10	413.77	95.83	100.78
面料	前幅	2	296.17	348.71	92.70	98.02
实样	后袋实样	1	31.40	31.40	21.85	21.85
面料	袋贴	2	20.96	20.96	18.40	18.40
面料	表袋	1	6.40	11.90	9.99	13.59
面料	裤头	1	123.00	147.00	69.50	81.50

号型
□ 所有号型
27

颜色 全色

□ 修改状态

打印

确认

取消

图 2-147　裁片信息

主要显示"裁片名称"、"净边/毛边面积"、"净边/毛边周长"等信息，用户可以通过"净边周长"数据来预算缝纫线的用量等。裁片信息还可以直接打印出来。

6.【检测/刀口检测】

勾选此功能，在刷新缝边后，系统会自动检测是否存在非常规设置的刀口，并用红色的圆圈显示非正常刀口，便于用户修改刀口，如图 2-148 所示。

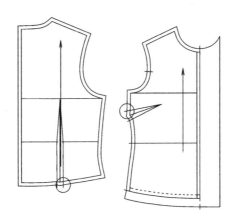

图 2-148　刀口检测

五、【设置】菜单

【设置】菜单主要用于选择各种形式的屏幕显示操作，共有 11 项菜单功能。

1.【设置/设置布料名称】

自定义在裁片纱向上显示的面料名称。

选择此功能后，弹出如图 2-149 的对话框。在序号旁的输入框中输入所需的面料名称，按<OK>按钮保存即可。

当使用"裁片属性定义" TEXT 功能时，就可以采用新设置的面料名称了。在用数字

① 服装 CAD 概述

② 打板系统

③ 打板系统技巧与综合应用实例

④ 推板放码系统

⑤ 排料系统

附录

看图学艺·服装篇

服装 CAD 应用实践

① 服装 CAD 概述

② 打板系统

③ 打板系统技巧与综合应用实例

④ 推板放码系统

⑤ 排料系统

附录

化仪输入时，可以按序号读入面料名称。

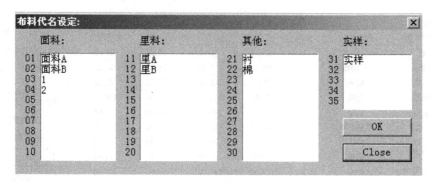

图 2-149　设置布料名称

2.【设置/设置关键词】

将常用文字设置到关键词库中。可以免除输入常用文字的麻烦，提高输入文字的速度。

选择此功能后，弹出如图 2-150 的"关键词输入"对话框。点击<编辑>按钮，又会弹出如图 2-151 的对话框，可以在现有"分类名"下进行"插入"、"删除"、"修改"、"输入文字"等编辑，操作完毕后按<保存>按钮进行保存关键词库。

图 2-150　设置关键词

图 2-151　编辑自定义词库

如果点击<添加>按钮，则可以添加自定义的"分类名"，并在新分类名下编辑自定义词库。

在使用"任意文字" abc 和"裁片属性定义" TEXT 等功能时，点击<关键词>按钮，就可以采用新设置的自定义词库词了。

3.【设置/号型名称设置】

自定义裁片的号型。

选择此功能后，弹出如图 2-152 的"号型名称设定"对话框。一个文件中可以有 5 种号型系列选择，一种号型系统可以定义多达 50 种号型。使用鼠标左键选择号型可以直接填入号型名称，用鼠标左键选择在"A 系列"到"E 系列"中，设置当前系统使用的号型类别（变成红色）。

图 2-152 号型名称设置

注意在设置新号型系列时，必须将"基码"与最左端"A 系列"中的"M"号相对应。

每一种号型的线条颜色可以自由设定。点击号型前面的颜色块，弹出颜色选择对话框（如图 2-153），可以进行颜色选择。

若点击<规定自定义颜色>按钮，则显示颜色设置调色板，在颜色选择栏中移动左键选择所需色，移动颜色条上的三角点调节颜色的亮度和饱和度，点击<添加到自定义颜色>按钮，再回到"颜色"对话框中按<确定>按钮，完成自定义号型颜色的设置。

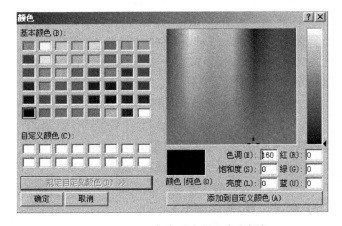

图 2-153 号型颜色设定和自定义颜色

看图学艺·服装篇

服装 CAD 应用实践

① 服装 CAD 概述

② 打板系统

③ 打板系统技巧与综合应用实例

④ 推板放码系统

⑤ 排料系统

附录

4. 【设置/尺寸表设置】和【设置/规则表设置】

在后面的推板工具中再介绍。

5. 【设置/曲线登录】

将常用的领窝曲线、袖窿曲线等保存起来备用，扩充曲线库。

鼠标左键选择要登录的曲线，并指示固定点，弹出如图 2-154 的"曲线库"对话框，点击<调入新曲线>按钮，将系统自动生成"新曲线"输入框处输入曲线名称，按<确定>按钮完成曲线登录。

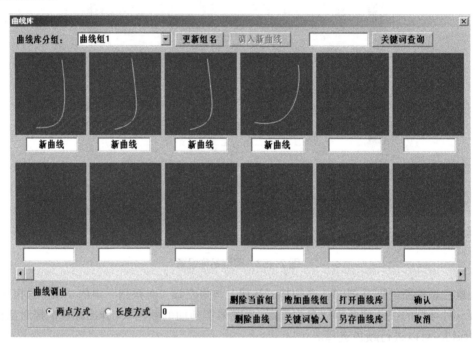

图 2-154　曲线登录

6. 【设置/曲线调出】

调出曲线库，使用保存的曲线，设置在当前纸样上。

选择此功能，弹出如图 2-154 的对话框，鼠标左键在曲线库中选择要调出的曲线，再选择"曲线调出"方式（如两点方式），按<确定>按钮；在当前工作区里，左键指定曲线调出参考位置点 1，再指示曲线调出参考位置点 2，结束操作，如图 2-155 所示。

如果选择"长度方式"调出曲线，必须在长度"输入框"中输入数值，在指定曲线调出参考位置点 1 后，再指定曲线另一端要到达的参考要素。

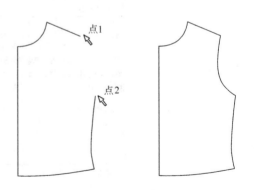

图 2-155　曲线调出

7. 【设置/附件登录】和【设置/附件调出】

将在第三章第二节的"原型模板附件库"的实

例中介绍。

8. 【设置/要素属性设置】

与专业工具栏中的"要素属性定义" 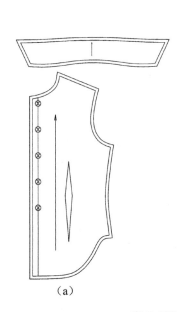 的功能相同。

9. 【设置/设置单步展开状态】

设置裁片放码时的展开状态。

勾选此功能，则在输入某一点的放码规则后，系统会进行单步推板展开。

六、【打板】菜单

【打板】菜单主要用于选择各种形式的屏幕显示操作，共有 11 项菜单功能。

1. 【打板/裁片补正】

主要用于裁片纱向的补正，有 3 个子菜单。

（1）【纱向水平补正】和【纱向垂直补正】可以水平或垂直补正所有的裁片。

选择此功能，屏幕上的所有放过缝边的裁片按水平或垂直纱向进行排列。

数字化仪输入后的裁片通常纱向不是呈水平或垂直方向的，需要用此功能进行纱向补正。在加缩水前，最好都先要将所有的裁片进行纱向补正，即将所有裁片的纱向按统一的方向排列。

此功能与"水平垂直补正"  工具的区别，前者是以裁片的纱向为补正的要素，并且是屏幕所有裁片都能同时补正，如图 2-156（a）所示对裁片的纱向垂直补正；后者是以图形的某一个边为补正的要素，可以对任何图形进行操作且只能对单独图形补正，如图 2-156（b）所示对领口线的垂直补正。

（a）　　　　　　　　　　　　　（b）

图 2-156　纱向垂直补正

（2）【定义辅助纱向点】专为排料用的一种可能放码的纱向点。

选择此功能，用鼠标左键在目标裁片中指定纱向的起点，再指定纱向的终点，裁片上出现两个蓝色的纱向点，即完成操作。

这是一种特殊的纱向点，在排料中可以优先识别，对于提高面料利用率起着很大作用。当放码时需要裁片的纱向发生变化，就可以用此功能。

2.【打板/缝边与角处理】

用于裁片缝边处理的专用工具。其下有 6 个子菜单。

（1）【修改缝边属性】用于直接修改裁片纱向上的文字标注内容。

用鼠标左键点击目标裁片，弹出如图 2-157 所示"裁片属性定义"对话框，修改裁片的相关文字标注后，按<确定>按钮结束操作。

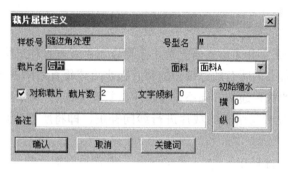

图 2-157　修改缝边属性

此功能与"裁片属性定义" TEXT 工具的区别在于，前者不需要中鼠标左键指定裁片纱向的起点和终点，就可以仅对纱向的文字标注进行直接修改。

（2）【将缝边改为净边】将裁片的缝边改为净边，同时生成新缝边。

鼠标左键"框选"目标裁片的纱向，并在"缝边宽"输入框 缝边宽1 1 中输入新的缝边宽，按右键结束操作。如果不输入缝边宽（系统默认为 0）时，则生成缝边宽都为 0 的两个重叠的裁片。

（3）【缝净边互换处理】将裁片的缝边与净边做互换处理。

鼠标左键"框选"目标裁片的纱向，按右键完成裁片缝边与净边互换操作。重复操作则可进行返回操作。

当打制或数字化仪输入的服装纸样为毛板，加缝边的功能向内加了负的缝边后，这时外轮廓就是净边，需要将外轮廓换回毛边时，需要用此功能将缝边与净边进行互换处理。

（4）【更新所有号型缝边】刷新屏幕上所有号型的缝边。

（5）【清除所有缝边】清除屏幕上所有裁片的缝边。

选择此功能，正在操作的号型层上所有裁片的缝边就被全部删除。

（6）【专用缝边角处理】各种特殊缝边角处理的专用工具。

当各衣片缝合时，在缝边拐角处经常出现多余的或不够的部分，CAD 对各衣片的缝边角间的对齐线可以进行任意修剪。

ET 服装 CAD 系统提供了 11 种缝边角的类型，选择此功能后，弹出如图 2-158 的"专用缝边角处理"对话框，用鼠标左键选择需要角处理的要素，再选择角处理的类型，在输入框"A"、"B"以及"C"、"D"中输入相应的参数值，按右键结束操作。

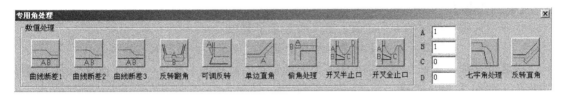

图2-158　专用缝边角处理

【曲线断差1】为上下端均呈直线的缝边角，常用于上拉链等处的缝边角处理，如图2-159（a）所示。

【曲线断差2】为上下端均呈曲线的缝边角，如图2-159（b）所示。

【曲线断差3】为上端弯曲、下端呈直线的缝边角，常用于西装袖开衩处的缝边角处理。如图2-159（c）所示。

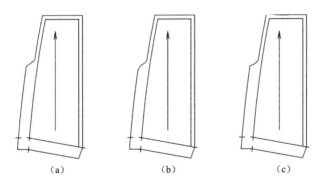

（a）　　　　　　　　（b）　　　　　　　　（c）

图2-159　曲线断差

【反转翻角】用于衬衫卷边、裤脚、袖口翻折边部位的角处理。如图2-160所示。

【可调反转】用于对有特殊要求的反转角处理。

【单边直角】常用于非成对要素进行缝边直角的处理，如图2-161裤子裁片中 *B* 线的 *b* 处做了1cm的单边直角处理，而在 *A* 线 *a* 处则做了【曲线断差1】处理。

注意："专业缝边角处理"中的单边直角和"缝边角处理" 中的直角的主要区别在于，前者是单边处理，并且可以自己调整；而后者是两边同时处理，并且缝边处理后的缝边宽度是系统默认的。

【偷角处理】常用于"立体风琴袋"的缝边角处理。如图2-162所示。

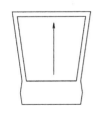

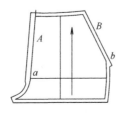

图2-160　反转翻角　　　图2-161　单边直角　　　图2-162　偷角处理

还有【开衩半止口】、【开衩全止口】、【七字角处理】和【反转直角】等专用缝边角处理种类。

3.【裁片工具】

用于裁片整体处理的专用工具，其下有 5 个子菜单。

（1）【裁片工具/裁片对齐】将选择的几个裁片按指定的点进行对齐排列。

选择此功能，鼠标左键分别点击要对齐的裁片的对齐点（点 1、点 2、点 3），按右键结束操作。如图 2-163 所示。

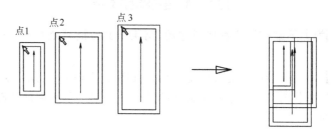

图 2-163　裁片对齐

（2）【裁片工具/裁片平移】将裁片进行平移或平移复制。与"平移"工具的功能基本相同。

选择此功能，用鼠标左键选择要平移的裁片的纱向，该裁片将吸附在鼠标上，移动鼠标或用数字小键盘的方向键将裁片平移到目标位置，点击左键结束操作。在点击左键结束前按 <Ctrl> 键，可以进行平移复制。

（3）【裁片工具/毛样取出】在【将缝边改为净边】操作后，可以将重叠在一起的两个裁片中的毛样取出。

先用【将缝边改为净边】工具，将裁片的缝边改为净边，形成两个缝边宽均为 0 的重叠裁片，再用【毛样取出】工具，鼠标左键选择重叠裁片的纱向，按右键结束选择，移动鼠标到指定位置，点击左键完成操作。如图 2-164 所示。

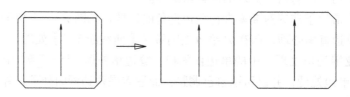

图 2-164　毛样取出

（4）【裁片工具/手动对号处理】和【裁片工具/自动对号处理】用于数字化仪读入系列号型的网状纸样图后，可以手动或自动将相同号型的纸样对号排列，便于区分不同号型的纸样。

4.【服装工艺】

为服装工艺相关的专用工具，其下有 15 个子菜单。

(1)【服装工艺/指定刀口】不需输入数值，在指定的位置加刀口。

鼠标左键选择需加刀口的线，再用右键指示刀口的位置即可。

此功能是用鼠标右键来确定刀口的位置，而"刀口" 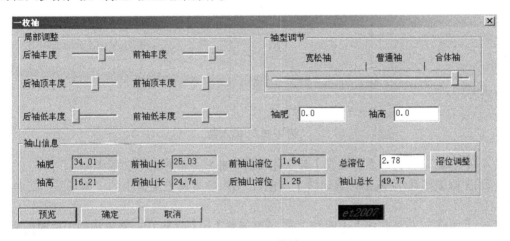工具中的"普通刀口"功能则必须知道距离或比例才能打出刀口来。

（2）【服装工艺/一枚袖】根据前后袖窿的数值，自动生成一枚袖。

鼠标左键"框选"或"点选"前袖窿（点1），按右键确定选择；左键再选择后袖窿（点2），按右键确定选择；在合适的位置指示袖山基线（点3），弹出如图2-165的对话框，按照具体需要，用调节杆调整袖山的形状，进行袖山曲线的自由设计，对话框中会同步显示袖山的相关参数，按<确定>按钮结束操作。

图 2-165　一枚袖

对于有袖形参数规定的一片袖，在弹出对话框后，输入"袖肥"或"袖山高"的数值，按<预览>按钮进行参数的赋值与图形预览，再输入"总溶位"（袖山吃量）的数值，按<溶位调整>按钮结束操作。如图2-166所示。

注意：在一枚袖的对话框中，由于"袖肥"和"袖山高"两个参数之间存在相互制约的关系，所以不能同时设置这两个参数。

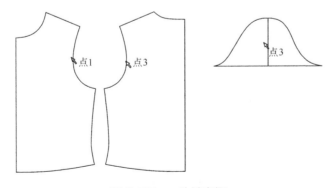

图 2-166　一片袖实例

（3）【服装工艺/插入省】固定做省的一个边向指定方向插入一个省。

用鼠标左键选择要做省要素的指定边，按右键确定，在"省量"输入框中输入"2"，左键点击展开方向参考线（点1），左键再点击省线（点2），完成插入省的操作，插入省时侧

看图学艺·服装篇

服装 CAD 应用实践

① 服装 CAD 概述

② 打板系统

③ 打板系统技巧与综合应用实例

④ 推板放码系统

⑤ 排料系统

附录

缝的下半段长度保持不变。如图 2-167 所示。

注意：在进行插入省操作时，作省的要素必须在省中线处打断。

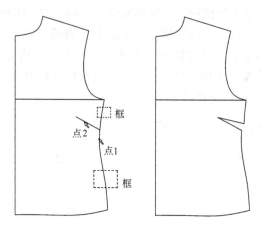

图 2-167　插入省

（4）【服装工艺/曲线点群编辑】与智能笔的"曲线点群修正"功能类似。

（5）【服装工艺/定义平行剪切线】与图 2-57 要素属性定义中的"剪切线"工具功能类似。

（6）【服装工艺/角连接】、【服装工艺/长度调整】和【服装工艺/要素相似】与智能笔的相应功能类似。

（7）【服装工艺/角平分线】做两个要素夹角的平分线。

鼠标左键"点选"两条相交的要素，在交点处出现四个方向，选择需要的角平分线方向，再点击左键即可。如果在"长度"输入框中输入数值，则可形成指定长度的角平分线。

5.【对格子】

为对条对格相关的专用工具。其下有四个子菜单。本部分内容将在推板（放码）的有关章节中再进行介绍。

七、【推板】菜单

本部分内容将在推板（放码）的有关章节中再进行介绍。

八、【图标工具】菜单

【图标工具】菜单包括全部图标工具的分类组合，共有 6 项菜单功能。

1.【图标工具/常用打板工具】

该工具组合与屏幕右边的"打板常用工具"图标工具栏中的内容一一对应，这里就不再重复。

2.【图标工具/专用打板工具】

该工具组合大部分与"打板常用工具"图标工具栏中的第二工具组的内容基本相同，只介绍未包括的内容。

（1）【缝边宽度检测】：检查当前纸样单个要素边的缝边宽度。

鼠标左键选择要检测的单个净边要素，就会弹出如图 2-168 的检测结果，操作结束。

（2）【实线/虚线】：作纸样的实线/虚线互换的专用工具。

鼠标左键"框选"或"点选"为实线的要素，单击右键结束操作，实线要素变为虚线；重复上述操作，虚线又变为实线。

（3）【变更线宽】：变更选定要素线的宽度。

选择此功能，在"线宽"输入框中输入数值如"3"，鼠标左键选择"点选"或"框选"目标要素，按右键结束操作。如图 2-169 所示。

图 2-168　缝边宽度检测　　　　　　图 2-169　变更线宽

（4）【设置辅助线】：将所选要素变更为不可操作的辅助线。

选择此功能，鼠标左键选择目标要素，按右键结束操作。对于已经是辅助线的要素，用鼠标左键选择该辅助线，按<Ctrl+右键>，可以将辅助线变换为实线。

3.【推板规则】

该工具组合与屏幕右边的"推板常用工具"图标工具栏中的内容一一对应，本部分内容将在推板（放码）的有关章节中再进行介绍。

4.【检查与测量】

该工具组合与屏幕右边的图标工具栏中的内容一一对应。

5.【设置与标注】

用于对各种要素的尺寸标注。其下有 4 个子菜单。

（1）【设置与标注/长度标注】标注要素的长度尺寸。

鼠标左键选择目标要素，左键再指示标注的方向即可。如图 2-170 的"*A*"处。

（2）【设置与标注/两点标注】标注裁片上任意两点的尺寸，标注所显示的内容包括间距、纵横偏移量。

鼠标左键分别选择第一目标点和第二目标点，左键再指示标注的方向即可。如图 2-170 的"*B*"处。

（3）【设置与标注/角度标注】标注两条要素夹角的角度。

鼠标左键选择两夹角要素，左键指示引出线，再指示标注线即可。如图 2-170 的"*C*"处。

（4）【设置与标注/粘衬标注】标注需要粘衬的要素。

鼠标左键选择目标要素，左键再指示标注的方向即可。如图 2-170 的"*D*"处。

看图学艺·服装篇

服装 CAD 应用实践

① 服装 CAD 概述

② 打板系统

③ 打板系统技巧与综合应用实例

④ 推板放码系统

⑤ 排料系统

附录

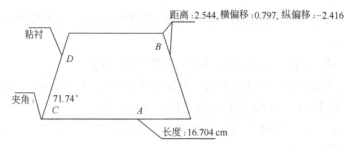

图 2-170　设置与标注

6.【其他图标工具】

该工具组合与"智能笔工具条"图标栏中的内容基本相同。

九、【帮助】菜单

【帮助】主要包括系统"帮助"和"自定义快捷键"两项内容。

1.【帮助】

通过对话框的方式显示本打推系统的程序版本、版权等信息，看完后按<OK>即可。

2.【自定义快捷菜单】

用户自己将其常用的工具设置成自定义快捷菜单。

此功能可以将菜单栏中的任一个工具设置为自定义菜单，在菜单中埋藏较深但又经常要用到的工具，如"等分线"、"直角连接"和"删除所有辅助线"等工具，设置为自定义快捷菜单。

选择此功能，会弹出如图 2-171 的"自定义快捷菜单"对话框，用鼠标左键选择文字菜单栏中需要的工具，则该工具就添加到自定义快捷菜单中了，最后按<OK>按钮确定，如果按<Cancel>按钮则取消本次操作。

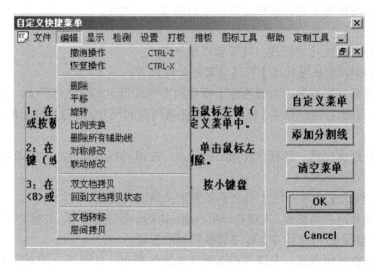

图 2-171　自定义快捷菜单

按<自定义菜单>按钮，会显示当前的自定义快捷菜单，选中某个工具项，按数字小键盘方向键的<8>或<2>键，可以改变该项工具的上下位置，而单击鼠标左键（或按数字键 5），该功能将从自定义快捷菜单中删除。

按<添加分割线>按钮，则在自定义菜单中添加了一条区分上下区域的分割条，使自定义菜单能够分类布置。

在打板操作过程中需要使用某项自定义快捷键，只要压一下鼠标的滚轮就会弹出如图 2-172 的选择对话框，用鼠标左键选择需要的工具即可使用该工具了。

旋转
比例变换
文档转移

变更颜色
实线\虚线
删除所有辅助线
等分线

图 2-172　自定义快捷键

① 服装 CAD 概述

② 打板系统

③ 打板系统技巧与综合应用实例

④ 推板放码系统

⑤ 排料系统

附录

第一节 打板系统应用技巧

ET 服装 CAD 系统，经过多年的发展和不断的技术创新，各项功能都得到了充分的完善和提升。ET SYSTEM 除了拥有完善的功能外，还具有非常显著的特性，为用户建立了非常友好的人机对话平台。面对 ET 系统强大的功能，如何充分利用现有资源、掌握技巧，挖掘潜能、灵活应用、提高纸样处理的速度和正确率，从而提高生产效率，使 CAD 更好地为企业服务，创造出最佳效益，是每个正在使用或潜在客户（企业或个人）值得关注的问题。

一、ET 服装 CAD 打板系统的显著特点

1．丰富的智能笔功能

ET 系统的最大特点是它的"智能笔"功能，这一功能标志着服装 CAD 已进入了智能化时代。一根智能笔相当于同类软件中 28～39 个功能，避免了大量更换工具的操作，使 CAD 打板过程与手工制板基本相同，可以充分体现样板师的设计意图。

2．良好的智能导航机制

ET 系统的智能导航机制，可以智能判断用户下一步对功能的使用需求，并实时的在状态栏中提示每一步操作要领，使操作变得更加轻松简单。

3．实用性和人性化功能显著

ET 系统设置了许多既实用又人性化的功能。如一枚袖、两枚袖和枣弧省等模块功能，减少许多不必要地重复性劳动，从而大大提高服装打板的速度；备有内容丰富的曲线库与附件库，用户可以随时调用，随意进行拟合和粘贴，也可以把用户的母板储存起来备用；打板和排料小图可导入 Word、Excel、Coreldraw 等通用软件，本书中的所有服装纸样图都是通过 ET2007 服装 CAD 的"文档转移"工具直接导出；另外还有"裁片情报"、"衣片填充颜色"、"专用缝边角处理"等适应用户需求的实用功能等。

4．良好的操作流畅性

在 ET SYSTEM 系统中，所有的打板工具可以不受限制地使用。用户在打板过程中不受系统约束，可以完全按照自己习惯的方式工作。不管是在打板还是推板状态，不用顾及是否已经形成了裁片，只要需要就可以修改。无论用户有什么设计习惯，ET 系统都可以伴随满足，这体现了 ET 系统以人为本的设计理念。

二、熟练掌握快捷键提高打板速度

熟练掌握附录二中打板、推板系统的快捷键，是提高打板速度的捷径。例如<Page Down>键可以快速进入"数值输入框"的长度与宽度相互切换状态，并且在两个数值框中光标为可输入状态，可以直接输入数值，免除了用鼠标找输入框和删除原始数据的麻烦，另外，常用的快捷键还有<Z>键放大、<X>键缩小、<V>键全屏显示、<Ctrl+Z>键撤消、<Ctrl+X>键恢复、<Ctrl+滚轮>键视图左右移动和<～>智能笔工具等。

在"帮助"菜单下的"自定义快捷键"功能，可将菜单栏中的任一工具设置为快捷键。

看图学艺·服装篇

服装 CAD 应用实践

① 服装 CAD 概述

② 打板系统

③ 打板系统技巧与综合应用实例

④ 推板放码系统

⑤ 排料系统

附录

例如"等分线"、"角平分线"和"删除所有辅助线"等工具，是在菜单中埋藏较深但又经常要用到的工具，操作时压一下滚轮就能够轻松找到这些工具。

三、提高纸样打板效率的技巧

1. 简化操作的 CAD 打板理念

在服装 CAD 打板过程中，运用一些非常规的打板技巧，将一些本来较复杂的打板操作简单化，对提高 CAD 应用能力和打板速度非常有效。

（1）西服大袋打板——巧用"形状对接与复制"工具。由于西装大袋的袋口线必须与下摆平行，所以一般需要上翘 1cm 左右。在服装 CAD 上倾斜的西装大袋盖只有用"角度线"工具一笔一笔的画，操作起来比较麻烦。可以通过巧用"形状对接与复制"工具简化操作，具体步骤如下。

在西装纸样的外面，直接作出一个矩形大袋盖；经圆角处理之后，再用"形状对接与复制"工具，将在纸样外的大袋盖贴回到倾斜的大袋位处。这样就以非常简便的方法完成了打板操作。具体步骤参如图 3-1 所示。

（2）两片袖袖开衩的打板——巧用"缝边修改"工具。ET 服装 CAD 的打板系统中设置了两片袖的功能模块，只要有一片袖的袖山弧线，使用该模块设置若干必要参数就可以得到标准的两片袖了。但在该模块没有将袖开衩部分设置在内，需要另外制作。考虑到服装工业板中缝边处理的问题，可以将方法简化如下。

巧用"缝边修改"工具：将大、小袖片的外袖缝线开衩处打断，在缝边修改时，把开衩处的缝份设置成 2cm，这样净样板中没有的袖开衩，在毛样板中就自然呈现了出来。如图 3-2 所示。

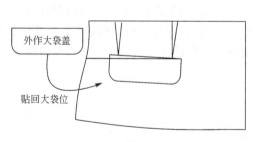

图 3-1 西装大袋打板

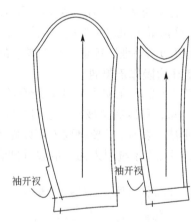

图 3-2 袖开衩打板

（3）牛仔裤后袋的打板——巧用"要素镜像"工具。牛仔裤后大袋一般左右对称、造型夸张且有装饰明线，在打板时较难把握。通过巧用"要素镜像"工具，可以使操作简化。具体步骤如下：先画出后大袋的一半，再使用"明线"工具将装饰明线恰到好处的勾勒出来，最后应用"要素镜像"工具复制出另外一半。如果整体的对称造型不满意，还可以用"联动修改"工具进行对称调整，直到用户满意为止。如图 3-3 所示。

另外，在纸样打板作基础线时，可以先将最大的长宽尺寸用矩形画出，再用平行线画出其他横向、纵向的基础线，这样可以避免手工打板常用的逐条划线并测量各线长度的烦琐；还有在作上衣的肩斜线时，可以使用"点偏移"功能，直接找到肩端点，再连回到侧颈点即可，免去了确定肩高及肩宽的打板操作步骤等。

2. 对CAD专用工具使用功能的拓展

服装CAD的专用工具一般都有其特定的使用目的，如果在服装纸样打板中能够充分挖掘它们的功能，拓展它们的使用范围，就可以成倍提高打板速度。下面以西服领的打板为例进行具体的操作说明。

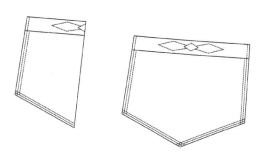

图3-3　牛仔裤后袋打板

（1）驳领宽的打板技巧——巧用平行线。驳领宽是指西装领从驳角到驳口线的　垂直距离（一般7～9cm），如果直接使用手工打板的制图理念进行CAD打板，将很难找到一种合适的方法。可以通过巧用平行线对其功能进行拓展。具体做法如下：使用平行线工具，先作一条与驳口线平行、间距为驳领宽的平行辅助线，然后将串口线与该线相交，因为两平行线的间距代表的就是垂直距离，因此该交点到驳口线的垂直距离就是驳领宽。如图3-4所示。

（2）倒伏量的打板技巧——巧用单向省工具。西装领的倒伏量手工打板的方法是作一个腰长为后领弧长、底边为倒伏量（一般取2.5cm）的等腰三角形。可以巧用单向省工具对其进行功能拓展，具体做法如下：选择"单向省"工具，将后领弧线作为省边，单向省量为2.5cm，再选择方向向后侧，即可完成倒伏量的设计。避免了按常规方法作两个辅助圆取得交点才能定位的烦琐步骤。如图3-5所示。

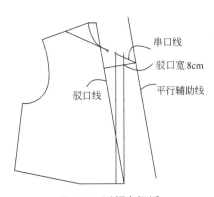

图3-4　驳领宽打板

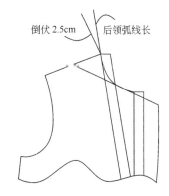

图3-5　倒伏量打板

（3）驳口角的打板技巧——巧用双圆规工具。西装领的驳口角一般由三个数值确定的，常见的数值配比是驳角4.5cm、领角4cm、缺嘴5cm。按常规也只能用作辅助圆的方法进行打板。可以利用巧用双圆规工具对其进行功能拓展，具体做法如下：将两个基点间距、半径1和半径2分别设置为上述三个数据，一次操作就可以完成驳口角的打板。如图3-6所示。

3. 母板打板方法和技巧

在实际工作中，打板师习惯用自己的母板来设计新纸样。在母板的基础上，通过局部修

晋图学艺·服装篇

服装 CAD 应用实践

① 服装 CAD 概述

② 打板系统

③ 打板系统技巧与综合应用实例

④ 推板放码系统

⑤ 排料系统

附录

改与变化，完成整套纸样的打板操作。在 ET 系统中，我们可以应用附件登录的功能，将母板登录储存到附件库中，使用时只要通过附件调出，它可以得到母板纸样，这样就可以避免查找母板文件麻烦，甚至出现误将母板文件覆盖保存的事故。

下面以裤装打板为例说明母板 CAD 打板的方法与技巧。

（1）低腰牛仔裤前片的打板。将母板调出后，由于母板的前腰线呈弧线状态，可以用"相似线"工具作出 5cm 的低腰线，以免其他方法作图后可能出现的偏差；再用同样的方法对前侧缝线进行余省和收膝围处理；至于裤口劈出 2cm 的操作，可以用"点偏离"功能快速的找到该点，再连接膝线上的位置点即可；最后将母板全部设置为辅助线，这样即便于进行后期检查，又可以使母板不参与放缝、推板等其他的衣板操作过程。如图 3-7 所示。

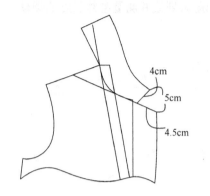

图 3-6　驳口角打板

（2）牛仔裤后片的打板。后裤片与前裤片的打板方法基本相同，这里仅说明后片特殊部位的打板技巧。如图 3-8 所示。

首先是后育克的打板。育克线必须过两个省尖，所以应先用线连接两省尖，再用"双边修正"功能将该线分别与后中线和后侧缝线相连，这样可以确保作线准确；在育克片的处理方面，可以先用"纸样剪开"功能将育克体取出，然后使用"形状对接"功能将省道合并，最后圆顺育克的上下边线。

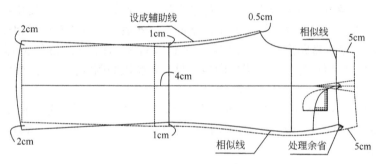

图 3-7　低腰牛仔裤前片

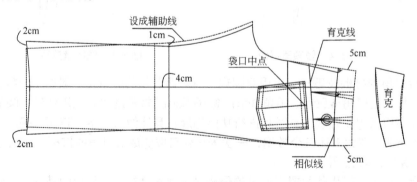

图 3-8　牛仔裤后片

其次是后大袋的打板。后大袋可以用上述图 3-1 和图 3-3 的方法进行体外制作，而回贴袋位时又存在袋口中点控制的问题，操作技巧是在使用"形状对接与复制"功能时，将对接的前后起点分别设置在袋口中点和袋位中点，这样回贴操作就可以顺利的完成。

第二节　文化式女装原型打板

女装衣身原型的必要尺寸采用日本女装规格 M 号：胸围（B）82cm、背长 37.5cm。点击图标ETCOM.EXE 进入 ET 服装 CAD 系统的打板操作界面，新建一个空白的工作区。

一、日本文化式女装上衣原型

（一）作基础线

1. 作长方形

长取 $B/2 + 5$cm(放松量)，宽取背长尺寸，作一个长方形。长方形右边线为前中线，左边线为后中线，上边线为上平线，下边线为腰围辅助线。

单击"辅助计算器"弹出计算器对话框，用鼠标左键点击"82/2+5"，再点击"="键，计算器就会自动计算出数值=46cm，如图 3-9 所示。

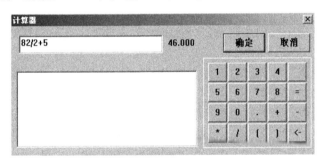

图 3-9　计算器对话框

左键单击图标，或者用快捷方式键盘"～"键在任意状态下进入智能笔作图状态，使用智能笔的"矩形"功能，在"长度"和"宽度"输入框 长度 46　　　宽度 37.5 中分别输入"46"（$B/2 + 5$cm）和"37.5"（背长），用鼠标左键拖出一个矩形，这时只要指示长宽的方向，在点击左键即可，最后可以用鼠标右键点击线段测量一下矩形的尺寸是否准确，如图 3-10（a）所示。

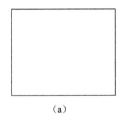
（a）

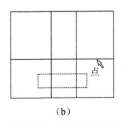
（b）

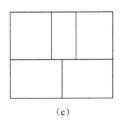
（c）

图 3-10　原型基础线

2．操作技巧

（1）在输入数值时，按快捷键<Page Down>，可以使光标在"长度"输入框和"宽度"输入框之间互换；而按快捷键<Page Up>，可以控制光标到"智能点"输入框中。上述两种快捷方式控制的光标为直接可输入状态，不需要去除系统默认的"0"值。

（2）在 ET 的打板系统中，矩形的长度与宽度的方向是相对的，长度方向可以是水平方向的，也可以是垂直方向的。在这一点上 ET 系统比其他 CAD 更加智能化。

（3）作袖窿深线、背宽线和胸宽线：从后中线顶点向下取 $B/6+7cm$ 处作水平线，即袖窿深度，再作胸宽线 $B/6+3cm$ 和背宽线 $B/6+4.5cm$。

使用与上相同的"辅助计算器"方法，可以计算出"82/6＋7"=20.667cm，使用智能笔的"平行线"功能，左键框选上平线，在"长度"框中输入 20.667，按住<Shift>键，鼠标指向下方按右键即可作出袖窿深线；再用同样的方法，作出背宽线"$B/6+4.5=18.167cm$"和胸宽线"$B/6+3=16.667cm$"，如图 3-10（b）所示。

使用智能笔的"单边修正"功能，左键同时"框选"背宽和胸宽线的调整端"下部"，左键点击袖窿深线（该线变为绿色），按右键结束调整。最后作前后片分界线，用鼠标在袖窿深线上滑动，在该线的"中点"处会显示黄色点，左键点击该点，拉出一条任意线，再按一下<Ctrl>键使智能笔处于丁字尺状态下，左键点击下边线即可，如图 3-10（c）。

（二）作轮廓线

1．作后领口曲线

在上平线上，从后中线顶点取 $B/20+2.9cm$ 为后领宽，在后领宽处向上取后领宽的 1/3 为后领深。

使用"辅助计算器"计算出后领宽"$B/20+2.9$"=7.00cm，而后领深为 7/3=2.333cm，分别在"智能点"和"长度框" 7 　　　长度 2.33 　中输入"7"和"2.33"，用鼠标在上平线上滑动，在后中点附近处会显示两个红点，这两点的间距就是 7cm，左键点击第二个点，拉出一条任意线，再按一下<Ctrl>键使智能笔处于丁字尺状态下，左键再单击一下上方，就可以一次作出后领宽和后领深。压一下滚轮使用"等分线"工具，将后领宽三等分，从三分之二处作一条直线连接侧颈点，最后用鼠标右键点击该线，左键调整后领领口曲线到理想的状态为止，如图 3-11（a）所示。

2．作后肩线

从背宽线和上平线的交点下取后领宽的 1/3 处作水平线段 2cm 定数，确定后肩点，连接后侧颈点和后肩点即为后肩线。

用相同的方法分别在"智能点"和"长度框"中输入"2.33"和"2"，用智能笔在背宽线的 7/3=2.33cm 处作出的 2cm 水平线段，得到后肩点，再连接后侧颈点和后肩点作出后肩线，如图 3-11（b）所示。

3．作前领宽、前领深线

从前中线顶点分别横取"后领宽-0.2cm"为前领宽，竖取"后领宽＋1cm"为前领深。

使用"辅助计算器"计算出"前领宽"=7-0.2cm=6.8cm，"前领深"=7+1=8cm。使用"直角连接"工具 　　　，在"智能点"中输入领宽值"6.8"，用鼠标左键点击直角连接的起点，在上平线上找点 1，左键再点击直角连接的终点，输入领深值"8"，在前中线上找点2，左键再指示一下直角连接的方向结束操作，如图3-12（a）所示。

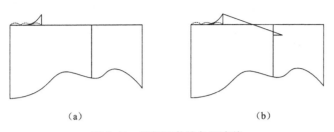

图3-11 后领口曲线与后肩线

操作技巧：对于所有"专用打板工具"，ET服装CAD系统的智能导航功能非常人性化，可以智能判断用户下一步对功能的使用需求，并实时的在提示栏中提示每一步操作要领，用户不需要精通每一个"专用打板工具"的使用方法，按照操作提示就可以轻松驾驭该专用工具。

4. 作前领口曲线

前侧颈点下移0.5cm，矩形角平分线的"前领宽1/2-0.3cm"前领口曲线轨迹，曲线连接前颈点、辅助点和前侧颈点，完成前领口曲线。

前侧颈点下移0.5cm的操作，使用智能笔"线长调整"的功能，"框选"前领宽线的调整端，在"调整量"输入框中输入"-0.5"，右键结束操作。"领口辅助点"=6.8/2-0.3=3.1cm，而直角的角平分线为45°角，直接使用智能笔的"丁字尺"功能，在"长度"输入框中输入"3.1"，左键点击领宽和领深线的交点，按一下<Ctrl>键，使智能笔处于"丁字尺"状态，以45°方向再点击左键，完成辅助点的操作，如图3-12（b）所示，最后左键连续点击前侧颈点、辅助点和前中点三个点，完成前领口曲线，如图3-12（c）所示。

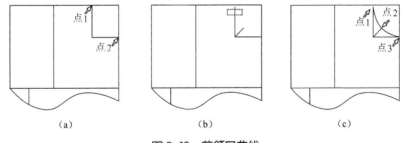

图3-12 前领口曲线

5. 作前肩线

从胸宽线与上平线的交点向下后领宽的2/3处水平引出射线，在射线与前颈点之间取后肩线-1.8cm为前肩线。

在"智能点"输入框中输入"4.66"（7×2/3=4.66cm），左键在胸宽线上找点，按一下<Ctrl>键水平引出一条任意长度的射线。

用鼠标右键点击后肩线，测出后肩线的长度尺寸为13.97cm，用"辅助计算器"计算出前肩线=13.97-1.8=12.167cm，选择"单圆规"工具，在"半径"输入框中输入"12.167"，鼠标左键以前侧颈点为起点，将刚做好的水平射线作为目标要素，点击左键完成前肩线，最后用"单边修正"的方法，将水平射线的多余部分删除，如图3-13（a）所示。

6. 作袖窿曲线

用"等分线"工具在袖窿深线上将背宽线与侧缝线两等分，再用"两点测量"工具，测量等分距为 2.417cm，用智能笔的"丁字尺"功能，分别作袖窿宽的两个角平分线，前袖窿线辅助点为等分距 2.417cm，后袖窿线辅助点为 2.917cm（等分距+0.5）。最后，用智能笔顺序连接后肩点、后袖窿中点、后袖窿线辅助点、前后中界点、前袖窿线辅助点、前袖窿中点和前肩点七个点完成袖窿曲线，如图 3-13（b）所示。

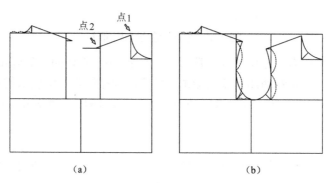

（a）　　　　　　　　　　　　（b）

图 3-13　前肩线和袖窿线制作

7. 作胸乳点、腰线和侧缝线

在前片袖窿深线上取胸宽的中点向后身偏移 0.7cm、其下 4cm 处为胸乳点（BP 点），胸凸量为前领宽的 1/2。

用"等分线"工具将胸宽两等分，在"智能点"输入框中输入"0.7"，用智能笔在胸宽中点向后找到偏移位，左键点击该点向下平线作垂线；左键"框选"该线的调整端，在"调整量"输入框中输入"-4"，按右键结束，完成 BP 点的操作，如图 3-14（a）所示。

左键同时"框选"前中线和 BP 点辅助线，在"调整量"输入框中输入"3.4"（前领宽6.8/2），按右键结束，完成胸凸量的操作；然后，连接两延长线的端点，再连接到侧缝线向后偏移2cm 处，形成新的腰线，最后再作出新的侧缝线，如图 3-14（b）所示。

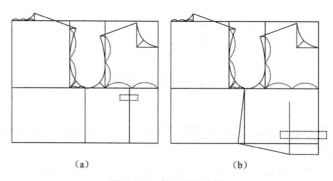

（a）　　　　　　　　　　　　（b）

图 3-14　胸凸量的制作

8. 作前胸省

前胸省量=原前腰折线长-腰围/4+1cm（放松量）-1cm（侧缝斜进量）=25.36-（70/4）=7.86cm。

用智能笔"智能点"的找点功能，在腰线上从 BP 点辅助线向前中偏离 1.5cm 处连接到

的 *BP* 点，为前胸省的一边线，再从 *BP* 点辅助线向后偏离 7.86-1.5=6.36cm 处连接到的 *BP* 点，为前胸省的另一边线，完成前胸省的制作，如图 3-15（a）所示。

9. 作后背省

后背省量 = 原后腰线长 – 腰围/4 + 1cm（放松量）– 1cm（侧缝斜进量）=21-（70/4）= 2.5cm。

先将袖窿深线上的背宽用"等分线"工具两等分，从等分点用智能笔作垂线到腰线，再用左键"框选"垂直上端，在"调整量"输入框中输入"2"，按右键结束，使该线上移 2cm 为后背省的省尖，最后用智能笔从省尖到腰线画出左右各"1.25cm"（2.5/2）的两个省边，完成后背省的操作，如图 3-15（b）所示。

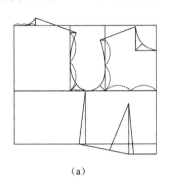 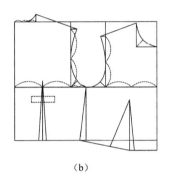

（a）　　　　　　　　　　　　（b）

图 3-15　前胸省与后背省

10. 作肩胛省

用"等分线"工具将后肩线三等分，再用智能笔在"长度"输入框中输入后肩线长的一半"6.89cm"（13.97/2）的省长，在靠近侧颈点的三分之一等分点处向下作垂线，鼠标移到该线的端点处（该点变为红色时即可），按<Enter>键，会弹出"捕捉偏移"对话框（如图 3-16），在"横偏"框中输入"-1"，得到向后平移 1cm 的蓝色参考点即为肩胛省的省尖，连接省尖点和原等分点为省的一边；再在"智能点"输入框中输入 1.5cm，鼠标在后肩线上滑动，找到省量 1.5cm 的红点，从该点处作线连接到省尖完成肩胛省的操作，如图 3-17 所示。

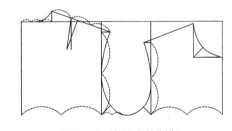

图 3-16　捕捉偏移　　　　图 3-17　肩胛省的制作

11. 女装上衣原型的完成图

先用鼠标选择"编辑"菜单下的"删除所有辅助线"工具，删除等分辅助线；再用智能笔的"删除"、"单边修正"、"双边修正"等功能删除所有的作图辅助线，得到如图 3-18（a）的原型完成图；最后用"点打断"工具 ✂️，将所有省道口处的线打断，删除所有省道口的连接线，形成一个完整的女装上衣原型板，如图 3-18（b）所示。

看图学艺·服装篇

服装 CAD 应用实践

① 服装 CAD 概述

② 打板系统

③ 打板系统技巧与综合应用实例

④ 推板放码系统

⑤ 排料系统

附录

【注】：由于软件功能很强大，实现同样的效果会有多种方法，因此以上各步操作方法仅供参考。

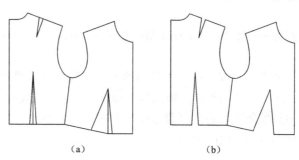

（a）　　　　　　　　　　（b）

图 3-18　女装原型完成图

二、女装原型袖子

制作袖片原型的必要尺寸有衣片原型袖窿弧长尺寸 AH 和袖长尺寸为 52cm。

（一）基础线

1．测量袖窿弧长

用用"要素长度测量" 工具，左键"框选"袖窿弧线，右键结束，弹出"要素检查"对话框，得到 M 号的袖窿弧线长度为 40.50cm。

2．作两条直角交叉的直线

用智能笔的"丁字尺"功能作任意长度的水平线，在该线中点向下作一条任意长度的垂直线，垂直线为袖中线，水平线为落山线，如图 3-19（a）；左键"框选"垂线的上端（框1），在"调整量"的输入框中输入袖山高尺寸"12.625"（$AH/4+2.5cm$），按右键结束，再"框选"垂线的下端（框2），在"长度"输入框中输入袖长尺寸 52cm，这样就完成了袖中线的制作，如图 3-19（b）所示。

3．作前后袖山斜线

选择"单圆规" 工具，在"半径"输入框中输入前袖宽尺寸"20.25"（$AH/2$），鼠标左键以袖山顶点为起点（点1），将水平的落山线的右边作为目标要素（点2），点击左键完成前袖山斜线的操作；再以袖山顶点为起点，在"半径"输入框中输入后袖宽尺寸"21.25"（$AH/2+1cm$），将水平的落山线的左边作为目标要素，点击左键完成后袖山斜线的操作；最后用智能笔的"角连接"功能，左键"框选"落山线和前袖山斜线（框1），按右键结束，完成两线的连接，同理完成落山线和后袖山斜线（框2）的连接；如图 3-19（c）所示。

4．确定袖宽和袖口线

左键"框选"落山线，鼠标移到袖中线的袖口处，该端点变为红色（点1），按住<Shift>键再按右键，这样就在袖口端点处作出一条落山线的平行线；最后用智能笔连接前袖缝线，左键点2、点3，再按右键结束；同样方法完成后袖缝线操作，如图 3-19（d）所示。

5．作袖肘线

由袖山顶点到袖肘线的距离=袖长/2+2.5cm=28.5cm，那么有袖口线到袖肘的距离=袖长-28.5=23.5cm。左键"框选"袖口线，在"长度"输入框中输入"23.5"， 按住<Shift>键再在袖口线上方再按右键，完成袖肘线的制作，如图3-20（a）所示。

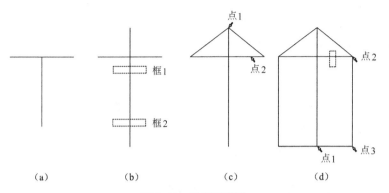

图3-19 袖子基础线

（二）轮廓线

1. 作前袖山弧线辅助线

用"等分线"工具四等分前袖山斜线，在前袖山斜线的上1/4处凸出1.8cm，用"角度线" 工具，左键先选择参考要素（前袖山斜线），左键再点击角度线的起点（上1/4等分点，点1），在"长度"输入框中输入"1.8"，"角度"输入框系统默认为"90"度不变，左键指定角度线的终点（斜线上方任意点，点2），完成该辅助线的操作；用同样的方法在前袖山斜线的下1/4处作凹进1.3cm的辅助线，如图3-20（b）放大图。

2. 作后袖山弧线辅助线

在后袖山斜线上，取1/4的前袖山斜线处凸出1.5cm。先用"两点测量" 工具测量前袖山斜线1/4等分的得到长度为5.12cm；再用"角度线" 工具，左键先选择参考要素（后袖山斜线），在"智能点" 5.12 中输入"5.12"，在"长度"框中输入"1.5"，"角度"输入框"90"度不变，左键找到"智能点"的控制点即角度线的起点（点3），左键指定角度线的终点（斜线上方任意点，点4），完成该辅助线的操作，如图3-20（c）所示。

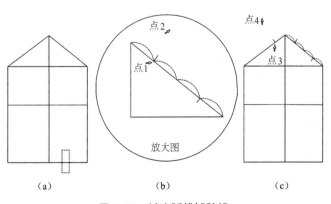

图3-20 袖山弧线辅助线

3．作袖山弧线

用智能笔左键依次点 1 后袖宽点、2 后袖山辅助、3 袖山顶点、4 前袖山上辅助点、5 前袖山斜线中点向下偏离 1cm 处、6 前袖山下辅助点和 7 后袖宽点共 7 个点，注意在 5 前袖山中点向下偏离 1cm 的操作时，需要在"智能点"输入框中输入"0.5，1"，最后用智能笔的右键点击该弧线，在后袖山弧线段，按<Ctrl+左键>加调整点，对该弧线段继续调整，完成袖山弧线的操作，如图 3-21（a）放大图所示。

4．作袖口线

袖口的两端上翘 1cm，前袖口处凹进 1.5cm。先用"等分线"工具分别将前、后袖口宽二等分；再用智能笔从前袖缝开始，在"智能点"输入框中输入"1"，鼠标在前袖缝线上找到偏离 1cm 的红点，左键点击（点 1），鼠标移到在前袖宽中点（该点必须变为红色）处，按<Enter>键弹出"捕捉偏离"对话框，在"纵偏"输入框中输入"1.5"，出现向上偏离 1.5cm 的辅助蓝色点，左键点击该蓝点（点 2），左键再点击后袖宽中点（点 3），最后在"智能点"输入框中输入"1"，左键在后袖缝线找到偏离 1cm 的红点，左键点击（点 4），按右键结束袖口线的操作，如图 3-21（b）所示。

5．原型袖子完成图

用"删除所有辅助线"工具，删除所有等分辅助线；再用智能笔的"删除"、"单边修正"、"双边修正"等功能删除所有的作图辅助线，得到如图 3-21（c）所示的原型袖子完成图。

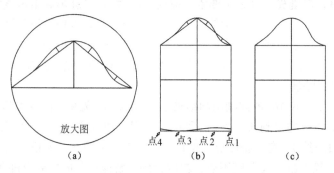

放大图
（a）
点4 点3 点2 点1
（b）
（c）

图 3-21　原型袖子完成图

三、建立原型模板附件库

为了方便实际工作，可以将原型模板或者自己的母板放到 ET 服装 CAD 系统为我们提供的附件库中，免除原型使用过程中需要寻找和反复另存重命名的麻烦，更可以避免由于保存操作不当，原型模板被现有文件覆盖丢失的事故。

1．原型模板的附件库登录

打开完成的原型文件，选择"设置"菜单下的"附件登录"，鼠标左键"框选"整个原型模板，鼠标指示图形的"定位点"（附件调出时的中心位置，一般设在图形的中央）按右键确定，弹出"附件"的对话框，如图 3-22 所示。

选择"加入新附件"，对新附件进行重命名如"37.5\82"，点击"确定"完成建立原型模板的附件。

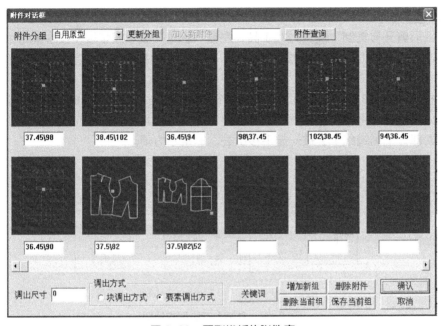

图 3-22　原型模板的附件库

2．原型模板附件调用

　　在需要使用"附件库"的原型模板时，选择"设置"菜单下的"附件调出"，弹出和图 3-22 相同的"附件"的对话框，这是"加入新附件"按键不可用；在附件库中找到相应的原型模板，在"调出尺寸"输入框中输入"0"，点选"要素调出方式"的选择框，按"确定"键，鼠标左键在屏幕上单击一下，即可得到与原打板文件尺寸 1：1 的原型模板了。在"调出尺寸"输入框中的数值表示按一定的比例调出附件，"块调出方式"表示以一个整体图形模式调出附件，该图形不能作任何修改、调整等操作。

第三节　原型法应用实例

一、女装上衣原型的处理

1．原型衣板附件调出

　　鼠标左键点击"设置"菜单栏中的"附件调出"，弹出如上图 3-22 的"附件对话框"，在"附件分组"选择框中选择原型组，在"调出尺寸"输入框中输入"0"（这样调出的附件尺寸才与原来附件登录相同），并选择"要素调出方式"（附件调出后可以修改的方式），再用鼠标左键点击需要的原型，按<确定>按钮，左键点击屏幕任意点即可调出原型板。如图 3-23（a）所示。

　　如果选择"块调出方式"，则是将附件以一个整体的方式调出，调出后除了可以用"比例变换"工具进行缩放处理外，不能做其他修改操作。"调出尺寸"输入框中的数值为附件调出的比例值，该值越大，附件调出的尺寸越大。

2. 原型衣板的拆分

用"纸形剪开与复制" 工具，左键"框选"整个原型板，按右键结束选择；再用左键点击剪开要素（侧缝线），按右键确定，拖动鼠标到指定位置，完成原型板的拆分。如图 3-23（b）所示。

操作技巧："纸形剪开与复制"工具是进行衣板拆分、服装挂面和贴边取出等操作的专用工具；如果使用"平移"工具进行衣板拆分，那么必须将袖窿曲线在前后分界处打断，同时公共要素部分（侧缝线）会被一起平移出去，非常不方便。

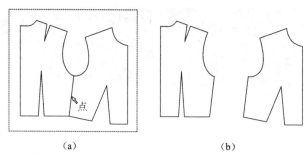

（a）　　　　　　　　　　（b）

图 3-23　女装上衣原型的处理

二、女装原型变换的设计应用

对服装来说，省道的位置是可以变化的，如胸省。由于胸凸较集中于一点(BP 点)，所以以 BP 点为中心，360°之间均可设计省位。省道在转移的过程中其夹角保持不变，由于省长在不同位置时会有所变化，夹角所对应的省道开口的大小也可能变化，故用角度来表示省道的大小似乎更准确些。在进行结构设计时，人们习惯用长度来表示省道的大小，因为其更简捷方便。

在进行文化式女装原型变换的设计应用过程中，需要灵活运用 ET 服装 CAD 系统的"转省"、"固定等分割"、"形状对接与复制"等工具，下面用实例加以说明。

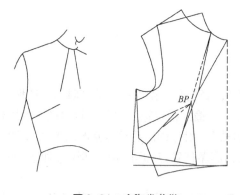

图 3-24　全胸省分散

（一）全胸省的分散转移

如图 3-24 所示所示的款式与完成图，将全胸省转移到领口和侧缝上，转移后的前腰线呈下弧状。

1. 确定新省的位置线

用智能笔分别作出如图 3-25（a）的省位线。

2. 转省操作

选择"转省" 工具，鼠标左键"框选"所有参与转省的要素，按右键结束选择；左键依次点击省道闭合前的省线（点 1）、闭合后的省线（点 2）和新省线（点 3 和点 4），按右键完成转省操作。如图 3-25（b）所示。注意在选择新省线（点 3 和点 4）时，没有前后顺序，就是用"框选"的方式也可以。

3. 纸样修正

　　用智能笔分别"框选"两条折转的腰线（框1、框2），按<Delete>键删除两线，再用圆顺的曲线作出新的前腰线，同时删除原胸省线；然后用智能笔或"省折线"工具，左键分别"框选"两个新省的四条边，按右键作出省折线；最后用"要素属性定义" 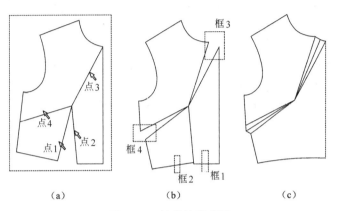工具将前中心设置为对称线，完成整个转省操作。如图3-25（c）所示。

（图中标注：点3、点4、点1、点2；框3、框4、框2、框1）

（a）　　　　　（b）　　　　　（c）

图3-25　转省的完成图

（二）领部直线省转移

　　如图3-26所示的款式与完成图，首先要将上衣胸省的一部分转移到袖窿处，使前腰线转平，再根据款式确定领部省道的位置，合并袖窿省展开领部省。

1. 作部分省转移辅助线

　　因为袖窿省的转移在前腰线处保留部分胸省，一般要将前腰线转平，而"转省"工具只能将胸省全部合并，所有必须分两步进行。先用智能笔从前侧缝腰线处作一条平行线（线A），用"角度测量" 工具测出前腰线与水平线的夹角（约为11.96°），再用"角度线" 工具作出与胸省斜线（线B）成11.96°的辅助线（线C）；最后确定袖窿省的位置线（线D）。如图3-27（a）所示。

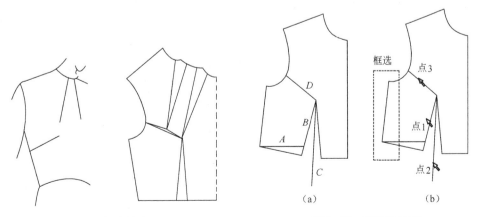

（图中标注：D、B、A、C；框选、点3、点1、点2）

（a）　　　　　（b）

图3-26　领部直线省　　　　　图3-27　部分省转移

看图学艺·服装篇

服装 CAD 应用实践

① 服装 CAD 概述

② 打板系统

③ 打板系统技巧与综合应用实例

④ 推板放码系统

⑤ 排料系统

附录

2. 部分省转移

选择"转省" 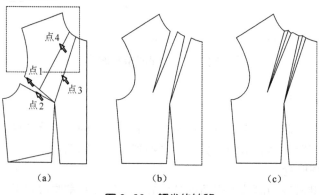 工具，鼠标左键"框选"所有参与转省的要素（此处注意不要多选要素，两个省边和新省线都可以不在其内），按右键结束选择；再用左键依次点击闭合前省线（点 1）、闭合后的辅助线（点 2）和新省线（点 3），按右键完成部分省转移的操作。如图 3-27（b）和图 3-28（a）所示。

3. 领省转移

用智能笔根据款式确定领部省道的位置，再用"转省"工具如上述的方法进行转省，最后设置前中心为对称线，删除不必要的线即可。操作时要注意根据省道的闭合方向确定闭合前后的省线次序。如图 3-28（a）和（b）所示。

操作技巧：可以将图 3-28 部分省转移的结果登录到"附件库"中，在遇到有部分省转移的问题时，可以调出该附件，在保留腰部胸省的前提下，将部分省从袖窿处转移到指定位置即可，避免作辅助线、测量角度、作角度线等重复劳动。

最后用智能笔或"省折线"工具，左键分别"框选"两个新省的四条边，按右键作出省折线；用"要素属性定义"工具将前中心设置为对称线，完成整体操作。如图 3-28（c）所示。

图 3-28 领省的转移

（三）曲线分割的公主线结构

如图 3-29 所示的款式与完成图，在纸样设计时，根据款式图的造型。在原型前片上画出通过乳点的公主曲线；然后，把乳凸省移入分割线中，使腰线持平。腰部剩余的省保留（全省除去乳凸省的部分）。修整移省后形成的断缝曲线，原则上两条断缝曲线的弯度有明显的差别，这是构成胸部凸起的结构特征。

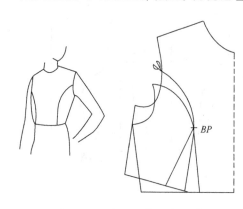

图 3-29 曲线分割的公主线

1. 仅用智能笔作曲线省的转移

直接用"附件调出"工具调出如图 3-28（a）的部分省转移模板，再根据款式图的造型用智能笔画出曲线状的公主线，用鼠标右键点击公主线，再用左键拖动曲线节点可以将公主线调整到满意的状态，按右键结束调整；然后使用智能笔的"转省"功能，左键"框选"参与转省的要素，根据转省的方向，左键再依次"点选"闭合前省线（点1）、闭合后省线（点2）和新省线（点3），按右键结束转省操作。如图3-30（a）和（b）。

2. 完善纸样

在智能笔的状态下，删除不需要的要素（左键框选要素，按<Delete>键即可）；用"要素属性定义" ▨▨▨▨ 工具将前中心设置为对称线；最后选择"平移"工具，左键"框选"前中分割片的所有要素（可以一次或多次框选），按右键结束选择，拖动鼠标左键将分割片平移到指定位置，得到如图3-30（c）所示的完成图。

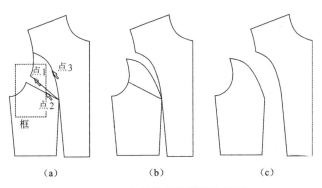

（a）　　　　　　　（b）　　　　　　　（c）

图3-30　智能笔作曲线省的转移

（四）肩缝缩褶结构

如图3-31所示的款式与完成图，在纸样设计时，先将原型上衣的腰省转至侧缝。根据款式造型，在转省后的原型纸样上设计出肩缝分割弧线。根据缩褶位置作四条辅助切展线，合并侧缝省，辅助线张开。

1. 省道转移与分割线设置

如图3-32（a）所示，用智能笔通过 *BP* 点向侧缝线作一条水平的辅助线，鼠标左键"框选"参与转省的要素，左键依次"点选"闭合前省线（点1）、闭合后省线（点2）和新省线（点3），按右键将全胸省转移到侧缝线上。用智能笔圆顺新的前腰曲线，并删除不必要的要素。

根据款式图分割线的造型，选择"两点相似" ▨▨▨▨ 工具，鼠标左键"点选"参考要素的起始端（点1），左键指示与起始端对应的第一点（点2），再指示第二点（点3），完成与领口线相似的分割线。如图3-32（b）。

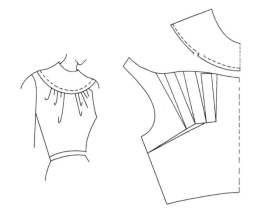

图3-31　肩缝缩褶结构

2. 取出分割体

选择"纸形剪开与复制" ▨▨▨ → ▨ 工具，左键"框选"整个原型板，按右键结束选择；再用左键点击剪开要素（分割线），按右键确定，拖动鼠标到指定位置，完成分割体的取出。如图3-32（c）所示。

看图学艺·服装篇

服装 CAD 应用实践

① 服装 CAD 概述

② 打板系统

③ 打板系统技巧与综合应用实例

④ 推板放码系统

⑤ 排料系统

附录

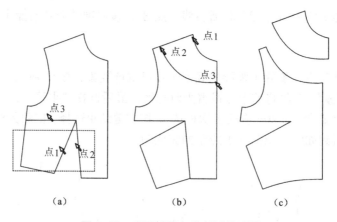

图 3-32　省道转移与分割线的设置

3．作转省辅助线

根据款式缩褶的位置靠近前中线，用智能笔向前中方向延长水平线省线 3～4cm，再从延长点向上作一条垂直转省线；选择"平行线" ▅▅▅▅▅ 工具，在"等距离"输入框中输入平行距离"2.5"，鼠标左键单击平行参考线（垂直转省线），再用左键点击平行线的方向，如此连续向左作出三条间距为 2.5cm 的平行线。如图 3-33（a）所示。

最后使用智能笔的"双边修正"功能，左键"框选"四条垂直线，左键再单击上下两条边线（点 1、点 2），按右键完成四条转省辅助线的设置。如图 3-33（b）所示。

4．合并侧缝省

由于水平省线被延长后与下省线没有组成夹角，所以要先将水平省线在 *BP* 点处打断，然后选择"转省"工具，鼠标左键"框选"参与转省的要素（框 1），根据转省的方向，左键再依次"点选"闭合前省线（下省线点 1）和闭合后省线（水平省线点 2）、再四条新省线（框 2），按右键结束转省操作。如图 3-33（c）和图 3-34（a）所示。

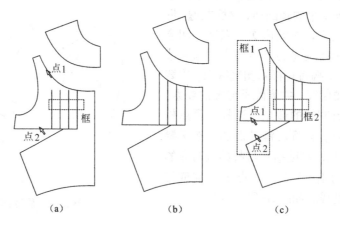

图 3-33　作转省的辅助线

5．完成缩褶结构

使用智能笔工具，将衣板的上边线用圆顺的曲线连接，并删除不必要的要素；再选择"波浪线" 工具，如图 3-34（b）所示，鼠标左键点击波浪线的起点（点 1），再点击波浪线的终点（点 2），左键指示波浪线的位置（点 3），完成缩褶符号的操作。

在领口分割体的下边线作明线符号。选择"明线" 工具，在"距离 1"输入框中输入明线宽度值"0.5"，鼠标左键点击参考线（下边线），左键再向内指示明线的方向，完成明线符号的操作。如图 3-34（c）所示。

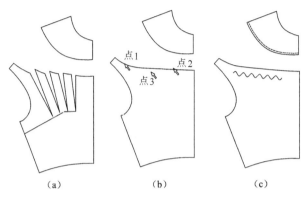

图 3-34 缩褶结构的完成图

（五）前中缩褶结构

如图 3-35 所示的款式与完成图，在纸样设计时，保留全胸省，并在侧缝和左省边设置六条辅助切展线，缩褶量全部由切展增量组成。

1. 等分切展

由于是等分切展，所以选择"固定等分割" 工具，在"分割量"和"等分数"输入框中分别输入数值"2"和"6"，如图 3-37（a）所示用鼠标左键"框选"参与分割的要素，按右键结束选择；左键指示固定侧要素的起始端（点 1），在指示切展侧要素的起始端（点 2），按右键结束；弹出"螺旋调整"对话框（如图 3-36），可以用对话框中的"分割量调节"和"等分数调节"调节杆调整切展状态，按<确定>按钮完成切展操作，最后用"裁片属性定义"工具将前中线设置为对称线，得到如图 3-37（b）所示的切展图。

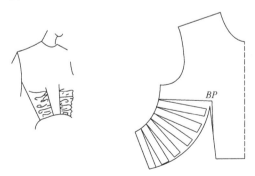

图 3-35 前中缩褶结构

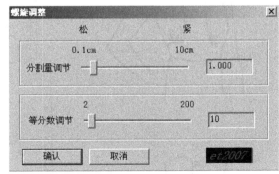

图 3-36 螺旋调整对话框

2. 切展完成图

上图是为了便于查看或服装教学应用的操作方法，还需要将切展体用圆顺的曲线连接起来；实际打板操作时可以在指示切展侧要素之前，按住<Ctrl>键再按右键，这样就可以直接得到如图 3-37（c）所示的自动曲线连接切展的纸样；最后用上图相同的方法作出缩褶符号，完成整个衣板的操作。

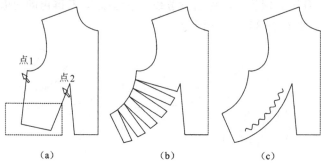

（a）　　　　　（b）　　　　　（c）

图 3-37　切展完成图

三、女装原型成衣设计应用

（一）曲线分割的胸褶设计

曲线分割的胸褶款式如图 3-38 所示，分割线是从侧颈点向下环绕胸凸外沿构成的曲线分割线，并作用于胸凸的曲线缩褶。显然这种分割线是为胸凸作褶而精心设计的。其结构图如图 3-39 所示。

图 3-38　胸褶款式图　　　　　　图 3-39　胸褶设计图

1. 前衣片的分割设计

（1）作辅助线。用智能笔过 *BP* 点作一条水平辅助线，左键点击 *BP* 点，在"长度"输入框中输入"4"，按一下<Ctrl>键进入"丁字尺"模式，再向右点击左键，完成辅助线操作。

（2）作分割线。用智能笔一次作出分割线，鼠标左键依次点击侧颈点（点 1）、任意点（点 2）、辅助线点（点 3）、胸省边点（点 4）、任意点（点 5）和侧缝线点（点 6），按右键结束操作；在点 4 和点 6 时分别在"智能点"输入框中输入"6.5"和"4"，进行线上找点的操作。如图 3-40（a）所示。

（3）分割体的分离。选择"纸形剪开与复制"工具，将前片分割成两片。如图 3-40（b）所示。

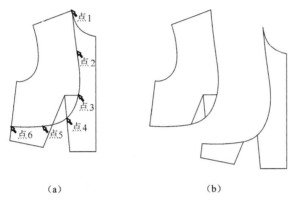

（a）　　　　　　　　　　　（b）

图 3-40　前衣片的分割设计

2. 前中分割体的合并

（1）用智能笔分别将余省处的分割线打断。左键"框选"分割线，左键再点击省线，按<Ctrl+右键>完成一处的打断，再用同样的方法打断另一边；最后用左键"框选"分割线的中间段，按<Delete>键，删除该段线。如图 3-41（a）所示。

（2）选择"形状对接与复制"工具，左键"框选"右侧小片，按右键结束选择；左键依次点击对接前起点（点 1）、对接前终点（点 2）、对接后起点（点 3）和对接后终点（点 4），完成前中分割体的合并。如图 3-41（b）所示。

（3）最后用智能笔的画线功能和曲线调整功能，补充圆顺上分割线。如图 3-30（c）所示。

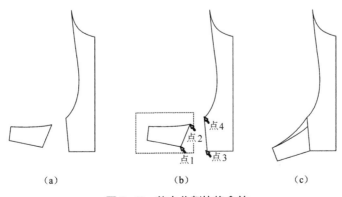

（a）　　　　　　　（b）　　　　　　　（c）

图 3-41　前中分割体的合并

看图学艺·服装篇

服装 CAD 应用实践

① 服装 CAD 概述

② 打板系统

③ 打板系统技巧与综合应用实例

④ 推板放码系统

⑤ 排料系统

附录

3．前片右分割体的切展

（1）作切展辅助线。用智能笔的画线功能，左键点击袖窿曲线的中的，再点击分割线与胸省边的交点，按右键结束。如图3-42（a）所示。

（2）先用鼠标左键"框选"不必要的线段，按<Delete>键完成删除。再选择"指定分割" ▣▣▣▣ 工具，左键"框选"整个分割体，按右键结束选择；在"分割量"输入框 分割量 2.5 中输入"2.5"，左键依次点击固定侧要素（点1）、切展侧要素（点2）和分割线（点3），按右键结束操作。如图3-42（b）和图3-42（c）所示。

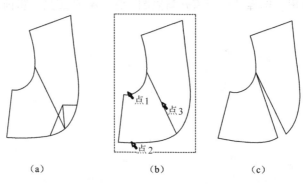

（a）　　　　　（b）　　　　　（c）

图 3-42　分割体的切展

操作时要注意，点1和点2应该在线段的下端位置；如果这两点的位置在线段的上端，将会向上切展开，前肩线的位置就变化了。

4．后衣片的分割

（1）作后搭门线。用智能笔左键"框选"后中线，在"长度"输入框中输入"2"（搭门宽），鼠标指示后中线的左侧按<Shift+右键>，作出一条平行的搭门线；最后在用智能笔的"角连续"功能，将搭门线与后领口线、后腰线角连接。

（2）作后分割线。用智能笔在"智能点"框中输入"4"（后分割线位），左键分别点击搭门线和侧缝线的指定位置，连接成一条分割线。如图3-43（a）所示。

（3）后片的分离。选择"纸形剪开与复制" ▣▶▣ 工具，用同上一样的方法将后片分割成两片。如图3-43（b）所示。

5．后衣片的合并与切展

（1）后片下分割体的合并。用上同一样的方法，将后片下分割体合并；删除上下边线，再用圆顺的曲线连接上下边线。如图3-43（c）所示。

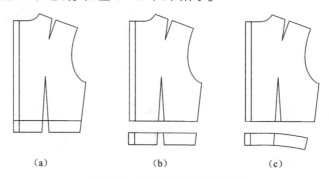

（a）　　　　　（b）　　　　　（c）

图 3-43　后衣片的合并与切展

（2）作后衣片切展辅助线。先用智能笔连接后衣片两个省的省尖，再用相同的方法删除腰线上的后背省余量线段。衣片的处理结果如图3-44（a）所示。

（3）后衣片的切展。选择"转省"![转省工具图标]工具，鼠标左键"框选"参与转省的要素，按右键结束选择，左键依次点击闭合前省线（点1），闭合后省线（点2）和新省线（点3），按右键结束转省操作。如图3-44（b）所示。

（4）先删除分为两段的后肩线，再用智能笔连接后侧颈点、肩胛省点和后肩点，使后肩线成为一条圆顺的曲线；最后用与上相同的方法，删除切展线，合并分割线。如图3-44（c）所示。

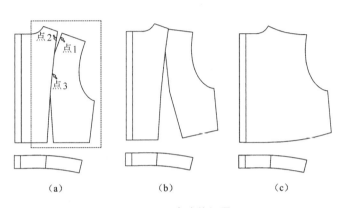

图3-44　后衣片的切展

6. 完成纸样裁剪图

（1）作工艺符号。选择"波浪线"![波浪线工具图标]工具，鼠标左键点击后分割线上的波浪线起点（点1），左键再点击波浪线的终点（点2），左键在衣片内点击波浪线的位置（点3），完成后衣片缩褶符号；用同样的方法作前衣片的缩褶符号。

选择"要素属性定义"![要素属性定义工具图标]工具，在弹出的"要素属性定义"对话框中选择"对称线"按钮，左键选择前中线后，按右键结束。如图3-45（a）所示。

（2）作扣眼。选择"扣眼"![扣眼工具图标]工具，系统默认的"等距"扣眼类型不变，在"智能点"、"直径"、"个数"和"扣偏离"输入框中分别输入"2.5"、"1.5"、"4"和"0.30"，用鼠标在后中线的上下端找两个2.5cm距离点，分别点击左键（点1、点2），画出扣眼的基准线，左键在点击后中线的左边和右边，选择扣偏离的方向，按右键结束衣片扣眼的操作。用同样的方法作后育克的扣眼，只是用三等分点定位扣眼距离点，扣眼数设置为2个即可。如图3-45（b）所示。

（3）放缝份、定布纹纱向。选择"缝边刷新"![缝边刷新工具图标]工具，系统自动将所有衣片加上1cm的缝边，并加上默认的垂直布纹纱向，同时自动展开对称裁片；再选择"裁片属性定义"![裁片属性定义工具图标]工具，将后育克的纱向改为水平方向，再依次把所有裁片的属性信息补充完整使纱向呈现绿色后，完成全部衣板打板操作。如图3-46所示。

（二）曲线分割的合体女衬衫CAD制板

在女衬衫CAD制板实例中，可以体现在母板基础上进行改板操作技巧，对于用母板进

① 服装CAD概述

② 打板系统

③ 打板系统技巧与综合应用实例

④ 推板放码系统

⑤ 排料系统

附录

行打板操作的打板师有一定指导意义。

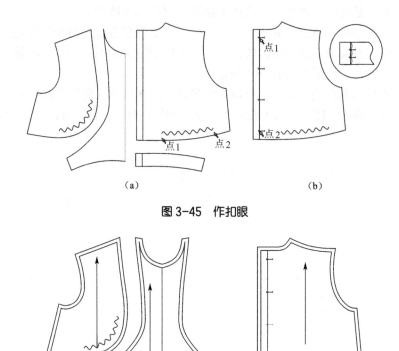

图 3-45　作扣眼

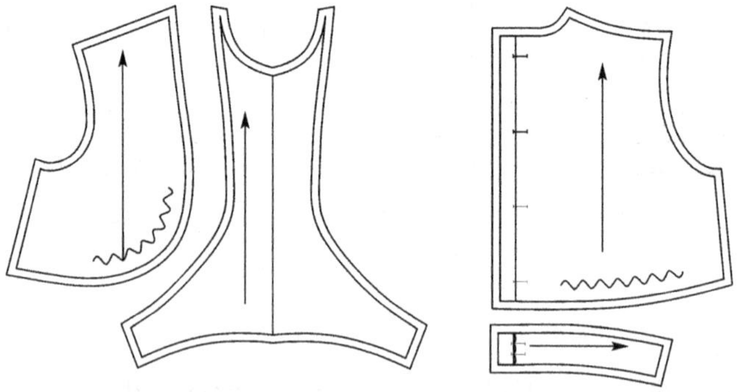

图 3-46　放缝份、定布纹纱向

1. 款式分析

　　这款衬衫衣身略微收腰，利用育克分割线进行胸省的合并转移以突出胸部，领子是由领面和领座组合的男式衬衫领，领角较大符合当今的时尚潮流。袖子是灯笼式长袖，袖口克夫较宽。如果采用牛仔布、斜纹布等中等厚度的全棉面料来制作会有理想的效果。

　　其款式如图 3-47 所示。

图 3-47　女衬衫款式图

其成品规格见表 3-1。

表 3-1　曲线分割的合体女衬衫的成品规格　　　　　　单位：cm

号/型	部位名称	后中衣长	胸　围	腰　围	臀　围	肩　宽	袖　长
	部位代号	L	B	W	H	SH	SL
160/84A	净体尺寸	38	84	66	88	38	
	加放尺寸	22	10	12	6	0	
	成品尺寸	60.3	94	78	94	38	56

其结构图如图 3-48 和图 3-49 所示。

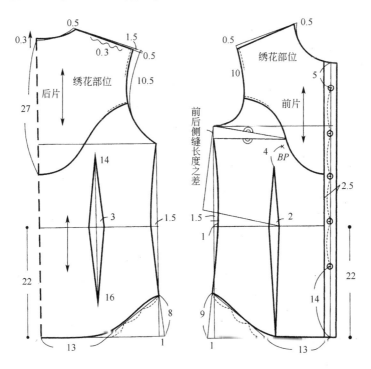

图 3-48　女衬衫衣身结构图

2．新建打板文档

（1）点击【设置/附件调出】菜单，设置"调出尺寸"为 0，并按"要素调出方式"方式从附件库中调出前后片分离的日本女装原型板。

（2）点击"保存文档"桌面工具 ▦（快捷键为 F2 或<Ctrl+S>）或【文件/保存文档】菜单，弹出"保存 ET 工程文件"对话框，如图 3-50 所示；输入"文件名"如原型女衬衫，同时输入"样板号"如：NCS-09001，单击"保存"按钮完成新建打板文件的操作。

注意：在保存文档时，对话框中的"文件名"和"样板号"两项是必填内容，在刷新裁片缝边后，裁片纱向的文字标注中会体现这两项内容；其他项目可以根据需要选择填写，如果需要文件加密，可以通过"文件密码"按钮对打板文件进行加密处理。

3．作基础辅助线

（1）按照结构设计的要求，使前片最低腰线与后片腰线平齐。用"平移"工具，在"纵

看图学艺 · 服装篇

服装 CAD 应用实践

① 服装 CAD 概述

② 打板系统

③ 打板系统技巧与综合应用实例

④ 推板放码系统

⑤ 排料系统

附录

偏移" 输入框中输入 "3.4"，左键 "框选" 整个前片，再按右键结束；将前片垂直平移 3.4cm（胸凸量），如图 3-51（a）所示。

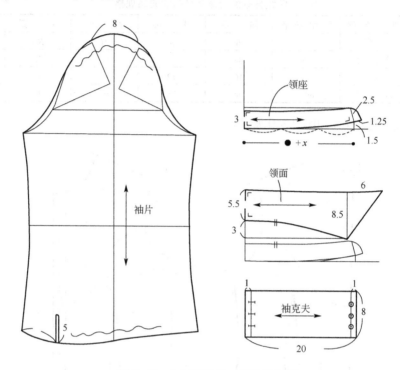

图 3-49　女衬衫袖子、部件结构图

图 3-50　新建打板文档

（2）确定女衬衫衣长。用智能笔工具，鼠标左键分别"框选"前后中线，在"调整量"输入框中输入"22"，按右键结束，使前后中线同时向下延长衣长22cm。

（3）作前后侧缝及下摆辅助线。用智能笔连接两延长线的端点，形成水平的下摆辅助线，再分别从前后片的袖窿深点向下摆线作两条垂线，如图3-51（b）所示。

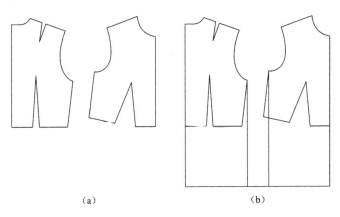

（a）　　　　　　　　　（b）

图3-51　作基础辅助线

4. 作后领窝弧线

（1）确定后颈点。用智能笔鼠标左键"框选"后中线的上半部分，在"调整量"输入框中输入"0.3"，再按右键结束，使后中线上抬0.3cm。

（2）作后领窝弧线，领深上抬0.3cm，领宽加大0.5cm。选择"两点相似" 工具，鼠标左键"点选"或"框选"原型板后领弧线的起始端（框1），左键再点击相似线的第一点（抬高后的后颈点，点1），在"智能点"输入框中输入"0.5"后，左键点击相似线的第二点（点2），即可作出新的后领弧线。如果对该线不满意可以用智能笔进行曲线调整，如图3-52（a）所示。

5. 作后肩线

衬衫款式的肩部较为合体，在前后肩点要降低0.5cm，同时去掉肩胛省。可以不加辅助线用智能笔一次作出，鼠标左键点击新的领宽点（点1）后拉出一条任意线，在"智能点"输入框中输入"1.5"（去掉1.5cm的肩胛省），鼠标沿肩线滑动找到距肩点1.5cm的位置点，再按"回车"键，在弹出的"捕捉偏移"对话框的"纵偏移"中输入"-0.5"（即肩点要降低0.5cm），再用鼠标左键点击该偏移点（点2），按右键结束新后肩线的操作，如图3-52（b）所示。

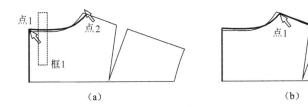

（a）　　　　　　　　　（b）

图3-52　作后领窝线和后肩线

看图学艺·服装篇

服装 CAD 应用实践

① 服装 CAD 概述

② 打板系统

③ 打板系统技巧与综合应用实例

④ 推板放码系统

⑤ 排料系统

附录

6. 作后袖窿线和分割线

（1）作后袖窿线。选择"两点相似"工具，用与作后领窝弧线相同的方法，作出与原型板袖窿线相似的新后片袖窿弧线，如图 3-53（a）所示。

（2）作分割线。用智能笔按款式要求作一条弧形分割线，在后中线上距离后颈点 27cm，在袖窿线上距离肩点 10.5cm；选择"要素属性定义" 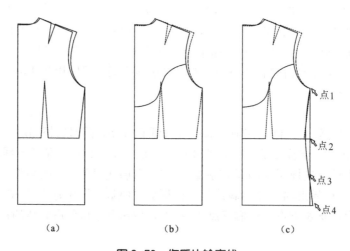工具或【图标工具/专用打板工具/设置辅助线】菜单工具，鼠标左键"框选"原型板后片（不包括后中线和后腰线）按右键结束，将原型板的后片设置为辅助线；如图 3-53（b）所示。

操作技巧：将原型板设置为辅助线非常必要，对于原型打板法中不再需要的原型板，一般不要将其直接删除掉，因为辅助线是不参与放缝边、放码等后续一系列打板推板操作的，用辅助线的形式保留原型板便于后期的打板检查。对于其他母板打板法，在操作过程中也可以参照使用此技巧，用辅助线的形式保留母板。

7. 作后侧缝线

（1）确定腰线位置。用智能笔的"单边修正"功能将原型板的腰线连接到垂直侧缝线上。鼠标左键"框选"腰线的起始端，左键再点击垂直侧缝线，按右键结束即可。

（2）作后侧缝线。用智能笔左键连续点击后袖窿深点（点 1）、后腰节点（点 2）、任意点（点 3）和后下摆点（点 4），按右键结束；在点击点 2 时要在"智能点"输入框中输入"1.5"（收腰量 1.5cm），在点击点 4 时要按<回车>键，在"捕捉平移"对话框中输入"横平移"为"1"（下摆外夅 1cm），如图 3-53（c）所示。如果对侧缝线的形状不满意，也可以通过任意点 3 进行曲线调节。

点1

点2

点3

点4

（a）　　　　　（b）　　　　　（c）

图 3-53　作后片轮廓线

8. 作后下摆弧线和后腰省

（1）按款式要求，用智能笔画出相应的下摆辅助线。先延长下平线 1cm（A 点），再连接到新侧缝线 8cm 处（B 点）；由 B 点连接到下平线 13cm 处（C 点）。

（2）用"等分线"工具将 BC 线三等分；再用智能笔弧线连接 B、C 两点，在 BC 线的两个三分之一为分别作曲线节点处理作出下摆弧线，如图 3-54（a）所示。

（3）修正后腰线。先用智能笔的"要素合并"功能合并分为两段的后腰线，鼠标左键分别"框选"两段后腰线，按键盘上的"＋"键，即可完成两线合并；再用智能笔的"双边修正"功能，删除后腰线多余部分，鼠标左键"框选"后腰线中间部分，左键再依次后中线和新侧缝线，按右键即可，如图3-54（b）所示。

（4）作后腰省。选择"枣弧省"工具，鼠标指示枣弧省的中心点（后腰线的中点）单击左键弹出"枣弧省"对话框，如图3-55所示；分别在"dy"、"省量"和"L量"输入框中输入"14"（上省长为14cm）、"3"（省量）和"16"（下省长16cm），再在上下两个"打孔偏离"输入框中分别输入"0.3"（省量方向的打孔偏离0.3cm）和"1"（省长方向的打孔偏离量）；按<预览>按钮可以进行省道的预览，不满意可以调整参数，按<确定>按钮完成后片省的操作。最后将后中线设置为对称线，再将后侧缝线在下端8cm处打断，把不需要的要素全部设置为辅助线，至此后片结构图打制完成，如图3-54（c）所示。

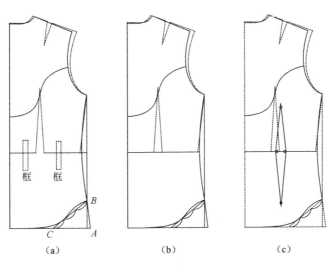

图3-54　作后下摆弧线和后腰省

9. 作前领弧线和前肩线

（1）选择"两点相似"工具用相同的方法，作前领弧线。鼠标左键"框选"原型板前领弧线（框1），左键再点击相似线的第一点（前颈点，点1），在"智能点"输入框中输入"0.5"后，左键点击相似线的第二点（点2），即可作出新的前领弧线，如图3-56（a）所示。

（2）用智能笔作新肩线。鼠标左键点击新侧颈点（点1），移动鼠标到肩点位置后按<回车>键，在弹出的"捕捉偏移"输入框的"纵偏移"中输入"-0.5"（肩点下落0.5cm），在偏移的蓝色点处点击左键（点

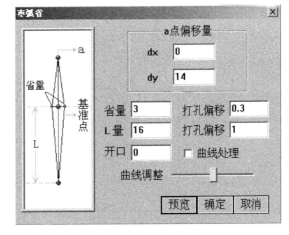

图3-55　枣弧省对话框

2），按右键结束。最后将原型板的前领线和前肩线设置为辅助线，如图3-56（b）所示。

看图学艺·服装篇

服装 CAD 应用实践

① 服装 CAD 概述

② 打板系统

③ 打板系统技巧与综合应用实例

④ 推板放码系统

⑤ 排料系统

附录

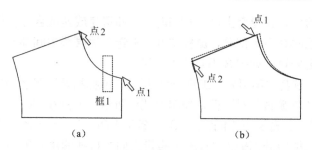

图 3-56　作前领弧线和前肩线

10．作前袖窿线和分割线

（1）选择"两点相似"工具，用相同的操作方法，作出与原型板袖窿线相似的新前片袖窿弧线，如图 3-57（a）所示。

（2）作分割线。用智能笔按款式要求作一条弧形分割线，在前中线上距离前颈点 27cm，在袖窿线上距离肩点 10cm。

（3）用智能笔将前片的水平腰线"单边修正"到垂直侧缝线上；再把原型板前片不必要的要素线全部设置为辅助线，如图 3-57（b）所示。

11．作前侧缝线

（1）抬高前腰线。按照款式要求，用智能笔的"平行线"功能，鼠标左键"框选"前腰线，在"长度"输入框中输入间距"1"，按住<Shift>键鼠标向上按右键，作出抬高 1cm 的新腰线。

（2）作前侧缝线。用智能笔的鼠标左键依次点击前袖窿深点（点 1）、新的前腰线（点 2）、任意点（点 3）和下摆点（点 4）后按右键结束，作出前侧缝线；在点击点 2 时要在"智能点"输入框中输入"1.5"（收腰量），在点击点 4 时要按<回车>键，在弹出的"捕捉偏移"输入框的"横偏移"中输入"-1"（下摆外夸 1cm），如图 3-57（c）所示。

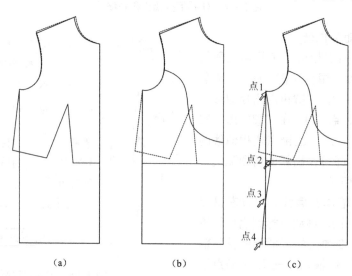

图 3-57　作前袖窿和侧缝线

12. 作前下摆弧线

（1）按款式要求，先将新侧缝线在下端 9cm 处打断，再用智能笔画出相应的下摆辅助线。延长下平线 1cm，连接到新侧缝线 9cm 处；由该点连接到下平线 13cm 处。

（2）用后片相同的方法作出前片下摆弧线，最后将不必要的要素设置为辅助线，如图 3-59（a）所示。

图 3-58　拼合检查对话框

要素检查			
测量值	长度1	长度2	长度3
XXS	0.00	0.00	0.00
XS	0.00	0.00	0.00
S	0.00	0.00	0.00
M(标)	15.23	22.90	-7.67
L	0.00	0.00	0.00
XL	0.00	0.00	0.00
XXL	0.00	0.00	0.00

确认　取消　命名　尺寸1　尺寸2　尺寸3
修改　□联动操作　□监控预警　et2007

13. 作前腰省

（1）修正前腰线。用智能笔的"双边修正"功能，鼠标左键"框选"前新腰线，左键再连续点击新侧缝线和前中线，按右键结束。

（2）确定前腰省长。用智能笔从 BP 点作向侧缝侧一条水平辅助线 AB，再由新腰线的中点 C 向下摆线作一条垂线 CD，由 C 点向辅助线 AB 作垂线 CE；选择"拼合检查"工具，鼠标左键"框选"该线的上段 CE（框 1），按右键后，再用左键"框选"该线的下段 CD（框 2），按右键弹出如图 3-58 的"要素检查"对话框，其中"长度 1"和"长度 2"分别表示上下两段线的长度，这样一次就可以测量出前腰省的两个长度值，上省长和下省长分别为"15.23-4=11.23cm"和"22.90cm"，如图 3-59（b）所示。

（3）选择"枣弧省"工具，鼠标指示枣弧省的中心点（前新腰线的中点）单击左键弹出"枣弧省"对话框，如图 3-55 所示；分别在"dy"、"省量"和"L 量"输入框中输入"11.23"（上省长为 11.23cm）、"2"（省量）和"22.90"（下省长 22.90cm），再在上下两个"打孔偏离"输入框中分别输入"0.3"（省量方向的打孔偏离 0.3cm）和"1"（省长方向的打孔偏离量）；按<预览>按钮可以进行省道的预览，不满意可以调整参数，按<确定>按钮完成前腰省的操作，最后将不必要的要素设置为辅助线，如图 3-59（c）所示。

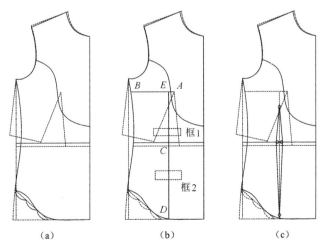

　　　（a）　　　　　　　（b）　　　　　　　（c）

图 3-59　作下摆线和前腰省

14．作搭门和扣眼

（1）用智能笔的"平行线"功能，向右作一条平线与前中线，间距为 2.5cm 的搭门线；再用智能笔水平连接前领口和下摆线。如图 3-60（a）所示。

（2）选择"扣眼" 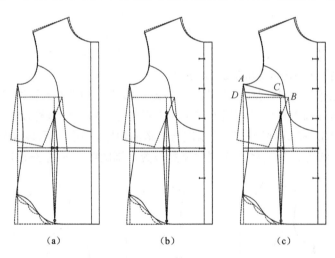 工具，系统默认的"等距"扣眼类型不变，在"智能点"、"直径"、"个数"和"扣偏离"输入框中分别输入"5"（上扣位）、"1.5"（扣眼直径）、"5"（扣眼个数）和"0.30"，用鼠标在前中线的上端找 5cm 距离点，点击左键（点1），再在"智能点"输入框中输入"14"（下扣位），在前中线下端点击左键（点2），画出扣眼的基准线，左键在点击前中线的左边和右边，选择扣偏离的方向，按右键结束衣片扣眼的操作，如图 3-60（b）所示。

注意：在结构参考图中，扣子画在搭门线的中间与实际生产应用是有出入的。实际应用应该只画扣眼，同时扣眼基线也应该在前中线上。

15．作前侧缝辅助省

（1）测量前、后侧缝线的长度差。选择"拼合检查"工具，鼠标左键"框选"前侧缝后按右键，再用左键"框选"后侧缝后按右键，弹出如图 3-37 的"要素检查"对话框，其中"长度1"前侧缝线长，"长度2"为后侧缝线长，"长度3"为二者的差值为 2.48cm。

（2）用智能笔从袖窿深点（A点）到 BP点（B点）作一条连线 AB，再用智能笔的"单边修正"功能，将该线修短到分割线位置（C点），该线为辅助省的一个边 AC；最后用智能笔画出辅助省的另一个边 CD，其中 AD 的间距为省量 2.48cm，如图 3-60（c）所示。

（a）　　　　　　　　（b）　　　　　　　　（c）

图 3-60　作扣眼与辅助省

16．省道转移

（1）选择"平移"工具，鼠标左键"框选"全部前衣片，按住 <Ctrl> 键再拖动鼠标将前衣片复制平移到指定位置。

（2）将原位置的前衣片全部设置为辅助线以备后续检查。选择"要素属性定义"工具，在弹出的对话框中先选择"清除"按钮，用鼠标左键"框选"全部前衣片，按右键清除其原来的辅助线；再选择"辅助线"按钮，左键"框选"全部前衣片，按右键完成重复设置辅助线的操作。如图 3-61（a）和图 3-61（b）所示。

（3）用智能笔或"要素打断"工具将分割线在 C 点处打断。

（4）用智能笔的"转省"功能将辅助省转移到分割线上。鼠标左键"框选"参与转省的要素（框1）、左键依次点击闭合前省线 AC、闭合后省线 DC 和新省线 EC，完成省道转移操作。如图3-61（c）所示。

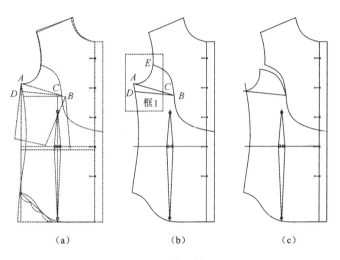

（a）　　　　　（b）　　　　　（c）

图3-61　省道转移

17．分割前衣片

（1）用智能笔的"单边修正"功能将分割线顺势连接到搭门线上。

（2）选择"纸样剪开与复制"工具 ➡️，鼠标左键"框选"整个前衣片，按右键结束选择；左键再连续点击两段分割线，按右键结束选择，拖动鼠标将分割片移到指定位置，如图3-62（a）所示。

18．前片修正

（1）用智能笔将前下片多余的分割线删除；再将前腰线多余的部分进行"双边修正"。

（2）由于参与转省的两个省边长度不同，袖窿和侧缝线需要修正。用智能笔的"单边修正"功能，对侧缝线和合省线进行单边修正，再用"两点相似"工具重新作出下半段袖窿弧线，如图3-62（b）所示。此步操作保证了前后侧缝线相等，而前袖窿弧线长稍有缩短。

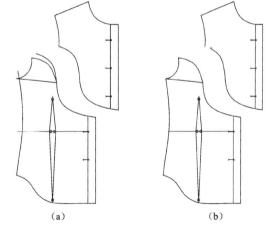

（a）　　　　　　（b）

图3-62　分割修正前衣片

19．分割后衣片，完成衣身衣片打板操作

（1）平移复制后衣片。选择"平移"工具，鼠标左键"框选"全部后衣片，按住<Ctrl>键再拖动鼠标将后衣片复制平移到指定位置，再将原位置的后衣片全部设置为辅助线备用，如图3-63（a）所示。

（2）分割后衣片。选择"纸样剪开与复制"工具 ➡️，鼠标左键"框选"整个后衣

看图学艺 · 服装篇

服装 CAD 应用实践

① 服装 CAD 概述

② 打板系统

③ 打板系统技巧 与综合应用实例

④ 推板放码系统

⑤ 排料系统

附录

片，按右键结束选择；左键再点击分割线，按右键结束选择，拖动鼠标将分割片移到指定位置。至此衣身部分全部完成。如图 3-63（b）所示。

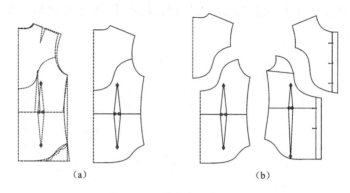

（a）　　　　　　　　　　　　　（b）

图 3-63　衣身部分完成图

20．作新的袖山弧线

（1）测量新衣板的前、后袖窿弧长。选择"要素长度测量"工具，鼠标左键"框选"两段前袖窿弧线，按右键弹出如图 3-64 的"要素长度测量"对话框，其中的"要素长度和"即为前袖窿弧长（前 AH=18.94cm），用左键点击"尺寸 1"会弹出"尺寸表"对话框，用左键点击尺寸表对话框中的"追加"按钮，可以将该尺寸追加到尺寸表当中，便于以后查用。用相同的方法测量出后 AH 为 20.78cm。

（2）根据新袖窿弧长调整原型袖板。用智能笔的"要素打断"功能将袖山弧线在袖山顶点处打断，再用"要素属性定义"工具将原型袖板（不包括要用到的袖山弧线和袖口线）设置为辅助线。如图 3-65（a）所示。

（3）作新袖山斜线。在原型袖板的袖山高的位置，用智能笔作出新的袖山高，长度为 2.5+（前 AH+后 AH）/4=12.43cm。再用"量规"工具作出新的前袖山斜线 AB（前 AH）和后袖山斜线 AC（后 AH+1=21.78cm）。最后用智能笔连接 C、B 两点形成新的袖肥线。如图 3-65（b）所示。

要素长度测量 6

测量值	要素长度和		层间差
XXS	0.00	0.00	0.00
XS	0.00	0.00	0.00
S	0.00	0.00	0.00
M(标)	18.94	0.00	0.00
L	0.00	0.00	0.00
XL	0.00	0.00	0.00
XXL	0.00	0.00	0.00

确认　取消　命名　尺寸1　尺寸2　尺寸3

修改　□ 联动操作　□ 监控预警　*et2007*

图 3-64　前袖窿长度测量

（4）作新袖山弧线。选择"两点相似"工具，按原型袖山弧线的形状分别作出新的前、后袖山弧线，再将原型袖山弧线也设置为辅助线，如图 3-65（c）所示。

21．作袖子轮廓线

（1）作袖中线。按款式要求画出袖长为 56-8=48cm 的袖中线，用智能笔的"线长调整"功能，鼠标左键"框选"袖山高的下半段，在"长度"输入框中输入"48"，按右键即可。如图 3-66（a）所示。

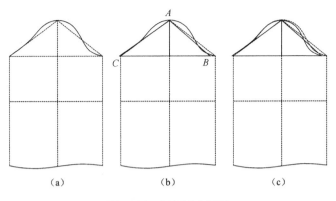

图 3-65　作新袖山弧线

（2）作袖口水平辅助线和袖缝线。用智能笔的"平行线"功能在袖口处作一条与袖肥线平行的袖口辅助线，再用智能笔连接前、后袖缝线。如图 3-66（b）所示。

（3）作袖口弧线和袖肘线。用"两点相似"工具在新的袖口位置作出新袖口弧线；再按款式要求在距离袖山顶点 29cm 处作出新的袖肘线。最后将不必要的要素全部设置为辅助线备用。如图 3-66（c）所示。

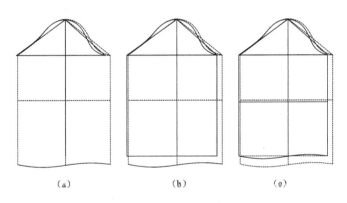

图 3-66　作袖子轮廓线

22．袖子造型处理

（1）取出新袖子。用"平移"工具将新袖子平移复制到适当位置，再用上述相同的方法将原位置的袖子全部设置为辅助线备用。如图 3-67（a）所示。

（2）用智能笔分别在前、后袖肘处作内收 1.5cm 的前、后袖缝造型线；再用智能笔的"双边修正"功能，鼠标左键"框选"袖肘线，左键连续点击刚做好的前、后袖缝造型线，按右键结束，双边修正袖肘线。

（3）选择"等分线"工具将后袖肥 AB 三等分，在三分之一等分点 C 处用"角度线"作出垂直与袖口弧线的袖开衩（长度为 5cm）。如图 3-67（b）所示。

23．泡泡袖切展处理

（1）确定泡泡袖的切展线。选择"等分线"工具将袖山高 DE 三等分，在三分之一等分点 F 处作用智能笔作一条水平线。如图 3-68（a）所示。

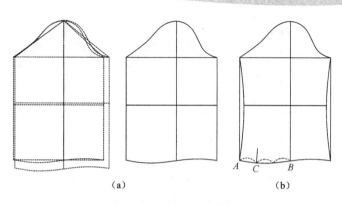

图 3-67　作袖子造型线

（2）作切展的辅助准备。先用智能笔的"要素打断"功能，将前、后袖山弧线和袖中线在切展线处打断，用鼠标左键"框选"前、后袖山弧线以及袖中线，左键再点击切展线，按住<Ctrl>键单击右键，三条线的同时被打断；再用智能笔的"要素合并"功能将前、后两段袖山弧线合并为一条弧线。

（3）作泡泡袖切展。选择"单边分割切展"工具，在"切展量"输入框中输入"8"（泡袖切展量 8cm），鼠标左键点击基线（切展线），按右键完全切展展开。如图 3-68（b）所示。

（4）修正切展。用智能笔将切展后的袖山弧线连接圆顺，再将所有不必要的要素设置为辅助线，完成袖子的结构设计。如图 3-68（c）所示。

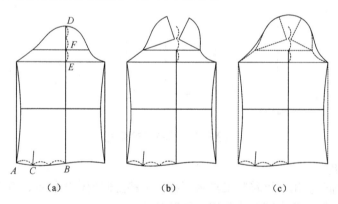

图 3-68　泡泡袖切展处理

24．袖克夫设计

（1）袖克夫设计。用智能笔作一个长度为 20cm、宽度为 8cm 的矩形，再用智能笔的"平行线"功能，分别从两侧向内作两条间距为 1cm 的平行线（扣子和扣眼基线）。如图 3-69（a）所示。

（2）用"扣眼"工具，先选择"等距"方式，再分别在"智能点"、"直径"、"个数"输入框中输入"1.5"、"1.5"和"3"，用鼠标左键在左侧平行线上作出扣眼基线，点击左键预览扣偏离方法，按右键完成扣眼设计。用同样的方法在右侧平行线上作出扣眼设计。如图 3-69（b）所示。

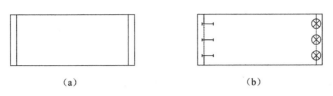

图 3-69　袖克夫设计

25. 领座的结构设计

（1）作衣领辅助线。先用"要素长度测量"工具测量出前、后领圈弧长之和为 19.38cm。用智能笔作一条长度为 19.38cm 的水平线 AB，再领后中处作一条任意长度的垂直线 AC；用"等分线"工具将水平线三等分，再用"点打断"工具将前领端三分之一处（D 点）打断。如图 3-70（a）所示。

（2）作领座底线。先用"单向省"工具，在"省量"输入框中输入"1.5"（领座前翘量 1.5cm），用鼠标左键在靠近 D 点处"框选" DB 线，滑动鼠标选择向上点击左键作出前翘辅助线 DE；再用智能笔作出领座底弧线，最后用智能笔将领座底弧线与后中线 AC 调整垂直，如图 3-70（b）所示。

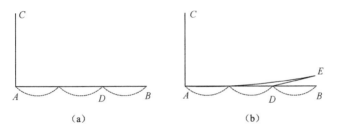

图 3-70　作领座底线

（3）作领座领上口线。先用"角度线"工具作领座前宽线，鼠标左键点击 DE 线，左键再点击 F 点，在"长度"输入框中输入"2.5"（前领座宽 2.5cm），向上点击左键作出前领座宽 EF 线；再用"两点相似"工具，鼠标左键选择领底弧线，左键点击第一点（F 点），在"智能点"输入框中输入"3"（领座后高 3cm）后，再在后中线 AD 上点击左键，完成领座上口线的设计，最后将不必要的要素设置为辅助线。如图 3-71（a）所示。

（4）用智能笔的"线长调整"功能，将领底线前段延长 1.25cm，在用曲线连接领上口线，完成领座的设计。如图 3-71（b）所示。

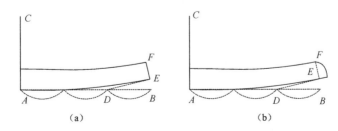

图 3-71　作领座上口线

看图学艺·服装篇

服装 CAD 应用实践

① 服装 CAD 概述

② 打板系统

③ 打板系统技巧与综合应用实例

④ 推板放码系统

⑤ 排料系统

附录

26. 领面的结构设计

（1）作辅助线。用智能笔从领座上口的 F 点作一条水平线交后中线 AC 与 G 点，再用"线打断"工具将后中线 AC 在 G 点处、G 点向上 3cm（领面后翘）处 H 点和领座高 I 点处打断；再用智能笔的"线长调整"功能将 HC 的长度调整为 5.5cm（领面宽）。如图 3-72 所示。

（2）作领面下口辅助线。先用智能笔的"要素长度"测量功能，鼠标右键点击领座上口 IF 弧线，测量出其长度为 18.68cm；再用"量规"工具，在"半径"输入框中输入"18.5"（比要作的弧线稍短一些即可），鼠标左键点击起点（H 点），左键再点击目标线 GF 线，作一条辅助线 HJ；此处要提示注意 J 点和 F 点不在同一个位置，两点之间有一定距离，如图 3-72（b）所示。

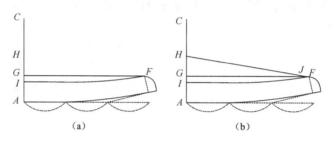

图 3-72　作领面辅助线

（3）作领面下口弧线。先用智能笔的"设置曲线节点"功能，鼠标右键点击 HJ 线，在"点数"输入框中输入"5"，按右键结束，将 HJ 线的节点设置为五个；再用智能笔的"定长曲线调整"功能对该线进行调整，鼠标右键点击该线，在"长度"输入框中输入"18.68"（领座上口 IF 弧线长），左键拖动曲线节点进行调整（此时曲线的长度将始终保持 18.68 不变），调整过程中注意在后中线处要尽量垂直，满意后按右键结束。如图 3-73（a）所示。

（4）作领面上口线。用智能笔从 J 点处向上作一条长度为 8.5cm 的垂线 JK，连接 CK 并将其延长 6cm 到 L 点，连接 LJ 完成领面结构设计。最后用"要素属性定义"工具将领面和领座的后中线设置为对称边，并将不必要的要素全部设置为辅助线。如图 3-73（b）所示。

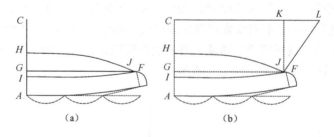

图 3-73　完成衣领结构设计

27. 女衬衫整体工艺设计

（1）放缝边。先用"平移"工具将整个女衬衫的裁片移动到适当的位置，再选择"缝边刷新"工具，系统自动对屏幕上封闭的图形放缝边（在系统属性设置中可以修改默认的缝边宽），由于女衬衫的下摆和袖口均为弧线，所以 1cm 的缝边不必调整；同时衣身和衣领的后中线因被设置为对称边，缝边刷新后系统自动生成对称的另一半后衣片。如图 3-74 所示。

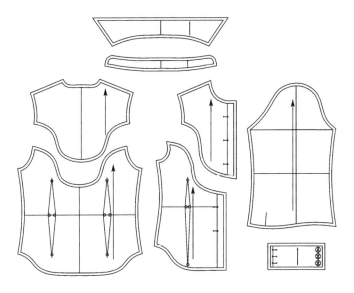

图 3-74 女衬衫整体放缝边处理

（2）纱向设定与文字标注。缝边刷新后系统将屏幕上所有裁片的纱向默认设置为垂直方向的，需要进行纱向调整并进行必要的文字标注。

选择"裁片属性定义" TEXT 工具，鼠标左键在袖克夫裁片上水平点击两点，在弹出的"裁片属性定义"对话框（如图 3-75）中输入相应的文字备注内容，如"裁片名"为"袖克夫"、"面料"选择为"面料 A"、默认的勾选"对称裁片"不变则"裁片数"为 2 片、在"备注"中填入样板种类"女衬衫"后，按<确定>按钮，完成袖克夫的纱向与文字标注，其纱向就修改为水平方向的，同时纱向的颜色由红色变为绿色表示文字标注已经齐全。

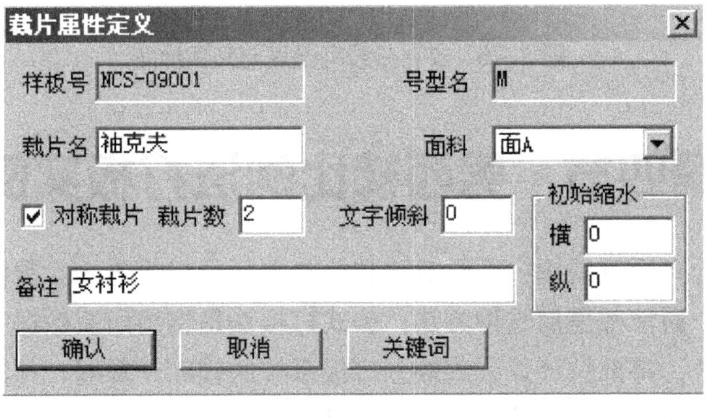

图 3-75 裁片属性定义

用相同的方法对女衬衫所有裁片进行纱向设定或文字标注，要注意的是领面和领座纱向为水平方向的；而后衣片不是对称裁片，要将"对称裁片"的勾选去掉，裁片数自动变为"1"。

看图学艺·服装篇

服装 CAD 应用实践

① 服装 CAD 概述

② 打板系统

③ 打板系统技巧与综合应用实例

④ 推板放码系统

⑤ 排料系统

附录

整体女衬衫的纱向与文字标注如图 3-76 所示。

（3）标注必要的工艺符号。选择"波浪线"工具，在后肩线、袖山弧线和袖口三个部位设置"缩缝"工艺符；用"明线"工具在前、后衣片分割上片的袖隆和分割线处设置"明线"工艺符，注意后衣片对称部位的工艺符不需要再重复作一遍，当再刷新一次缝边后对称部位的工艺符也会自动出现。如图 3-76 所示。

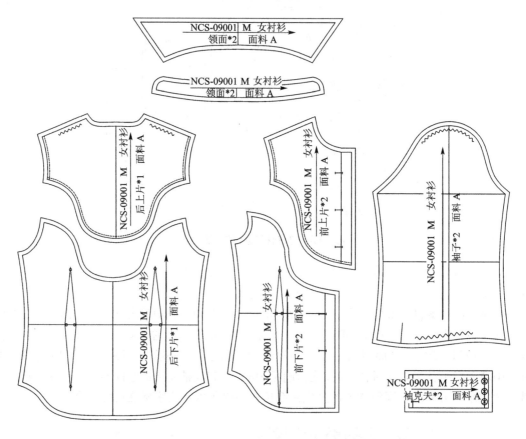

图 3-76　女衬衫纱向设定与文字标注

第四节　男西裤比例法打板实例

ET 服装 CAD 的打板系统提供了数值法和公式法两种打板方法。数值打板法是指直接用数据进行打板操作，通常都是用这种方法；公式打板法是指将所有数据参数化，必须使用服装部位名称和尺寸表，将部位计算公式输入打板系统的辅助计算器，并将计算出数据导入输入框中进行打板的方法，过程比较繁琐，一般只在创建模板文件时才使用。对于经常有服装翻板任务的企业可以通过创建服装模板库，再用公式法进行推板（放码），就可以通过仅仅修改模板文件的尺寸表数据，轻松地完成修改服装成品尺寸的翻板工作了。

本节主要介绍数值法打板的实例操作过程。

一、男西裤数值法打板实例

通过实例，可以体会到服装 CAD 在打板中综合应用的灵活与快捷。在学习服装 CAD 的过程中，需要悉心体会各种工具的使用方法，同时需要研究有几种方法可以达到同一个目的，只有这样才能使你的 CAD 操作能力迅速提高。

（一）男西裤成品规格与结构示意图

男西裤成品规格及主要部位分配比例见表 3-2 和表 3-3，结构如图 3-77 所示。

号型：170/78A　　　　　　　　　　　表 3-2　男西裤成品规格　　　　　　　　　　　单位：cm

部　位	裤　长	腰　围	臀　围	上　裆	裤　口
尺寸	103	80	102	28	44
档差	2	4	3.2	0.5	0.5

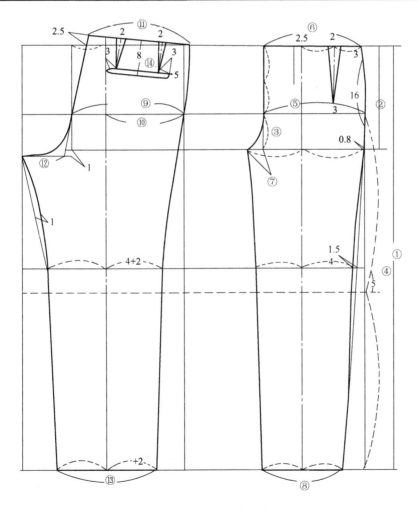

图 3-77　男西裤结构示意图

（二）主要部位分配比例尺寸

表 3-3 男西裤主要部位分配比例　　　　　　　单位：cm

序 号	部　位	公　式	尺　寸	序　号	部　位	公　式	尺　寸
①	裤长	裤长-腰头宽	99	⑧	前裤口	裤口/2-2	20
②	上裆	上裆-腰头宽	24	⑨	后臀围	$H/4+1$	26.5
③	臀高	1/3 上裆	8	⑩	烫迹线	$2/10H-1$	19.4
④	中裆	1/2（臀高至下口）+5	46.5	⑪	后腰围	$W/4+1+$（省 4）	25
⑤	前臀围	$H/4-1$	24.5	⑫	大裆宽	$H/10$	10.2
⑥	前腰围	$W/4-1+$（省 4.5）	23.5	⑬	后裤口	1/2 裤口+2	24
⑦	小裆宽	$H/20-1$	4.1	⑭	后口袋大		14

（三）男西裤前片 CAD 打板

在整个男西裤打板过程中，我们尽量使用智能笔功能，这样可以减少变换各种工具的操作，大大提高工作效率。

1．作矩形框

作一个长=裤长 99cm、宽=前臀围 24.5cm 的矩形。

使用智能笔的"矩形"功能，在"长度"和"宽度"输入框中分别输入"99"和"24.5"，单击左键点一下，拉出一个矩形，再点左键确定。

2．作横裆线

作一条平行于上平线，间距=上裆 24cm 的平行线。

方法 1：仍然使用智能笔，左键"框选"平行参照要素（上平线），在"长度"输入框中输入数值平行间距"24"；按住<Shift>键，鼠标右键指示上平线下方的方向侧，完成平行线的操作。如图 3-78（a）所示。

方法 2：使用"平行线"工具￼。鼠标左键选择平行的参考要素"上平线"；在"等距离"输入框中输入平行距离"24"，左键指定方向侧即可。

【操作分析】应注意在方法 2 中使用专用工具后，还要及时回复到智能笔状态，才能继续打板操作，所以建议在类似上述可以使用智能笔操作的情况下，一般不要使用其他专用工具，以避免更换工具的麻烦，提高 CAD 的打板速度。

3．作臀围线

作一条平行线。

臀围线与横裆线的间距=臀高 8cm，作法同步骤 2。注意左键框选平行参照要素为横裆线，方向侧为横裆线的上方。如图 3-78（b）所示。

4．作中裆线

中裆线的位置是 1/2（臀高至下口）+5cm。

方法 1：先使用￼ 2/1 ￼ 等分线工具，将臀高至下口二等分；再回复到智能笔状态；在二等分点处按键盘的"Enter 回车"键，系统出现"捕捉偏移"的对话框，在纵偏移中输入纵偏移"5"，可以得到一个新参考点"蓝点"；左键点击该"点 1"，拉出一条直线，按一下"<Ctrl>"键使它变为丁字尺模式，向另一边作水平线左键点击"点 2"，完成前片操作。如图 3-78（c）所示。

方法 2：单独用智能笔操作。先将矩形的右侧边在臀高线处打断。左键"框选"矩形右侧边，左键再"点选"臀高线"点 1"，按住"<Ctrl>+右键"实现打断；左键沿矩形右侧边移动找到臀高至下口的中点"黄点"，再按上述方法作上平线即可。如图 3-78（d）所示。

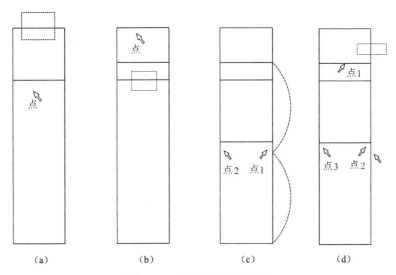

（a）　　　　　　（b）　　　　　　（c）　　　　　　（d）

图 3-78　男西裤前片基础线

方法 3：用测量数据打板。使用 ![两点测量工具] 两点测量工具，鼠标左键分别指示臀高线与下口线两点位置，当指示第二点时，出现测量值=83cm；用屏幕右下角的计算器计算 83/2+5=46.5cm；回到智能笔功能，从下平线向上作间距=46.5 的平行线，方法同 2。

【操作分析】上述三种方法对比可以看出方法 1 最为简便，在 CAD 打板操作过程中应该尝试使用不同的处理方法，这样就可以总结出最为简捷的途径，从而提高 CAD 的打板速度。

5. 作小裆宽

将横裆线延长前裆宽量。

使用智能笔"线长调整"功能，鼠标左键"框选"横裆线的调整端（左端），在"调整量"输入框中输入"4.1"（小裆宽），右键结束操作。如图 3-79（a）所示。

6. 作前烫迹线

（1）仍然使用智能笔"线长调整"功能，框选横裆线的调整端（右端），在"调整量"中输入"-0.6"，右键结束操作。如图 3-79（b）所示。

（2）左键沿横裆线移动找到该线的中点"黄点"，左键点击该"点 1"，拉出一条直线，按一下"<Ctrl>"键使它变为丁字尺模式，到下口线左键点击"点 2"，作出横裆线以下的烫迹线。如图 3-79（c）所示。

（3）使用智能笔"单边修正"功能，左键"框选"被修正线的"调整端"，左键再"点选"修正后的新位置的位置线（上平线），右键结束操作，完成上段的烫迹线。如图 3-79（d）所示。

7. 作前裆弯线

（1）在智能笔状态，左键点选臀围线"点 1"和前裆宽线"点 2"，作出一条直线。如图 3-80（a）。

（2）使用智能笔"调整曲线"功能，鼠标右键"点选"刚作出的直线，左键拖动直线上

看图学艺·服装篇

服装 CAD 应用实践

① 服装 CAD 概述

② 打板系统

③ 打板系统技巧与综合应用实例

④ 推板放码系统

⑤ 排料系统

附录

粉红色的节点，拖到理想的曲线位置后松开，按右键结束操作。如图 3-80（b）所示。

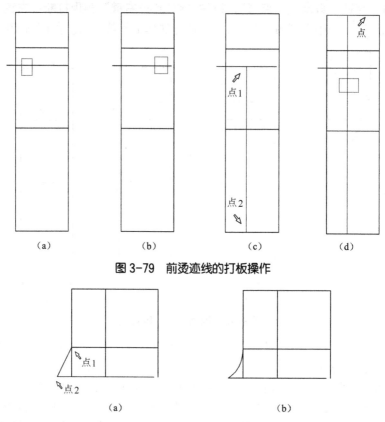

图 3-79　前烫迹线的打板操作

图 3-80　前裆弯线的操作

8．定前腰围线

使用智能笔"线长调整"功能，框选前腰围线的调整端（右端），在"长度"框中输入"23.5"（前腰围），右键结束操作。如图 3-81（a）所示。

9．画上裆部分的侧缝线

智能笔左键依次点击前腰围线端点"点 1"、任意点"点 2"、臀围线端点"点 3"和横裆线端点"点 4"，右键结束操作；右键点击该曲线，调整任意点"点 2"处的节点，把所作的曲线修改圆顺。如图 3-81（b）所示。

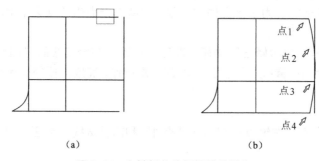

图 3-81　上裆部分的侧缝线的操作

操作技巧：在作曲线的过程中，可以根据需要增加曲线的节点（如上例中的任意点），这样在曲线调整时，就可以在不增加节点的情况下进行快速调整。

10．定裤口及作侧缝线

（1）打断前中线，删除矩形的左右边线。由于裤口是以挺缝线为中线左右均分的，所以需要进行必要的删除操作，以便得到挺缝线右半边的裤口线；将前中心线在臀围线处打断[方法同图3-79（d）]，再将矩形的左右边线删除，用智能笔的鼠标左键"框选"左右边线的下半部分，按<Delete>键完成删除操作。如图3-82（a）所示。

（2）修正半边裤口线。用智能笔的"单边修正"功能，鼠标左键同时"框选"裤口线和中裆线的左边，左键再"点选"挺缝线（该线变成绿色），按右键结束操作。如图3-82（b）。

（3）定半边裤口线和中裆线的长度。左键"框选"裤口线右半边的调整端，在"长度"的输入框中输入"10"（半裤口长-20/2），按右键结束操作；再用同样的方法将中裆线右半边的长度调整为11cm。如图3-82（c）所示。

（4）完成右半部分的侧缝线。由于从中裆线到裤口线为一条直线，为了避免调整侧缝线时该线发生变形，所以必须分段作线。鼠标左键分别点击横裆线（点1）和中裆线（点2）的右侧，连接成一条直线；然后再用鼠标右键单击该线，用左键调整该线的节点（调整）到满意的位置；最后再同智能笔连接中裆线（点3）和裤口线（点4）成一条直线，完成整个侧缝线的操作。如图3-82（d）所示。

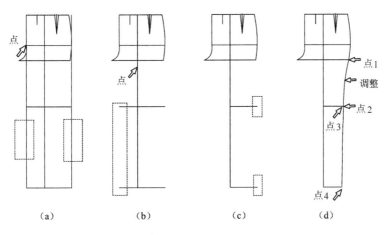

图3-82　前侧缝线的操作

11．左侧缝线与省道

（1）左半部分裤线制作。由于前裤片横裆线以下是关于挺缝线左右对称的，所以可以使用"要素镜像"[icon]工具快速完成该部分的制作。选择该工具按照状态栏中的提示进行操作，鼠标左键先"框选"需要镜像复制的要素，再按右键确认，如图3-83（a）所示，再按住<Ctrl>键左键点击镜像轴要素（挺缝线），完成左半部分裤线的复制操作。

（2）定省道位、省长作裤褶。用"等分线"工具找到省位，在等分点处画出一条到横裆线的垂线，再将该线缩短3cm，左键"框选"该线的调整端，在"调整量"输入框中输入"-3"，按右键得到规定省长的省中线；在"智能点"输入框[2.5]中输入褶量"2.5"，再用智能笔的丁字尺模式画出一定长度的裤褶线。如图3-83（b）所示。

看图学艺·服装篇

服装 CAD 应用实践

1 服装 CAD 概述

2 打板系统

3 打板系统技巧与综合应用实例

4 推板放码系统

5 排料系统

附录

（3）前裤片省道的制作。用鼠标右键点击省中线测出省长为 13cm，因为裤子的省道与裤腰线相垂直，所以可以直接用智能笔作省。在"长度"和"宽度"输入框中分别输入省长"13"和省量"2"，鼠标左键点击裤腰线的省位处，再在省尖位置左键点击一下，即完成省道制作；最后将省中线删除（否则在进行省折线的操作时，该线会与省折线的中线重合），用智能笔"框选"作省的四条线，鼠标指示作省的方向再按右键结束，完成省折线的操作。如图 3-83（c）所示。

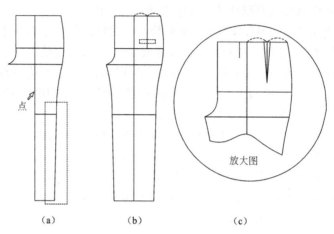

点

（a） （b） （c）

放大图

图 3-83　作左侧缝线与省道

至此前裤片全部完成。

（四）男西裤后片 CAD 打板

1. 直接使用前裤片的一些基础线

选择"平移" 工具，鼠标左键分别"框选"前裤片的所有横向基础线，在"横偏移"输入框中输入"-40"，再按<Ctrl+右键>，这样就把裤前片的基础线向左复制平移了 40cm；仍然使用"平移"工具，左键"框选"后横裆线，在"纵偏移"输入框中输入"-1"，按右键结束，这样使后横裆线向下平移了 1cm。如图 3-84（a）所示。

操作技巧如下。

（1）在"平移"操作过程中，在"纵偏移"或"横偏移"输入框中输入数值，可以实现无任何偏差的平移操作，免去了用鼠标左键拖动寻找正确的平移位置的麻烦。

（2）后落裆部分进行了提前操作，打乱了传统手工打板的操作顺序。这是因为服装 CAD 打板有其特殊性，要尽量避免频繁更换工具；在"平移"工具使用状态下，不更换工具就可以直接进行后横裆下落 1cm 的操作，这种计算机打板理念应该值得提倡。

2. 定后臀围大

使用智能笔的"线长调整"功能，左键"框选"后臀围线的一端（框 1），在"长度"输入框中输入"26.5"（*H*/4+1cm），单击右键结束，则把线段调节为后臀围的大小；用智能笔从后臀围线左端点向上画一条垂线；再用智能笔的"角连接"功能，左键"框选"该垂线和后腰线（框 2），按右键完成两线的角连接；最后用智能笔的"单边修正"功能，左键"框选"该垂线的下端（框 3），左键点击后横裆线，按右键结束，使该垂线延长到后横裆线，如图

3-84（b）所示。

3. 作后挺缝线

用智能笔的"丁字尺"功能，在"智能点"输入框中输入"19.4"（$H×2/10-1$），鼠标在后臀围线上滑动，从侧缝端找到第二个红点，左键点击该点，按一下<Ctrl>键使它处于"丁字尺"状态下，向下口线作一条垂线，则得到臀围线以下的挺缝线；再用智能笔的"单边修正"功能，左键"框选"挺缝线的上端，左键再点击腰围线，按右键结束，则得上段挺缝线，如图3-84（c）所示。

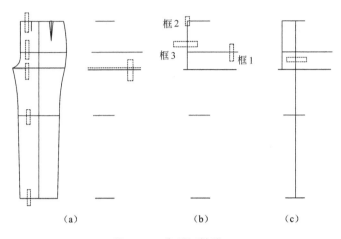

（a）　　　　　　　（b）　　　　　（c）

图3-84　作后挺缝线

4. 作大裆弯曲线

（1）作后中线。用"等分线"工具将挺缝线左边的上平线二等分，用智能笔连接后臀围与二等分点，得到后中线；再延长出2.5cm的后腰翘，左键"框选"后中线上端，在"调整量"输入框中输入"2.5"（起翘量），按右键结束，如图3-85（a）所示。

（2）将后中线与后横裆线用相连接。用智能笔左键"框选"后中线的下端（框1），左键再"框选"后横裆线的调整端（框2），按右键结束，如图3-85（b）所示。

（3）作大裆弯曲线。用智能笔左键"框选"后横裆线的调整端，在"调整量"输入框中输入"10.2"（$H/10$），按右键结束。仍用智能笔工具连接后裆点和后臀围点，再用鼠标右键点击该连线，左键拖动调整点把该线修改圆顺，作成大裆弯曲线，如图3-85（c）所示。

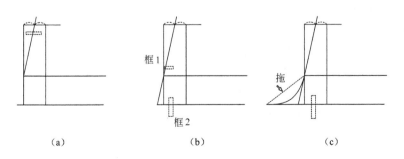

（a）　　　　　　　（b）　　　　　　　（c）

图3-85　作大裆弯曲线制

5. 定后裤口、后中裆宽

（1）把下口线、中裆线在挺缝线后中侧的部分删除。用智能笔左键分别"框选"下口线、中裆线的调整端，左键再点击后挺缝线，按右键结束，如图 3-86（a）所示。

（2）用智能笔左键分别"框选"下口线和后中裆线的调整端，在"长度"输入框中输入对应的数值后按右键结束，则可作出下口线的一半和后中裆的一半。后裤口的一半为"12"（下口/2+1），后中裆的一半为"13"（前中裆的一半 11+2=13cm，前中裆的一半可以从前裤片中测出），如图 3-86（b）所示。

6. 作后腰围线

选择"单圆规" 工具，左键指示起点后腰翘处（点 1），在"半径"输入框中输入后腰围"25"（W/4+1+省量 4）后，左键再选择目标要素（上平线）（点 2）即可，如图 3-86（c）所示。

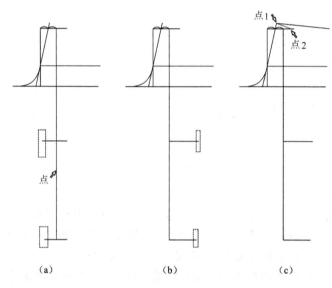

点 1

点 2

点

（a）　　　　　　　（b）　　　　　　　（c）

图 3-86　作后腰线

7. 作后裤片侧缝线

用智能笔左键依次连接后腰围（点 1）、后臀围（点 2）、任意点（点 3）和后中裆（点 4）各侧缝的端点后，再用右键点击该线，用左键把曲线修改圆顺；最后用智能笔左键直线连接后中裆和后下口的侧缝端点，如图 3-87（a）所示。

8. 作后裤片内缝线

由于后裤片的侧缝线和内缝线并非像前裤片那样左右对称，所以必须另作。先用"要素镜像" 工具，左键分别"框选"后中裆（框 1）、后侧缝的下部（框 2）和后下口（框 3），按右键确定，再按<Ctrl+左键>点击挺缝线，将上述框选部分复制到另一边；然后用智能笔左键连接大裆宽点和后中裆点，右键点击该连线，左键拖动节点修顺内缝线。完成后如图 3-87（b）所示。

9. 定后口袋位

（1）先向下 8cm 作一条与后腰线平行的平行线段。用智能笔左键"框选"后腰线，在

"长度"输入框中输入"8"，向下方按<Shift+右键>即可。

（2）把所作的平行线段延长至侧缝线。用智能笔的"单边修正"功能，鼠标左键"框选"该线（框1），左键再点击侧缝线，按右键即可。

（3）确定侧缝处的袋位。用智能笔左键"框选"该线的调整端（框2），在"调整量"输入框中输入"-5"（袋口距侧缝的距离）按右键完成袋口右端缩进5cm的操作。

（4）确定后口袋的大小。用智能笔左键"框选"袋口线的调整端（框3），在"长度"输入框中输入"14"（袋口大）后按右键结束，完成袋口大及位置的确定，如图3-87（c）所示。

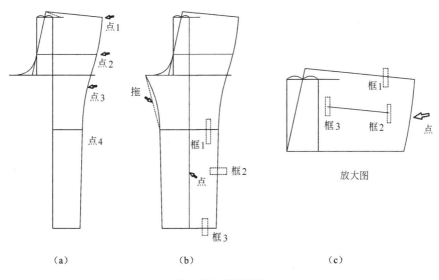

（a）　　　　　　　　（b）　　　　　　　　（c）

图3-87　定后袋位

10．作后裤片的省道

（1）先作省中线。由于后腰线为一条斜线，所以需要选择"角度线"[工具]工具，在"智能点"输入框中输入"3"（省尖离袋口距离），在"长度"输入框中输入"8"（袋口线到后腰线的垂直距离），在"角度"输入框中使用默认值"90°"，用鼠标左键选择"点选"袋口线（点1），滑动鼠标找到距袋口3cm处的红点，左键点击该点（点2），再向袋口线上方单击鼠标左键（点3），即完成一条省中线；用同样的操作方法，作出另一条省中线，如图3-88（a）所示。

（2）作省道。此处采用不同于前裤片的方法进行操作，用"省道"[工具]工具，在"省长"输入框中输入"8"，在"省量"输入框中输入"2"，鼠标左键点击后腰线（点1），再点击省中线（点2）即可；上述参数不变，左键再次点击后腰线和另一条省中线完成第二个省的操作，如图3-88（b）所示。

【注意】"省道"专用工具与前裤片智能笔作省的区别，用"省道"专用工具作出的省，其省中线会自动消失，有助于下一步省折线的操作。

（3）圆顺省道。由于后腰线为斜线，收省后腰线会出现凹口，因此高档裤装需要进行圆顺处理，把收省后的腰线修改圆顺。选择"接角圆顺"[工具]工具，鼠标左键依次点击要圆

看图学艺·服装篇

服装 CAD 应用实践

① 服装 CAD 概述

② 打板系统

③ 打板系统技巧与综合应用实例

④ 推板放码系统

⑤ 排料系统

附录

顺的线（各段后腰围线）点 1、点 2 和点 3 后，单击右键确定，左键依次点击缝合要素的起始端（以两条为一组的省线，且要按顺序）点 4、点 5、点 6 和点 7，单击右键确定，用左键直接修改后腰线的曲线点列（如果没有粉红色的节点，可按住<Ctrl>键点击左键增加节点），把曲线修顺后，单击右键结束操作，被修改的曲线将自动回到初始位置，如图 3-88（c）所示。

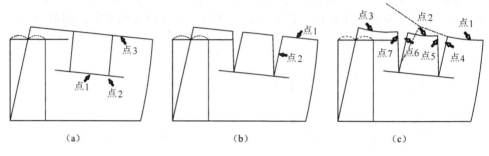

图 3-88　作后裤片省道

（4）作省折线。用智能笔左键"框选"作省的四条边，指示倒向侧单击右键，则可作出省折线；用同样的方法作另一个省的省折线，如图 3-89（a）所示。

11. 完成后裤片结构图

选择"删除所有辅助线"、智能笔或"删除" 等工具，删除所有不必要的要素和辅助线，完成前、后裤片的操作。如图 3-89（b）所示。

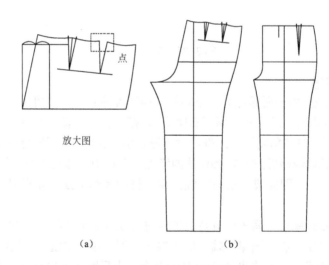

图 3-89　前、后裤片结构完成图

二、男西裤公式法打板实例

公式法打板首先需要建立参数体系，即建立尺寸表文件，这样纸样也就备份了详细的尺寸资料。输入完成的纸样尺寸可以存放到尺寸库里，其他款式的纸样如果尺寸数据有相同之处，就可以直接调出使用。

（一）建立尺寸表

在"设置"菜单下点击的"尺寸表设置"，会弹出"尺寸表"对话框，按照表 3-2 中的内容，在尺寸名称处填入所需的部位名称，如裤长、腰围、臀围等；在最右边的"实际尺寸"栏里填入 M 号各部位尺寸数值，再在大一号"L"的位置填入档差（如裤长档差 2cm、腰围档差 4cm、臀围档差 3.2cm 等），按"全局档差"按钮，系统可以自动完成其他号型的档差计算；最后取"男西裤"为尺寸表文件名并保存尺寸表。保存过的尺寸表，可多个款式共用。如图 3-90 所示。

D:\My Documents\CAD教材编写\CAD教材图\男西裤.stf							
尺寸\号型	160/70	165/74	170/78(标)	175/82	180/86	实际尺寸	
裤长	-4.000	-2.000	0.000	2.000	4.000	103.000	
腰围	-8.000	-4.000	0.000	4.000	8.000	80.000	
臀围	-6.400	-3.200	0.000	3.200	6.400	102.000	
上档	-1.000	-0.500	0.000	0.500	1.000	28.000	
裤口	-1.000	-0.500	0.000	0.500	1.000	22.000	

打开尺寸表　插入尺寸　关键词　全局档差　追加　缩水　[0]　☑ 显示MS尺寸　确认
保存尺寸表　删除尺寸　清空尺寸表　局部档差　修改　打印　☐ 实际尺寸　*et2007*　取消

图 3-90　男西裤尺寸表

操作技巧：尺寸表的文件名一定要与打板文件名一致，以便日后查看打板文件时调用与之对应的尺寸表文件，避免出现打板文件与尺寸表不能对应的现象。

（二）男西裤前片

1. 作矩形框

作一个长为裤长、宽为前臀围的矩形。

此处与上例的操作步骤不同的是采用各部位计算公式通过辅助计算器将尺寸表参数输入到相应的输入框中，从而实现数值的参数化，为打制模板提供参数化的数值体系，

在智能笔工作状态下，按<Page Down>快捷键，使光标处于"长度"输入框的输入状态，再按辅助计算器快捷键"："，系统弹出计算器对话框，用鼠标左键点击对话框中的相关数据和按键，键入"裤长-4="，计算器自动计算出数值"99.000"，再按<确定>按钮，在"长度"输入框中自动出现"99.000"字样；再按<Page Down>快捷键，使光标处于"宽度"输入框的输入状态，用同样的方法在计算器中输入"臀围/4-1="按<确定>按钮，在"宽度"输入框中自动出现"24.500"字样。如图 3-91 所示。

用鼠标左键拖出一个矩形，这时只要指示长宽的方向，在点击左键即可，最后可以用鼠标右键点击线段测量一下矩形的尺寸是否准确，如图 3-78（a）所示。

2. 作横档线

选择智能笔，左键"框选"上平线，使光标处于"长度"输入框的输入状态，再按辅助

计算器快捷键 "：" ，系统弹出计算器对话框，在计算器中键入 "上裆-4="，在 "长度" 输入框中自动出现 "24.000" 字样；按住 "<Shift>+右键" 指示上平线下方的方向侧即可。如图 3-78（a）所示。

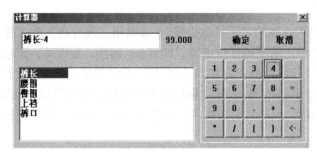

图 3-91　辅助计算器的数据输入

3．作臀围线
再用快捷键 "：" 调出辅助计算器，在计算器中键入 "（上裆-4）/3="，作法同上。如图 3-78（b）所示。

4．作中裆线
按上例中的方法 1 进行操作。先使用 等分线工具，将臀高至下口二等分；再用智能笔结合 "捕捉偏移" 工具向上纵偏移 "5" 作水平线即可。如图 3-78（c）所示。

5．作小裆宽
使用智能笔 "线长调整" 功能，鼠标左键 "框选" 横裆线的调整端（左端），使光标处于"调整量"输入框的输入状态，再按快捷键 "："调出辅助计算器，在计算器中键入"臀围/20-1="，在 "调整量" 输入框中出现 "4.100"，右键结束操作。如图 3-79（a）所示。

6．作前烫迹线
由于前横裆缩进量为定寸-0.6cm，所以此步可以用上例相同的方法操作。如图 3-79 所示。

7．作前裆弯线
因为不牵扯到任何参数，此步同上例。如图 3-80 所示。

8．定前腰围线
使用智能笔 "线长调整" 功能，框选前腰围线的调整端（右端），再用快捷键 "：" 调出辅助计算器，在计算器中键入 "腰围/4-1+4.5="，在 "长度" 框中自动出现 "23.500"，右键结束操作。如图 3-81（a）所示。

9．画上裆部分的侧缝线
因为不牵扯到任何参数，此步同上例。如图 3-81（b）所示。

10．定裤口及作侧缝线
操作方法与上例基本相同，只是在确定半边裤口线的长度时，要用辅助计算器键入 "（裤口-2）/2" 得出 "10.000"；在确定半边中裆线键入 "（1/2 裤口-2）/2+1" 得出 "11.000"。如图 3-82 所示。

11．左侧缝线与省道
操作方法与上例基本相同，只是在确定省长时，要用辅助计算器键入 "（上裆-4）×2/3-3"

得出 "13.000"。如图 3-83 所示。

至此前裤片全部完成。后裤片读者可以按照前裤片的方法进行操作，本书从略。

三、男西裤的翻板操作实例

在经常有翻板任务的企业非常希望有一种 CAD 操作工具，仅通过修改纸样的尺寸表，就能够得到指定尺寸的新纸样，ET 系统的【打开/打开模板文件】菜单功能，可以顺利的完成这一愿望，使服装翻板操作变得快捷方便。下面以男西裤前片为例介绍具体的操作步骤。

（一）创建模板文件

为了实现仅改变尺寸表中的数据就完成修改纸样尺寸的操作目的，必须先创建一个模板文件，模板文件是一个参数约束条件下的纸样推板文件。

先要依据成品规格尺寸表进行公式法打板操作，建立一个参数约束条件下的打板文件；然后再依据成品档差尺寸表进行公式法推板操作，完成参数放码后的模板文件（在第四章公式法推板中介绍）。

（二）男西裤成品尺寸修改对照

譬如有一项男西裤翻板任务，纸样结构与上例公式法打制的男西裤纸样是完全相同，只是成品规格尺寸不同，纸样的号型需要由 170/78A 需要翻板修改为 165/72A，相应的纸样成品规格尺寸变动情况，表 3-4 为男西裤成品尺寸变动对照表。

表 3-4　男西裤成品尺寸变动对照表　　　　　　　　单位：cm

号　型	裤　长	腰　围	臀　围	上　裆	裤　口
170/78A（原）	103	80	102	28	44
165/72A（现）	97	74	98	26.5	41
档差	?	4	3.2	0.5	0.5

（三）翻板操作步骤

（1）打开模板文件。选择【打开/打开模板文件】菜单功能，弹出如图 3-92 的 "打开" 文件对话框，鼠标左键在尺寸表栏中直接修改指定部位的尺寸，如 "裤长" 由 103 改为 97、"腰围" 由 80 改为 74、臀围由 102 改为 98、上裆由 28 改为 26.5、裤口由 44 改为 41；新成品规格尺寸中没有的推板尺寸，可以依据相近部位的尺寸及档差进行推导，如 "中裆" 尺寸可以依据 "裤口" 尺寸由 25 改为 22.5；"横裆" 尺寸可以依据 "臀围" 尺寸由 35 改为 34。

（2）修改尺寸表文件。用鼠标左键勾选 "覆盖" 选择框，左键再点击<更新尺寸>按钮，可以将新键入的尺寸直接替换原模板文件的尺寸表。

（3）鼠标左键再点击<打开>按钮即完成翻板操作，打板系统中呈现如图 3-93（a）所示的纸样。

（4）选择【设置/尺寸表设置】菜单功能，可以查看当前尺寸表是否已经替换为翻板纸样的尺寸表了。

① 服装 CAD 概述

② 打板系统

③ 打板系统技巧与综合应用实例

④ 推板放码系统

⑤ 排料系统

附录

看图学艺・服装篇　服装 CAD 应用实践

① 服装 CAD 概述

② 打板系统

③ 打板系统技巧与综合应用实例

④ 推板放码系统

⑤ 排料系统

附录

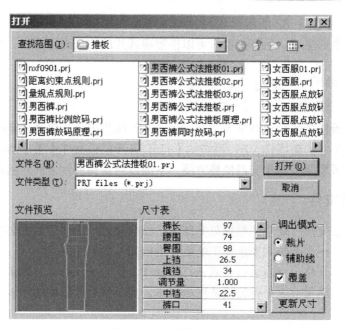

图 3-92　打开模板文件

（5）另存翻板文件。由于翻板文件是由打开模板文件自动产生的新文件，必须进行文件"另存为"操作，另外取一个纸样名进行保存，以免模板文件被翻板文件覆盖，造成模板文件丢失的事故。

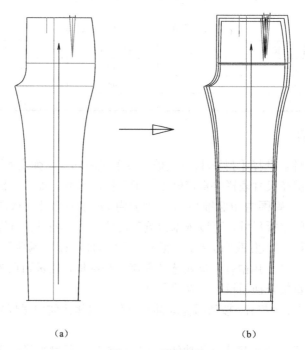

（a）　　　　　　　　　　　　（b）

图 3-93　翻板操作

（四）修改纸样号型系列

由于翻板纸样文件的号型系列仍然为原模板文件的系列，需要修改基码号型及其号型系列。选择【设置/号型名称设置】菜单功能，弹出"号型名称设定"对话框，在基码"M"同一行"C系列"栏处输入"165/74"，再在其上下位置分别输入相应的号型（170/78、175/82、160/70、155/66）组成翻板纸样文件的号型系列，最后用鼠标左键点击"C系列"后按<确定>按钮。如图3-94所示。

	A系列	B系列	C系列	D系列	E系列
	XXS				
	XS	160/70	175/82		
	S	165/74	170/78		
	M	170/78	165/74		
	L	175/82	160/70		
	XL	180/86	155/66		
	XXL				

确认　取消　　关键词　打印　恢复　打开　保存

图3-94　修改纸样号型系列

如果已有保存的号型名称文档，可以在"号型名称设定"对话框中按<打开>按钮，打开号型名称文档*.sna，直接应用该号型系列。

（五）纸样尺寸核查

在纸样翻板操作完成后，纸样整体及细部的尺寸是否正确，需要进行尺寸的核查。基码165/72A男西裤纸样细部尺寸核查尺寸如表3-5所示。

表3-5　165/72A男西裤纸样细部尺寸核查　　　　　　　单位：cm

序　号	部　位	公　式	尺　寸
1	裤长	裤长-腰头宽	93
2	上裆	上裆-腰头宽	22.5
3	前裤口	1/2 裤口-2	18.5
4	前臀围	$H/4-1$	23.5
5	前腰围	$W/4-1+$（省 4.5）	23
6	小裆宽	$H/20-1$	3.9

（1）使用"要素长度测量" 工具核查整条要素的长度及分段要素求和。如核查裤长尺寸，用鼠标左键"框选"前裤片的挺缝线，按右键结束，弹出测量结果对话框，显示基码165/74的尺寸为93cm；再如核查腰围尺寸，左键连续"框选"两段前腰线后，按右键结束，测量对话框中显示两段腰线之和为21cm（23-2 省量）。用相同的方法可以核查臀围、裤口等尺寸。

（2）使用"两点测量" 工具核查要素中两点长度。如核查上裆尺寸，用鼠标左键在挺缝线上点击上裆的两点，弹出测量结果对话框，显示上裆尺寸为22.5cm；用相同的

方法核查小裆宽、省量、褶量等尺寸。

（3）如果核查某一部位的尺寸不合适，需要用公式打板法通过尺寸表参数进行修改。

（六）翻板纸样的推板

在经过上述操作之后，翻板纸样已经确定无误的完成的基码的翻板操作，如果翻板纸样的成品规格档差与模板文件的相同，可以在推板界面中直接用"推板展开"功能，完成翻板纸样放码操作，翻板文件放码展开图如图 3-93（b）所示。

第五节　女西服比例法打板实例

一、女西服成品规格

女西服成品规格见表 3-6。

号型：165/88A　　　　　　　表 3-6　女西服成品规格　　　　　　　单位：cm

部　　位	衣　长	胸　围	肩　宽	袖　长	袖　口	领　大
尺寸	75	102	42	54	13	42.5
档差	2	4	1.2	1.5	0.5	1

二、主要部位分配比例尺寸

女西服主要部位分配比例尺寸见表 3-7。

表 3-7　女西服主要部位分配比例尺寸　　　　　　　单位：cm

序　号	部　位	公　式	尺　寸	序　号	部　位	公　式	尺　寸
①	衣长	衣长尺寸	75	⑪	后领口宽	$2N/10$	8.5
②	前肩高	$B/20-0.5$	4.6	⑫	后肩高	$B/20-1$	4.1
③	前袖窿深	$B/10+9$	19.6	⑬	后胸围	$1.5B/10+3.5$	18.8
④	腰节	号/4	41.5	⑭	后肩宽	$S/2+0.5$	21.5
⑤	前领口深	$2N/10+3.5$	12	⑮	袖长	袖长尺寸	54
⑥	前领口宽	$2N/10$	8.5	⑯	袖深	$B/10+5.5$	15.7
⑦	前胸宽	$1.5B/10+4.3$	19.6	⑰	袖肘	袖长/2+4	31
⑧	前胸围	$3.5B/10-3.5+1$	33.2	⑱	袖根肥	$1.5B/10+4$	19.3
⑨	前肩宽	$S/2-0.5$	20.5	⑲	袖口	袖口尺寸	13
⑩	后领口深	定寸	2.3				

三、女西服结构打板

女西服结构如图 3-95 所示。

（一）前片结构打板

1. 作矩形框

作长为"75cm"（衣长），宽为"33.2cm"（前胸围）的矩形框。

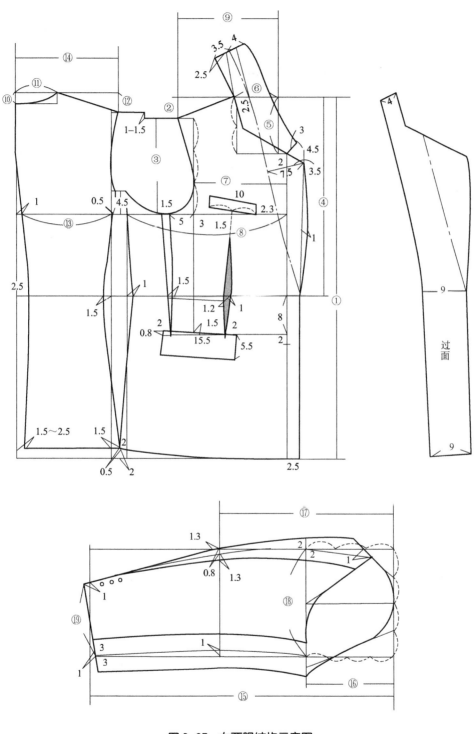

图 3-95　女西服结构示意图

左键单击图标 ，或者用快捷方式键盘"～"键在任意状态下进入智能笔作图状态，

看图学艺·服装篇

服装 CAD 应用实践

① 服装 CAD 概述

② 打板系统

③ 打板系统技巧与综合应用实例

④ 推板放码系统

⑤ 排料系统

附录

在输入框中输入"长度 75"和"宽度 33.2"（输入尺寸时按快捷键<Page Down>，可以使光标在"长度"框和"宽度"框之间互换），鼠标在工作区内单击左键点一下，拉出一个矩形，再点左键确定，如图 3-96（a）。

2. 作前落肩线、袖窿深线、腰节线和袋口辅助线

（1）用智能笔的"平行线"功能，左键"框选"平行参照要素（上平线），在"长度"输入框中输入前肩高尺寸"4.6"，按住<shift+右键>指示上平线下方的方向侧，即得前落肩线。

（2）用同样的方法作袖窿深线、腰节线和袋口辅助线，袖窿深线距落肩线为"19.6"（$B/10+9$），腰节线距上平线为"41.5"（号/4），袋口辅助线距腰节线为 8cm，如图 3-96（b）。

3. 作前领口辅助线

使用"直角连接"工具，在"智能点"输入框中输入"10.5"（前领口宽 8.5+撇胸量 2），用鼠标左键点击直角连接的起点，在上平线上找点 1，左键再点击直角连接的终点，"智能点"输入框中输入前领口"12"（$2N/10+3.5$），在前中线上找点 2，左键再指示一下直角连接的方向结束操作，如图 3-96（c）所示。

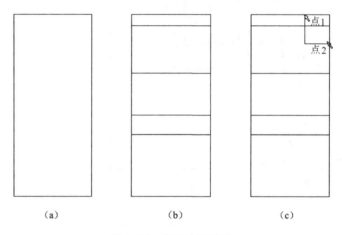

点1
点2

（a）　　　　　　（b）　　　　　　（c）

图 3-96　作前片基础线

4. 作前肩线

回到智能笔工具，在"智能点"输入框中输入前肩宽尺寸输入"22.5"（$S/2-0.5+$撇胸量 2），鼠标在前落肩线上滑动，找到第二个红色的前肩宽位置点（点 1），用左键作直线连接到前侧颈点（点 2），即作出前肩线，见图 3-97（a）所示。

5. 作前胸宽线

仍用智能笔工具，在"智能点"输入框中输入前胸宽尺寸"19.6"（$1.5B/10+4.3$），鼠标在袖窿深线上，找到第二个红色的前胸宽位置点（点 1），用左键单击该点，按一下<Ctrl>键，使智能笔处于"丁字尺"状态，向上连接到前落肩线（点 2）上，即得前宽线，如图 3-97（b）所示。

6. 作前袖窿曲线

（1）用"等分线"工具将前宽线三等分，在已经设置"自定义快捷键"前提下，压一下鼠标滚轮，可以很方便的找到"等分线"工具，在"等分数"输入框中输入"3"，左键单击前胸宽线的上下两点即可。

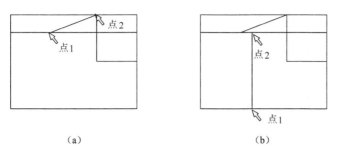

（a）　　　　　　　　　　（b）

图3-97　作前肩线

（2）回到"智能笔"工具，鼠标左键依次点击前肩点（点1）、任意点（点2）、1/3袖窿深（点3）、任意点（点4）后，在"智能点"输入框中输入"5"，鼠标在袖窿深线上找到位置点，左键点击（点5），按右键结束前半部袖窿曲线的操作，见图3-98（a）；继续用左键作出经过腋下省位置点（点6）、任意点（点7）和袖窿翘位置点（点8）的曲线，在点击6和8之前，在"智能点"输入框中分别输入"1.5"（腋下省量）和"4.5"（袖窿翘量），如图3-98（b）所示。

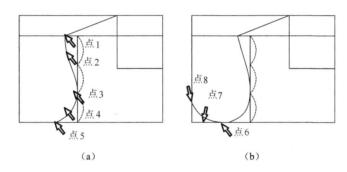

（a）　　　　　　　　　　（b）

图3-98　作前袖窿曲线

（3）用智能笔的曲线调整功能，把两条曲线修改圆顺。鼠标右键分别点击这两条线，用左键拖动线中多加的"任意点"将曲线调整到满意的位置，此处应注意曲线调整的点只能是"任意点"，否则会使曲线偏离其约束位，造成结构偏差。

7. 作侧缝线

（1）仍用智能笔工具，鼠标左键依次指示点1、点2、点3、点4和点5，在指示腰围线上的点3时，在"智能点"输入框中输入"1"，在指示侧缝线下端点的点5之前，滑动鼠标到矩形框左下点处，按<Enter>键，弹出"捕捉偏离"对话框，在"横偏"和"纵偏"输入框中分别输入"-2"和"2"，找到底摆起翘且外移2cm处，左键点击点5后，再按右键结束，得到如图3-99（a）所示的侧缝曲线。

（2）用智能笔作下摆线，左键点击起翘的侧缝线端点（点1），任意点（点2）、下平线中点（点3）和止口点（点4），再按右键结束操作，如图3-99（b）所示。

（3）用智能笔的曲线调整功能，把侧缝线和底摆线修改圆顺，方法同上。同时删除下平

看图学艺·服装篇

服装 CAD 应用实践

① 服装 CAD 概述

② 打板系统

③ 打板系统技巧与综合应用实例

④ 推板放码系统

⑤ 排料系统

附录

线，左键"框选"下平线按<Delete>键即可。

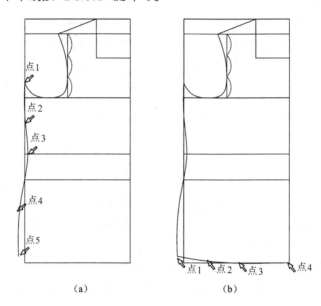

点1
点2
点3
点4
点5

（a）

点1　点2　点3　点4

（b）

图 3-99　作侧缝线

8．作搭门线

（1）用智能笔的"平行线"功能，在距前中心线的右侧 2.5cm 处作平行于该线的前搭门线。

（2）用智能笔的"角连接"功能，左键分别"框选"构成下摆角的两条直线（框 1）和（框 2），把底摆线 1 与刚才所作的搭门线 2 接合起来，如图 3-100（a）所示。

9．作胸袋

（1）选"单圆规" ◄━ 工具，在"半径"输入框中输入"10"（胸袋大），再滑动鼠标到胸宽线与袖窿深线的交点处，按<Enter>键，弹出"捕捉偏离"对话框，在"横偏"和"纵偏"输入框中分别输入"3"和"1.5"，找到胸袋的定位点；左键点击该点（点 1），再用左键指示袖窿深线（点 2），即得胸袋位线，如图 3-100（b）所示。

（2）用智能笔分别在胸袋位的两个端点向上作 2.3cm 长（胸袋宽）的垂直线。在"长度"输入框中输入"2.3"，用左键点击一个端点，再按一下<Ctrl>键，左键向上点击一下即可；最后用左键连接两线的上端点，完成胸袋的操作，如图 3-100（b）的放大图。

【注】: 此处如果先作间距为 2.3cm 的胸袋位平行线，再作上述的垂线后进行角连接处理，胸袋宽尺寸将出现偏差。

10．定大袋口位

（1）用智能笔的"单边修正"功能，把前宽线延长到大袋口辅助线上。左键"框选"前宽线的调整端，左键再点击大袋口辅助线，按右键结束操作。

（2）把大袋口辅助线在与前宽线的交点处剪断，并删除右半部分。用智能笔"要素打断"功能进行操作，左键"框选"大袋口辅助线，左键再点击前宽线，按<Ctrl+右键>即可。最后用左键"框选"该线的右半部分，按<Delete>键，完成删除右半部分。

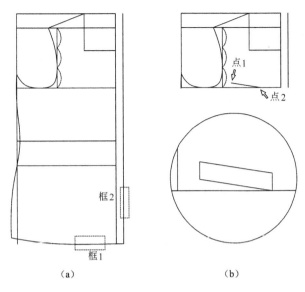

（a）　　　　　　　　　　（b）

图 3-100　作搭门和胸袋

【操作技巧】在 ET 服装 CAD 系统的打板操作过程中，要尽可能多的使用智能笔的所有功能，这样才可以充分发挥 ET 软件强大的打板功能，免去了频繁调换工具麻烦，提高操作速度和工作效率。

（3）用智能笔的"长度调整"功能，左键"框选"该线的左端，在"长度"输入框中输入"6.25"（□袋大 15.5/2-1.5），按右键结束操作。如图 3-101（a）所示。

（4）选"单圆规" ◀◉▬ 工具，在"半径"输入框中输入"15.5"（袋口大），滑动鼠标到刚做好线的左端点，按<Enter>键，弹出"捕捉偏离"对话框，在"纵偏"输入框中输入"0.8"，找到大袋的定位点；左键单击该点，左键再指示袋口辅助线，结束大袋口位的操作。如图 3-101（b）所示。

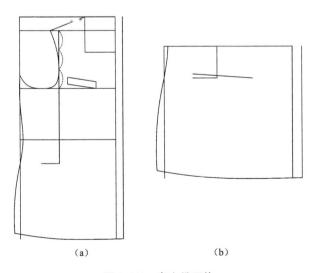

（a）　　　　　　　　　　（b）

图 3-101　定大袋口位

看图学艺·服装篇

服装 CAD 应用实践

① 服装 CAD 概述

② 打板系统

③ 打板系统技巧与综合应用实例

④ 推板放码系统

⑤ 排料系统

附录

11. 作西服大袋盖

由于西服大袋的袋口线是倾斜的，在服装 CAD 上倾斜的西服大袋盖只有用"角度线"工具一笔一笔的画，操作起来比较麻烦。可以通过巧用"形状对接与复制"工具简化操作，具体步骤如下。

（1）在西服纸样的外面，直接作出一个矩形大袋盖。用智能笔的"矩形"功能，分别在"长度"和"宽度"输入框中输入"15.5"（袋口大）和"5.5"（袋盖宽），按住<Shift>用鼠标左键画出一个矩形框，如图 3-102（a）的上图。

（2）选择"圆角处理"工具 ，在"半径"输入框中输入"2"（圆角的半径），鼠标左键依次点击要圆角处理的两条边，再点击圆心的位置，即将一个袋角处理成圆角；用同样的方法处理另一个袋角，如图 3-102（a）的下图。

（3）选择"形状对接与复制" 工具，鼠标左键"框选"大袋盖，左键再依次点击对接前起点（点 1）、前终点（点 2）和对接后起点（点 3）、后终点（点 4），大袋盖就贴回到倾斜的大袋位处了，如图 3-102（b）所示。

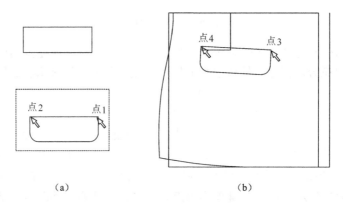

（a）　　　　　　　　　　　　　（b）

图 3-102　作西服大袋盖

注意：在实际工业打板操作时，需要在大袋位处打孔，并将大袋盖取出，所以此处大袋盖是不用回贴的。

12. 作腰省中线

（1）用智能笔工具，在"智能点"输入框中输入"2"(距大袋口 2cm)，鼠标在大袋口线的右端找到 2cm 间距点，用左键从该点到胸袋线的中点连接一条直线。

（2）再使用智能笔的"长度调整"功能，鼠标左键"框选"连线的上端，在"调整量"输入框中输入"-5.5"(腰省尖距胸袋的距离)后，再单击鼠标右键。则得到腰省中线。

（3）作腰节斜线。用智能笔的左键点击腰节线的侧缝端后，在"智能点"输入框中输入"1"，在腰省中线上找到和腰节线交点向下 1cm 的距离点再单击一下左键，按右键结束，则作出下降 1cm 后的自然腰节线。如图 3-103（a）所示。

（4）用智能笔左键点击腰省的上省尖，在"智能点"输入框中输入"0.6"（腰省量 1.2/2），左键在腰节斜线上点击位置点，按右键结束；再用智能笔连接腰省到大袋口处，作出腰省的一半；由于腰省为对称省，可以选择"镜像复制"工具复制出腰省的另一半，完成省量为 1.2cm 的对称腰省。如图 3-103（b）所示。

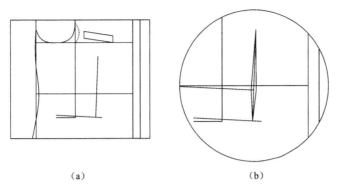

（a）　　　　　　　　　　（b）

图 3-103　作腰省中线

13. 作腋下省

（1）作省中线。用智能笔工具，在"智能点"输入框中输入"5.75"（距前宽线的水平距离=5+1.5 省量/2），鼠标在袖窿深线找到位置后点击一下左键，再在"智能点"输入框中输入"2"（距袋口 2cm），在大袋口线左端点击左键后按右键，则得腋下省中线。如图 3-104（a）所示。

（2）过腋下省量的两端作平行辅助线。用智能笔的平行线功能，左键"框选"省中线，移动鼠标到腋下省量的一端，按<Shift+右键>即作出一条平行辅助线；用同样的方法作出另一端的平行辅助线。

（3）先用智能笔进行双边修正，鼠标左键分两次"框选"两平行辅助线，左键再分别点击袖窿深线和腰节斜线，按右键结束。然后再用智能笔向下连接大袋省点，完成腋下省见图 3-104（b）所示。

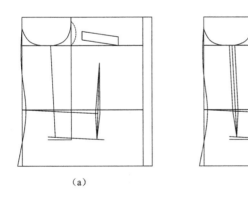

（a）　　　　　　　　　　（b）

图 3-104　作腋下省

（二）后片结构设计

1. 直接用前片的一些辅助线

选择"平移" ⊹ 工具，鼠标左键逐条"框选"要平移的要素（前中线、前落肩线、袖窿深线，腰节线和下平线），在"横平移"输入框中输入"-50"，按<Ctrl+右键>，所选要素向左平移复制了 50cm。如图 3-105（a）所示。

看图学艺·服装篇

服装 CAD 应用实践

① 服装 CAD 概述

② 打板系统

③ 打板系统技巧与综合应用实例

④ 推板放码系统

⑤ 排料系统

附录

2. 作后落肩线

后落肩线比前落肩线抬高 1~1.5cm，仍然使用"平移"工具，在"纵偏移"输入框中输入"1"，鼠标左键"框选"后落肩线，再按右键，则后肩线向上平移了 1cm。

3. 作后片的上平线

（1）使用智能笔平行线功能，鼠标左键"框选"后落肩线，在"长度"输入框中输入"4.1"（后肩高=B/20-1）后，鼠标向上按<Shift+右键>即得后上平线。

（2）使用智能笔的角连接功能，鼠标左键"框选"所作的后上平线和后中线，按右键将两线进行角连接处理。如图 3-105（b）所示。

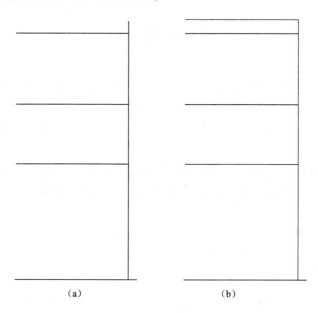

(a)   (b)

图 3-105　作后落肩线和后上平线

4. 作后片的下平线

后片的下平线比前片的下平线抬高 2cm。使用智能笔平行线功能，鼠标左键"框选"所复制的前下平线，在"长度"输入框中输入"2"，鼠标向上按<Shift+右键>即得后下平线。如图 3-106（a）所示。

5. 作后胸围线

使用智能笔的丁字尺功能，在"智能点"输入框中输入"19.8"（后胸围+1=1.5B/10+3.5+1），鼠标在后下平线找到位置点，单击左键后拉出一条任意线，再按一下<Ctrl>键，垂直连接到后落肩线即得后胸围线。如图 3-106（b）所示。

6. 作后领口线和后肩线

（1）仍用智能笔工具，先作一条连接后领宽"8.5"（2N/10）和后领深"2.3"（定寸）的直线，再用右键点击该线，将它调整为满意的后领口曲线即可。

（2）在"智能点"输入框中输入"21.5"（后肩宽=S/2+0.5），鼠标在后落肩线上位置后单击左键，直线连接到后颈肩点，按右键作出后肩线。如图 3-107（a）所示。

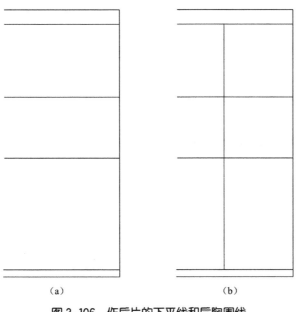

（a） （b）

图 3-106 作后片的下平线和后胸围线

7. 作后背缝线

（1）仍用智能笔工具，鼠标左键依次点击后颈点"点 1"、任意点"点 2"、后袖窿深"点 3"、后腰节"点 4"、任意点"点 5"和后下摆"点 6"。其中在点击"点 3"、"点 4"时分别要先在"智能点"输入框中输入"1"和"2.5"，再点击"点 7"鼠标指示后中线与下摆线的交点后按"回车"键，在"捕捉偏移"对话框中的"横平移"和"纵平移"分别输入"−1.5"和"−0.5"。

（2）用鼠标右键点击后背缝线，用左键调整两个任意点"点 2"和"点 5"，把背缝线修改圆顺。如图 3-107（b）所示。

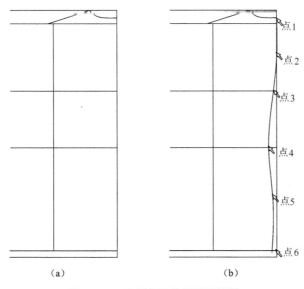

点1
点2
点3
点4
点5
点6

（a） （b）

图 3-107 作后领口线和后背缝线

8．作后袖窿线

（1）先用"等分线" 2/1 工具将后袖窿深二等分。

（2）选择智能笔工具，鼠标左键依次点击后肩点"点1"、任意点"点2"、袖窿深中点"点3"和后窿翘"点4"按右键结束后袖窿线，在点击"点4"时，鼠标移动到袖窿深与后胸围线的交点处，按<回车>键，在"捕捉偏移"对话框中的"横平移"和"纵平移"分别输入"−1"和"4.5"（袖窿翘4.5cm）。

（3）用智能笔的曲线调整功能，调整任意的"点2"将后袖窿线修改圆顺。如图3-108（a）所示。

9．作后片侧缝线

（1）选择智能笔工具，鼠标左键依次点击后窿翘"点1"、后袖窿深"点2"、后腰线"点3"、任意点"点4"和后下摆"点5"后按右键结束，其中在点击"点2"、"点3"和"点5"时分别要先在"智能点"输入框中输入"0.5"、"1.5"和"1.5"。

（2）用智能笔的曲线调整功能，把后片侧缝线修改圆顺，如图3-108（b）所示。

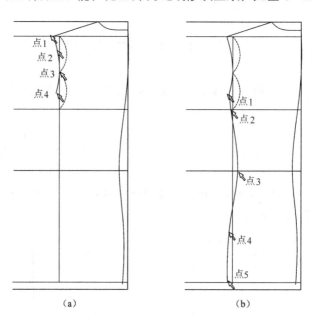

图3-108　作后袖窿线和后侧缝线

10．作后下摆线完成后片完成图

（1）用智能笔连接后下摆线，再将其调整圆顺。

（2）删除所有不要的辅助线。可以使用智能笔的"要素打断"、"双边修正"、"角连接"和"删除"功能，以及"删除所有辅助线"工具进行处理，女西服后片完成图如图3-109（a）所示。

（三）衣领结构设计

1．作翻驳线

先用智能笔的"单边修正"功能将腰围线连接到搭门线上，再用鼠标左键点击驳根点（点

1），鼠标移到前颈点处，在"智能点"输入框中输入"2.5"（翻驳线的基点），左键点击位置点，按右键即作出翻驳线。如图3-109（b）所示。

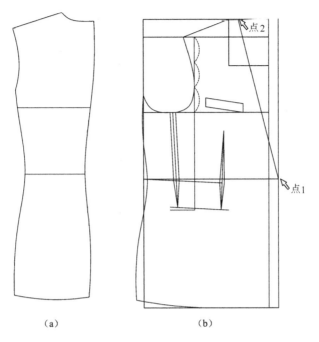

（a）　　　　　　　　　（b）

图3-109　后片完成图和作翻驳线

2. 作串口和驳头线

（1）作串口线。用智能笔从领宽线上的前领深中点（点1）连接到前中线的领深点（点2），即为翻驳领的串口线。如图3-110（a）所示。

（2）因为两平行线的间距代表的就是两线的垂直距离，所以驳头宽可以直接用平行线作出。用智能笔的平行线功能，鼠标左键"框选"翻驳线，在"长度"输入框中输入"7.5"（驳头宽），向右移动鼠标后按<Shift+右键>，作出一条与翻驳线间距为驳头宽的辅助平行线。

（3）作驳头造型线。用智能笔的"单边修正"功能将串口线延长到辅助平行线上，该交点即为驳角点；再用智能笔连接驳角点（点1）和翻驳止点（点2），然后用智能笔的曲线调整功能将该连线的中点凸出1cm（在【文件/系统属性设置/操作设置】中勾选显示曲线弦高差，可以准确的调整弦高），完成驳头造型线后删除平线辅助线和搭门线的上半段。如图3-110（b）所示。

3. 作翻驳领的倒伏线

（1）用智能笔通过前侧颈点（A点）作一条平行于翻驳线的辅助线。左键"框选"翻驳线，鼠标移动到前侧颈点处（该点变为红色时），按<Shift+右键>作出平行辅助线，该线与串口线相交为B点；用智能笔的"要素打断"将该平线辅助线在B处切断（左键"框选"该线，左键再"点选"串口线，按<Ctrl+右键>即可）。

（2）再用智能笔的"单边修正"功能将该线延长到上平线。如图3-111(a)所示。

① 服装 CAD 概述
② 打板系统
③ 打板系统技巧与综合应用实例
④ 推板放码系统
⑤ 排料系统
附录

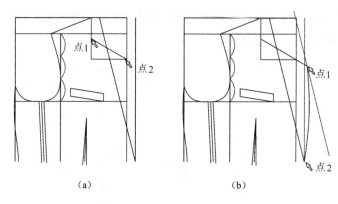

（a）　　　　　　　　　　（b）

图 3-110　作串口和驳头线

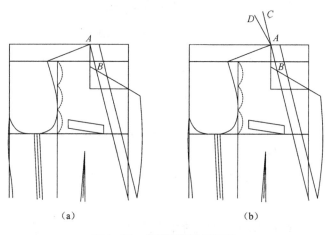

（a）　　　　　　　　　　（b）

图 3-111　作翻驳领的倒伏线

（3）用智能笔的鼠标右键点击后领窝线，测量出其长度为 9.21cm；智能笔左键"框选"平线辅助线的上半段，在"调整量"输入框中输入"9.21"，按右键即将该线延长到 C 点（AC 等于后领窝长）；最后用智能笔将该延长线在前侧颈点 A 打断。

（4）作倒伏线。选择"单向省" ![工具图标] 工具，在"半径"输入框中输入"2.5"（倒伏量），鼠标沿 AC 线移动，在前侧颈点 A 处单击左键，选择"单向省"的方向（向后），再点击一下左键，得到翻驳领的倒伏线 AD。如图 3-111（b）所示。

4. 作后领辅助线

（1）作后领中线。选择"角度线"工具，在"长度"输入框中输入"7.5"（后领中高），"角度"输入框中系统默认值"90"不变，用鼠标左键点击倒伏线，再在倒伏线的 D 点击一下左键，选择角度线的方向"向右"点击左键，即作出后领中线 DE。如图 3-112（a）所示。

（2）用智能笔的"平行线"功能，过 E 点作一条与倒伏线 AD 平行的直线 EF。

（3）用智能笔连接 D 点和 B 点，再将该连线调整为圆顺的领底曲线。如图 3-112（b）所示。

5. 后领造型线

（1）作翻驳领的驳口角。选择"双圆规" ![工具图标] 工具，在"智能点"输入框中输入"3.5"

（驳角），在"半径1"和"半径2"输入框中分别输入"4.5"（缺嘴）和"3"（领角），鼠标左键依次点击驳角点"点1"和位置点"点2"，向右移动鼠标再点击"点3"，即一次作出驳口角。如图3-113（a）。

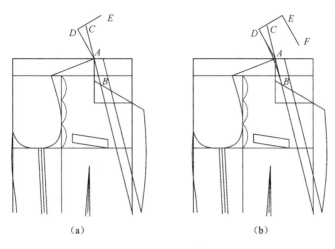

图3-112 作后领辅助线

（2）用智能笔删除不必要的点1和点3连线；再用智能笔连接点3和*F*点。

（3）用智能笔圆顺领上口线，鼠标左键"框选"两段线，按<+>键（要素合并快捷键），将两线合并；鼠标右键点击该合并线，在"点数"输入框中输入"4"再按右键，则将该线的节点变为4个；再用鼠标右键点击该线，通过调节节点完成圆顺领上口线的操作，如图3-113（b）所示。

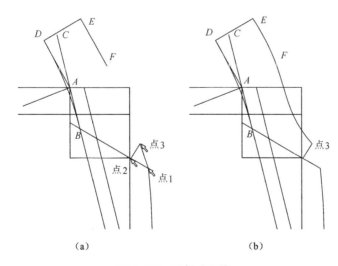

图3-113 后领造型线

6. 完成翻驳领的制作

（1）用智能笔画出领子的翻折线，从后领中线*DE*的3.5cm处曲线连接到串口线的翻驳线处。然后用智能笔和"删除所有辅助线"工具删除不必要的辅助线，有的不想删除整条要素，可以先打断要素后再删除。如图 3-114（a）所示。

（2）选择"纸样剪开与复制" 工具，鼠标左键"框选"整个领子（分次框选），左键再点击串口线后按右键确定，拖动左键将整个领子取出；最后用智能笔的"角连接"功能修正前领口，完成翻驳领的制作。如图 3-114（b）所示。

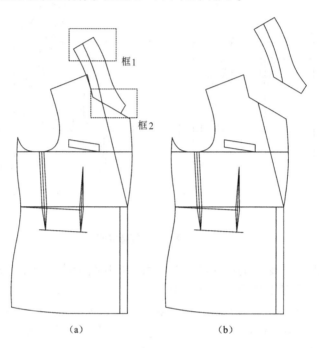

（a）　　　　　　　　（b）

图 3-114　完成翻驳领的制作

（四）袖子的结构设计

1．作矩形

矩形的长为 54（袖长），宽为 19.3（袖肥＝1.5B／10+4）。用智能笔工具，在"长度"和"宽度"输入框中分别输入"54"和"19.3"后，用鼠标左键拖出所要的矩形。

2．作袖山深线和袖肘线

用智能笔的"平行线"功能，从上平线往下平线作平行线，间距分别是 15.7cm（袖深＝B/10+5.5）和 31cm（袖肘＝袖长/2+4）。

3．作袖山辅助线

（1）用智能笔在上平线与袖山深线之间作出袖肥的平分线，如图 3-115（a）所示。

（2）选择"等分线"工具，分别将四等分袖肥、四等分前袖深和三等分后袖山深。

（3）用智能笔工具连接，后袖深三等分 A 点和后袖肥的四分之一 B 点，则可作辅助线 AB；再连接前袖肥的四分之一 C 点和前袖深的四分之三 D 点，则可作出辅助线 CD。如图 3-115（b）所示。

4．作前袖缝线

（1）用智能笔工具，鼠标左键依次点击点 1、点 2 和点 3，按右键结束。其中在点击点 2 和点 3 时，要先在"智能点"输入框中输入"1"（两点分别凹进 1cm 和提高 1cm）。

（2）用智能笔的"平行线"功能，左键"框选"所作的曲线，在"长度"输入框中输入"3"后，右移鼠标按<Shift+右键>，则在原曲线的右侧 3cm 处复写一条新的曲线。用同样的方法，在该曲线的左侧 3cm 处复写一条新的曲线。如图 3-115（c）所示。

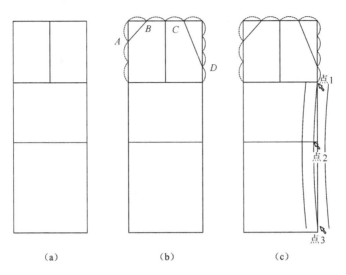

(a)　　　　　　(b)　　　　　　(c)

图3-115　作袖子辅助线

5. 作袖口辅助线

（1）用智能笔的"平行线"功能，在下平线的下侧 1cm 处作一条与之平行的直线。

（2）选择"单圆规"工具,鼠标左键点击起点"点 1"（前袖口端），在"半径"输入框中输入"13"（袖口尺寸），左键点击下平线下侧的平行线"点 2"，即作出袖口辅助线。如图 3-116（a）所示。

6. 作后袖缝辅助线

（1）先用"删除所有辅助线"工具，删除所有等分辅助线；再用智能笔，作一小段水平线 AB，长为 1cm，再连接 BC，如图 3-116（b）所示。

（2）用智能笔的"平行线"功能，在直线 AC 的左侧 2cm 处作一条与之平行的直线；再用智能笔的"单边修正"功能，把经过 A 点的袖山辅助线（斜线）延长到刚才所作的平行线上。

（3）从 D 点用智能笔作一段水平线（任意长度），水平线与直线 BC 相交为 E。用鼠标右键点击 DE 线测出其长度,再用智能笔向右延长一倍到 F 点；最后连接 F 到 G 点，如图 3-116（c）所示。

7. 作后袖缝线

（1）用智能笔工具，曲线连接后袖口端点 H、后袖肘点 I 和后袖肥的 C，在作 I 点时要先在"智能点"输入框中输入"0.8"，如图 3-117（a）所示。

（2）先用智能笔将袖肥线和袖肘线单边修正到最左侧的平线辅助线上；再用智能笔工具曲线连接点 J'、点 I' 和点 H，在点击点 J' 和点 I' 时，要分别先在"智能点"输入框中输入"2"和"1.3"，即作出一侧后偏袖缝线；用同样的方法作出另一侧的后偏袖缝线，如图 3-117（b）所示。

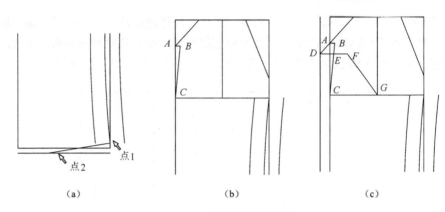

图 3-116　作后袖缝辅助线

8. 完成大小袖轮廓线

用智能笔作出并修改圆顺大小袖轮廓造型线。完成后如图 3-117（c）所示。

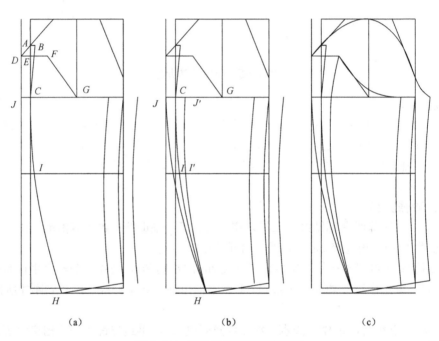

图 3-117　两片袖结构设计完成图

9. 删除不要的辅助线

用智能笔的"单边修正"、"双边修正"、"角连接"和"删除"功能，修正和删除不要的辅助线，完成大小袖的结构设计，如图 3-118（a）所示。

10. 把大小袖分离

（1）补充完整小袖片。用智能笔连接 A、B 两点，封闭小袖袖口；再连接 C、D 两点，补充小袖的袖肘线。

（2）选择"平移"工具，再用鼠标左键点击选择模式，将"压框" 选择模式改为"框内" 模式；左键"框选"整个小袖片，按右键确定后，将小袖片完整地取出，做成大小袖，如图 3-118（b）所示。

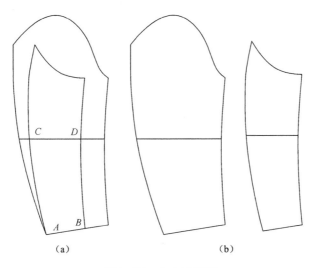

图 3-118　大小袖分离

至此女西服的结构设计全部完成，如图 3-119 所示，其中选择"水平垂直镜像"工具 ，将后衣片进行了左右水平翻转的操作。

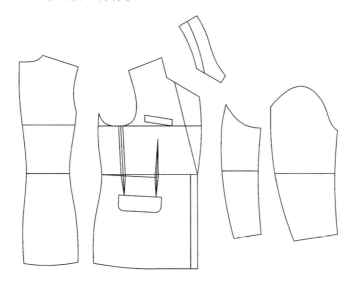

图 3-119　女西服结构完成图

（五）两枚袖的计算机自动结构设计

西服袖的制作亦可以计算机自动完成，ET 服装 CAD 系统提供的"两枚袖"工具可以使西服袖的打板变得非常方便、快捷，省去了许多程式化的打板操作步骤。

1. 作一片袖基础线

用 ET 系统中的"两枚袖"工具自动作成西服袖时，需先完成一片袖的制作。

看图学艺·服装篇

服装 CAD 应用实践

①
服装 CAD 概述

②
打板系统

③
打板系统技巧
与综合应用实例

④
推板放码系统

⑤
排料系统

附录

（1）用智能笔画出一条水平线，长度为 38.4cm（袖根肥×2），从该线的中点偏右 1cm 处向上作袖山高 15.7cm，再连接前、后袖斜线，如图 3-120（a）所示。

（2）用"等分线"工具分别将前、后袖斜线四等分；用圆顺的曲线作出一片袖的袖山弧线，画线时分别在前、后袖斜线的四分之一、二分之一和四分之三位置作内凹、相交、外凸处理，如图 3-120（b）所示。

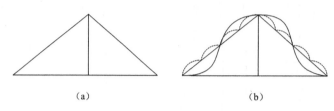

（a）　　　　　　　　　　　（b）

图 3-120　作一片袖基础线

2．调整袖山弧线长度

（1）测量袖山吃量。选择"拼合检查"工具，鼠标左键"框选"袖山弧线（第一组要素），按右键确定；再用左键分次"框选"前后袖窿曲线（第二组要素），按右键结束，在弹出的测量结果对话框中查看两组曲线的差值。

（2）用智能笔的"曲线调整"功能，调整袖山弧线的形状，将袖山吃量调整为 3～4cm。如图 3-121（a）所示。

3．两枚袖的操作

（1）用智能笔或"剪刀"工具将袖山弧线在袖顶点处打断；再用"删除所有辅助线"工具删除等分辅助线。

（2）选择"两枚袖"工具，鼠标左键点击前袖山弧线，用左键再点击后袖山弧线，弹出"两枚袖"参数对话框，如图 3-122 所示；根据女西服袖子的参数修改对话框中的各项数值，按<预览>按钮进行图形预览，认为满意后再按<确定>按钮，则自动完成西服袖，如图 3-121（b）所示。

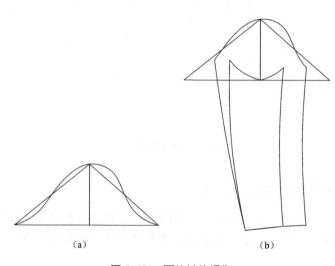

（a）　　　　　　　　　　　（b）

图 3-121　两枚袖的操作

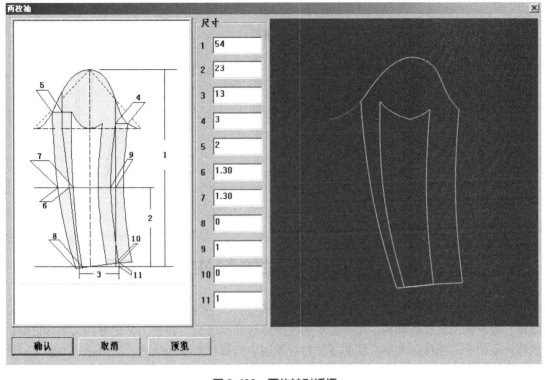

图 3-122　两枚袖对话框

"两枚袖"对话框参数选择如下。

（1）袖长处输入"54"（袖长尺寸）。

（2）袖肘线。由于对话框中袖肘的测量位置的关系，袖肘线处输入"23"（袖长 54-31）。

（3）袖口处输入"13"（袖口宽尺寸）。

（4）互借量处输入"3"（大小袖互借量）。

（5）后偏袖量处输入"2"。

（6）和（7）后袖肘偏量处输入"1.3"。

（8）后袖衩处输入"0"。

（9）前袖肘偏量处输入"1"。

（10）前袖口外多量处输入"0"。

（11）前袖口起翘量处输入"1"。

4．分离大小袖

（1）用智能笔删除不需要的要素，形成完整的两枚袖叠加的结构设计图，如图 3-123（a）。

（2）前面在分离大小袖的操作，使用的是"平移"工具加"框内选择模式" \ 的方法。这里再介绍另外一种方法，选择"缝边刷新" ▨ 工具，系统自动对屏幕上的所有封闭的图形加上 1cm 的缝边，如图 3-123（b）所示。

（3）由于"两枚袖"工具作出的大小袖片均为封闭的图形，所以大小袖片各自有自己的纱向；选择"平移"工具，鼠标左键"框选"小袖片的纱向，按右键确定后就可以顺利的取出整个小袖片，如图 3-123（c）所示。

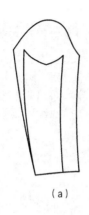
（a）

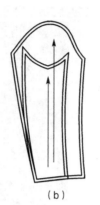
（b）

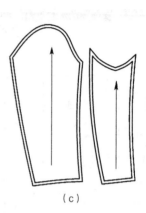
（c）

图 3-123　大小袖的分离

第六节　工业化纸样的制作（女西服）

工业化纸样是用于服装生产的一整套齐备的纸样，如用于裁剪的生产纸样和用于定位、划样、熨烫的工业化纸样等。用于裁剪的生产纸样应加缝头、各种工艺记号和文字标注等。这些作业的手工操作在本书介绍的 ET 打板系统中均有相对应的功能，运用这些功能可以比手工作业提高几倍到十几倍的功效。

一、挂面的制作

以女西服结构设计为例进行挂面的制作。

（一）作挂面线

（1）确定挂面的宽度。用智能笔的"丁字尺"功能，先在"智能点"输入框中输入"10"（挂面下摆宽），鼠标左键点击靠前中段的下摆线找到位置点 A，按一下<Ctrl>键，往上移动鼠标可作出一条到腰节的垂直线 AB，如图 3-124（a）所示。

（2）作挂面的曲线。仍使用智能笔，在"智能点"输入框中输入"4"（挂面前肩宽），鼠标左键点击前肩线的位置点 C，连接直线到 B 点；再用右键点击 CB 线，将整条挂面线修改圆顺。最后用左键"框选" AB 和 BC 两条线，按<+>键，将两线合并，如图 3-124（b）所示。

（二）将挂面从前衣片上分离出来

（1）选择"纸样剪开与复制"工具 ，根据提示进行操作。左键"框选"要取出的部分后，左键点击切断线（曲线 ABC），单击右键确定，按住<Ctrl>键拖动左键将挂面取出，如图 3-125（a）所示。

"纸样剪开与复制"工具的应用范围很广，凡是既不想破坏原形状，又想分离出其中的某一部分时，均可使用该功能。

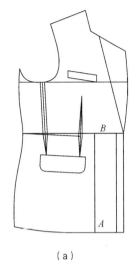
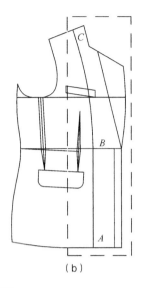

（a）　　　　　　　　　　　（b）

图 3-124　作挂面线

（2）删除前衣片和挂面上不要的要素完成后如图 3-125（b）所示。

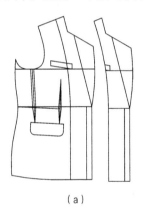
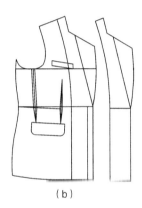

（a）　　　　　　　　　　　（b）

图 3-125　挂面与衣片分离

二、（西装领）面领的制作

西装领的面领与底领纸样的形状是不同的。在手工打板中，先将领子（底领）制作好后，以底领为基础，切展面领所需的量，再另一张纸上重新画出面领纸样，操作比较麻烦。而这个过程可以在计算机上完成，既快捷又准确。

（一）切展翻折线

1. 后领中线

垂直的操作首先取出领子，选择"水平垂直修正" 工具将领子放正。鼠标左键"框选"整个领子，左键点击后领中线，即完成后领中线垂直的操作，如图 3-126（a）所示。

①
服装 CAD 概述

②
打板系统

③
打板系统技巧
与综合应用实例

④
推板放码系统

⑤
排料系统

附录

2. 在翻折线处切展 0.5cm 的翻折量

（1）先将领后中线和串口线在翻折线处打断。用智能笔的"要素打断"功能可以一次打断两条线，鼠标左键分别"框选"要打断的两条线，左键点击翻折线（打断要素），按<Ctrl+右键>即可。

（2）选择"平移" 工具，在"纵平移"输入框中输入"-0.5"，左键"框选"要分割的要素（领座部分），单击右键确定，如图 3-126（b）所示。

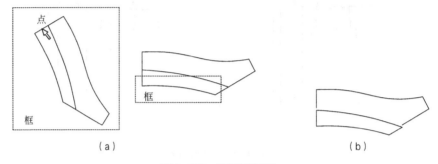

（a）   （b）

图 3-126　切展翻折线

（3）删除断开的后领中线、串口线以及翻折线，重新连接后领中线和串口线。

（二）切展西装领的外口线

（1）用智能笔在适当的位置作两条纵向切展辅助线，如图 3-127（a）所示。

（2）选择"指定分割" 工具，在"分割量"输入框中输入"0.3"（此量根据需要调节），左键"框选"整片衣领，左键分别点击固定侧要素（领下口线点 1）、展开侧要素（领外口线点2）、再从静止端依次点击分割线（点3、点4），按右键即将领外口线切展了0.6cm，如图 3-127（b）所示。

（3）上图的切展还需要连接领外造型线的断开部分。在 ET 服装 CAD 系统中，在上述操作按右键结束之前，加按<Ctrl>键就可以自动连接领外口线，操作过程和结果如图 3-127（c）所示。

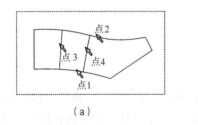 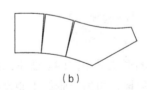 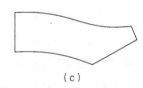

（a）   （b）   （c）

图 3-127　切展西装领外口线

三、加缝头及角处理

　　在打板中做好净板后，需要在净板上加缝头，手工作业时不易准确，而且麻烦，而在计算机中操作时就很准确、简便。

在加缝头前，要完成净板的制作。下面文中以女西服结构设计为例开展介绍。

（一）取出口袋等附件

在设计完成服装的结构图后，作为工业用纸样，需要将口袋、贴边等附件取出，以便下一步工业制板的操作。

（1）选择"平移"工具，鼠标左键"框选"胸贴袋（注意：不要把胸袋的定位线框选在内），按右键确定选择，拖动左键将平移到前衣片外的适当位置，用同样的方法平移大袋盖。

（2）补充完整附件。用智能笔将胸贴袋和大袋盖缺少的部分补充完整。

（3）设置对称边。选择"要素属性定义"工具，鼠标左键在弹出的对话框中选择<对称边>按钮，左键再选择面领的后中线以及胸贴袋的上边线即可。对称边在"刷新缝边"后会自动形成与其对称的另外一半。图 3-128 为女西服的主要裁片，其中衣领包括面领和底领（有翻折线）。

图 3-128　女西服主要裁片

（二）放缝边

1. 整体放缝边。

选择"刷新缝边"工具，系统自动对屏幕上所有封闭的裁片加上 1cm 缝边，并且默认所有裁片为垂直纱向，如图 3-129（a）仅显示前衣片。图中的胸贴袋的对称边在"刷新缝边"后会自动形成与其对称的另外一半。

注意：完成的净板必须是封闭的，否则放不了缝边。如果裁片没有刷上缝边，同时显示有若干条红色的要素，说明该裁片在显示红色的位置不是封闭的。

2. 修改缝边宽度。

选择"修改缝边"工具，在"缝边 1"输入框中输入需要的缝边宽度，左键"框选"要素线，即可将该处的缝边修改为指定值。用上述方法分别将袖窿曲线 A 和 B、腋下省 C 和 D 的缝边分别修改为"0.8cm"和"0cm"；用"点打断"工具将下摆线在挂面线向右 1cm 处打断，再将下摆 F 处的缝边修改为"4cm"，即有如图 3-129（b）的效果。

看图学艺·服装篇

服装 CAD 应用实践

① 服装 CAD 概述

② 打板系统

③ 打板系统技巧与综合应用实例

④ 推板放码系统

⑤ 排料系统

附录

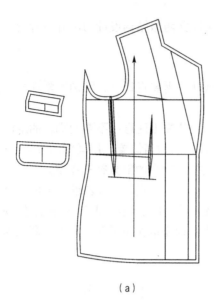
（a）

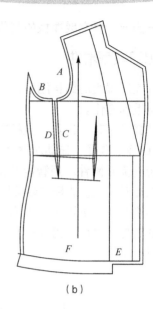
（b）

图 3-129　前衣片的放缝

3．袖开衩的缝边处理技巧

西服两枚袖的结构图中没有设置袖开衩，在放缝边时不需要另外作出开衩部分，可以用缝边宽度处理技巧一次完成。

（1）用"要素打断"工具将大小袖的后偏袖缝在袖摆 10cm 处打断，如图 3-130（a）所示。

（2）选择"自动加缝边"工具，鼠标左键"框选"大小袖片，按右键可以完成选择裁片的自动放缝 1cm 的操作。

（3）修改缝边宽度。选择"修改缝边"工具，用上述方法将袖山曲线 A 和 B、袖开衩 C 和 D 以及袖摆线 E 和 F 的缝边分别修改为"0.8cm"、"2.5cm"以及"3.5cm"。这样 C 和 D 处加大的缝边就自动形成了袖开衩，如图 3-130（b）所示。

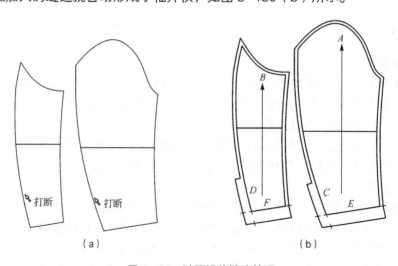
（a）　　　　　　　　　　（b）

图 3-130　袖开衩的缝边处理

用同样操作方法，完成女西服其他衣片缝头的加放。缝份宽度根据需要设定。加放缝头后，未经缝边角处理的主要衣片如图3-131所示。

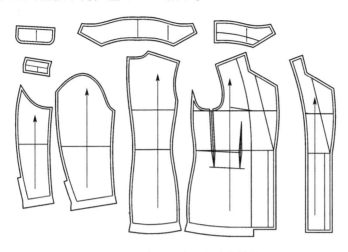

图 3-131　女西服主要裁片的放缝

注意：ET系统默认在缝边大于2.54cm[即1in（英寸）]时自动进行反转角处理，用户可以通过【文件/系统属性设置/操作设置】菜单中"反转角宽度"来设定该数值。

（三）角处理

当各衣片缝合时，在缝边拐角处经常有多余的或不够的部分，计算机对各衣片的缝边角间的对齐线可以进行任意修剪。

1. 前后衣片缝边的直角处理

选择"缝边角处理" 工具，鼠标左键分别点击前后衣片的侧缝线（两条要缝合的要素），即完成直角缝边处理；用同样的方法将大小袖片的后缝线进行直角缝边处理，如图3-132。

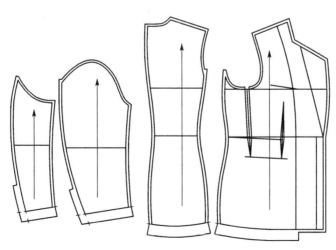

图 3-132　缝边直角处理

看图学艺·服装篇

服装 CAD 应用实践

① 服装 CAD 概述

② 打板系统

③ 打板系统技巧与综合应用实例

④ 推板放码系统

⑤ 排料系统

附录

2. 专用缝边角处理

另外 ET 系统提供了 11 种专用缝边角的类型，在【打板/缝边角处理】菜单下的"专用缝边角处理"功能，选择此功能弹出如图 3-133 的"专用缝边角处理"对话框，用鼠标左键选择需要角处理的要素，再选择角处理的类型，在输入框"A"、"B"以及"C"、"D"中输入相应的参数值，按右键结束操作。

图 3-133　专用缝边角处理工具

对于西服袖开衩的缝边角处理，可以选择"曲线断差 3"类型，在输入框"A"和"B"中均输入"2"，用鼠标左键点击袖开衩部位，形成上端弯曲、下端呈直线的缝边角，如图 3-134 所示。

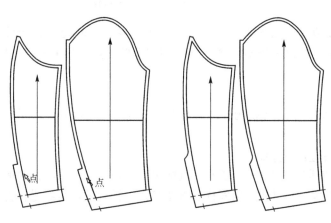

图 3-134　袖开衩缝边角处理

四、样板标记

样板由净样板放成毛样板后，为了确保原样板的准确性，在推板、排料、画样、剪裁以及缝制时部件与部件的结合等整个工艺过程中保持不走样、不变样，这就需要在毛板上作出各种标记，以便在各个环节中起到标位作用。样板上的定位标记主要有刀口（剪口）和打孔（钻眼）两种，起到标明宽窄大小和位置作用。

（一）打刀口

为确定衣片间的缝合位置，或作为区别缝份大小的标记，经常需要在纸样上画出刀口标记。有关画对刀的操作，在 ET 的打板系统中，有"刀口"　　　、"袖对刀"　　　和菜单中的【打板/服装工艺/指定刀口】等三个刀口功能，一个"修改与删除刀口"

功能。

1. 刀口标记

（1）系统自动打要素刀口。系统可以自动完成对于缝边大小超过指定缝边宽度打要素刀口标记，在【文件/系统属性设置/工艺参数】菜单中，"刀口深度"系统默认的数值为"1.5"，并【文件/系统属性设置/操作设置】菜单中的勾选"缝边加要素刀口"选项（系统默认为勾选），这样系统会在缝边大于1.5cm的情况下自动加上要素刀口，从图3-130到图3-134中均显示了系统自动生成的要素刀口。

（2）对刀刀口的设置。在裁片中的一些主要缝子、对有缩缝和归拔处理的缝边、小部件绱于大身衣片的位置，需要标记相互的对称或对应点，可以使用"刀口"或"指定刀口"工具进行操作。

在此以面领为例，选择"指定刀口"工具，鼠标左键"框选"要加刀口的要素（领下口线），移动鼠标到后领中处（该点变为红色），按右键即可加上刀口。用同样的方法在右侧1/4领下口线处再加一个对刀刀口，如图3-135（a）所示。

由于左侧的另一半面领是通过对称边自动生成的，所以不能用上述方法作1/4对刀刀口，只需要再进行一次"缝边刷新"操作就可以生成该刀口了，如图3-135（b）所示。

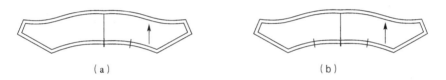

（a）　　　　　　　　　　　　（b）

图3-135　对刀刀口的设置

2. 袖对刀

对于袖山曲线和袖窿曲线的联动对刀需要用"袖对刀"工具。首先用"要素打断"工具将小袖片的袖山底点打断；再将前袖窿深线设置为辅助线（辅助线不参与操作，以免该线妨碍操作）。

修对刀的要求为第一个刀口从袖底向上7cm，在这一段前后都要加上0.2cm的袖山容量（袖山吃量），第二个刀口要从袖顶下3cm的位置作刀口。选择"袖对刀"工具，用鼠标左键从袖窿底开始依次"框选"（或"点选"）前袖窿线（框1），按右键结束选择；左键从袖山底开始依次"框选"前袖山线（框2、框3），按右键结束；然后左键从袖窿底开始依次"框选"后袖窿线（框4、框5），按右键结束选择；再从袖山底开始依次"框选"后袖山线（框6、框7），按右键弹出"袖对刀"对话框（如图3-136）。

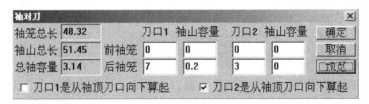

图3-136　袖对刀对话框

在对话框中把相关数值填入对应的对话框内。在后袖窿的"刀口1"处填入数值"7"，

"袖山容量"处填入数值"0.2";"刀口 2"处填入数值"3",刀口 2 的"袖山容量"处不必填入数值，系统会自动计算剩余的袖山容量，再勾选"刀口 2 是从袖顶刀口向下算起"选项，按<预览>按钮可以进行情况预览，最后按<确定>按钮完成整个操作，如图 3-137 所示。

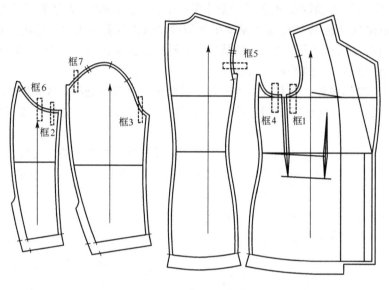

图 3-137 女西服袖对刀

通过对上面第 1、2 点的学习，作出女西服各衣片其他需要的对刀，如图 3-137 所示。

（二）打孔位

即在需要标位处无法打刀口时，省尖、口袋等位置需打孔以作记号，方便缝制加工。在此以胸袋位打孔为例，介绍"打孔"功能的操作。

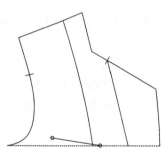

图 3-138 打孔标记

打孔的半径一般在 0.25cm 左右，在省长方向钻眼一般比实际偏进 1cm，装袋和开袋的位置和大小打孔偏进 0.3cm。

选择"打孔" ◦━━━━━ 工具，在"智能点"输入框中输入"0.3"（打孔偏进 0.3cm），胸袋线上移动鼠标到指定位置点，点击左键就可作出一个打孔标记。用同样的方法作出胸袋另一端的孔位，如图 3-138 所示。

下面把女西服前衣片的省道、胸袋位（在样板上还需注明是左胸袋）和大袋皆作出孔位记号，如图 3-141 所示。

五、文字标注

为了区别各衣片的号型、名称等信息，也为了设计人员与生产人员之间的有效衔接，并便于以后翻单的查找需要以及纸样的管理需要，制板人员需要将设计人员、生产人员以及管理人员共同明白的纸样说明标注在纸样上。有了这些标注说明，最终完成的纸样才是比较完美的、符合生产的要求的纸样。

（一）文字说明

在 ET 打板系统中可以使用"任意文字" abc 工具，对要特别说明的信息在裁片上的任意位置，标注说明的文字。由于女西服中没有需要特别说明的信息，在此就不作介绍了，如有需要此功能的操作可以参见图 2-87、图 2-88 的相关内容。

（二）裁片的纱向设定与文字标注

1．文字标注的内容

在裁片的纱向上需要标注的文字内容一般包括：① 产品货号（合约号、样板号等），如 NXF2001-0015，表示本产品为 2001 年度第 15 批投产的男西服。② 产品名称，具体的产品品种名称，如男西装、女夹克衫、男衬衫等。③ 样板种类，如面料板、里料板、衬料板、辅料板或工艺板等。④ 样板的名称或部件，如前衣片、大袖片、小袖片、领子、口袋等。⑤ 产品规格，如号型规格或字母 S、M、L 等。⑥ 所用材料的经向标志，标注直丝缕的方向。⑦ 所用裁片数量标注。⑧ 其他标注，如利用面料光边、不对称的样片、配色的样板等。

2．纱向设定与文字标注的方法

在此以女西服的后衣片、面领和底领为例，介绍 ET 系统的纱向与文字标注方法。选择"裁片属性定义" TEXT 工具，在加过缝边的后片上，用鼠标左键由下向上点击纱向起点和终点（两点的顺序和长度决定纱向的箭头方向和符号的长短）。弹出如图 3-139 的"裁片属性定义"对话框。

图 3-139　纱向设定对话框

在对话框中填入相关信息，"样板号"只能在"文件保存"时设置，而"号型名"一般是系统默认的基码；在"裁片名"中填入"后片"，选择面料种类为"面料 A"，选择"对称裁片"则裁片数自动设置为"2"，在"备注"中填入产品名称"女西服"。最后按"确定"按钮，此时裁片上的纱向指示线变成绿色，如果按屏幕右上角的图标"a"，裁片上将显示属性文字信息（一般在纱向上部显示样板号、号型名、备注和缩水，在纱向的下部显示裁片名、裁片数和面料），如图 3-140 所示。

用同样的方法对面领、底领进行纱向和文字备注，其中不同有面领的纱向改为水平方向、裁片数为 1（不勾选对称裁片）；底领的纱向设为 45°。

下面把女西服的所有裁片都进行纱向设定与文字备注。到此为止就完成了单个码的工业纸样的制作，如图 3-141。

看图学艺 · 服装篇

服装 CAD 应用实践

① 服装 CAD 概述

② 打板系统

③ 打板系统技巧与综合应用实例

④ 推板放码系统

⑤ 排料系统

附录

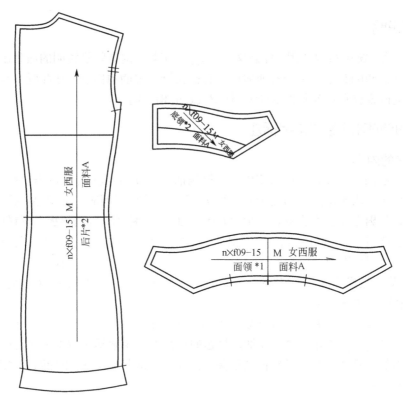

图 3-140　纱向设定与文字标注

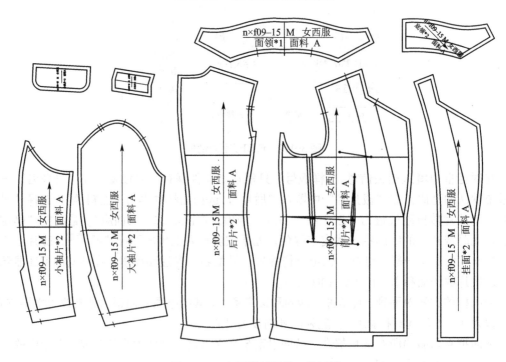

图 3-141　女西服单码的工业纸样

第四章

推板放码
系统 ④

　　母板是服装的基础样板，一般是指一系列样板中的中间样板，在放码中承担依据的作用。工业样板制作是在服装结构设计的母板基础上，按系列规格（即号型系列）的要求进行相应的放大或缩小，从而获得不同号型的衣片。这种制作方法和过程称为推板，也称放码、推档等。由于它是以母版为基准，兼顾各个号型系列关系，进行科学的计算、缩放，绘制出号型系列的裁剪样板的方法，所以是服装工业生产中一项技术性、科学性很强的工作。人工放码不仅工作量大、劳动强度高，而且还较难操作、易出误差或错误。用计算机辅助纸样缩放操作，不仅能实现图样准确、线条流畅，而且可大大提高工作效率，缩短加工周期，提高企业的竞争能力。

看图学艺·服装篇

服装 CAD 应用实践

① 服装 CAD 概述

② 打板系统

③ 打板系统技巧与综合应用实例

④ 推板放码系统

⑤ 排料系统

附录

第一节　推板方法简介

服装的推板放码是最能体现计算机辅助设计工效的环节，服装 CAD 系统最早就应用在推板作业上，因此这部分发展比较成熟，推板方式也多种多样。ET 推板系统主要提供切线放码和点放码两种推板放码方式，两种方法各有特点，均能达到异曲同工的目的。计算机服装 CAD 系统可以一次性建立推板规则，且能随时修改，推板规则一经确认后，就可自动推板，并且可同时推出多个号型。同时，系统各种方便的检查功能可检查推板结果的正确性。

一、点放码

点放码是极为常用的推板方式，所谓放码点是指衣片轮廓上的控制点，这些点的变化影响整个衣片的变化，是决定衣片放缩的关键点。点放码推板是对各放码点逐点输入横向和纵向的放缩规则(档差量或放码公式)，然后实现放码。

二、切线放码

切线方式推板是一种展开式推板方法，在衣片的放缩部位引入适当的切开线，输入切开量，实现衣片的自动放缩。切开线及切开量的分布是切开线放码方法的技术关键，其方法极易掌握。切开线方法尤其适用于分割片多的样板。

ET 服装 CAD 系统打破了传统服装 CAD 常用的打板和推板分为两个操作界面的惯例，采用打推一体化的操作系统。在设计完成基础号型衣片后，在打板系统操作界面上用鼠标左键点击屏幕右上角的"打"字图标【打】或者快捷键<Alt+V>，可以直接进入【推】推板系统，屏幕右侧的打板常用工具更换为推板常用工具。

第二节　推板常用工具

一、基本放码工具

1. ▤▤▤ 尺寸表

对推板时要用到的尺寸表进行编辑。主要用途：不规则的放码，用尺寸表可以提高放码速度；可以保存变成公共尺寸表，供以后相似款式使用。

选择此功能后出现如图 4-1 的"尺寸表"对话框：

在尺寸名称处填入所需的部位名称，如衣长、胸围、肩宽等（也可以利用"关键词"按钮，输入预先设置好的部位名称）；在"实际尺寸"的位置填入各部位基础码的尺寸数值；在(基础码)大一个号的位置填入各档差值，并按"全局档差"按钮，使其他号型的档差自动计算。如直接用实际尺寸放码，则在号型的下方填入相应的尺寸。

注意输入的放码档差是相对基码来计算的。

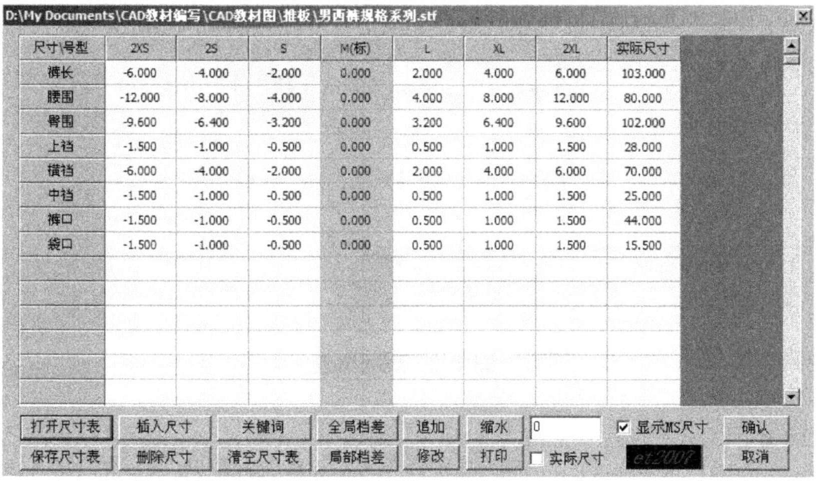
D:\My Documents\CAD教材编写\CAD教材图\推板\男西裤规格系列.stf

尺寸\号型	2XS	2S	S	M(标)	L	XL	2XL	实际尺寸
裤长	-6.000	-4.000	-2.000	0.000	2.000	4.000	6.000	103.000
腰围	-12.000	-8.000	-4.000	0.000	4.000	8.000	12.000	80.000
臀围	-9.600	-6.400	-3.200	0.000	3.200	6.400	9.600	102.000
上裆	-1.500	-1.000	-0.500	0.000	0.500	1.000	1.500	28.000
横裆	-6.000	-4.000	-2.000	0.000	2.000	4.000	6.000	70.000
中裆	-1.500	-1.000	-0.500	0.000	0.500	1.000	1.500	25.000
裤口	-1.500	-1.000	-0.500	0.000	0.500	1.000	1.500	44.000
袋口	-1.500	-1.000	-0.500	0.000	0.500	1.000	1.500	15.500

图 4-1　尺寸表设置

功能解释

打开尺寸表：将以前保存过的尺寸表调出，给当前款式使用。尺寸表的左上角显示尺寸表的名称。

保存尺寸表：将当前尺寸表保存，保存过的尺寸表，可多个款式共用。

插入尺寸：在选中行的上方，插入一行。

删除尺寸：删除选中的一行。

全局档差：对所有部位名称后面的数值，做档差计算。

局部档差：将选中行的数值，做档差计算。

追加：将测量值追加到尺寸表中。

缩水：对尺寸表中的数值进行缩水计算。

实际尺寸：实际尺寸与档差方式的转换。

确认：指此尺寸表的修改只应用于当前款式。

2. 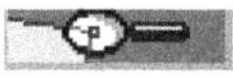 **规则修改**

检查所选放码点的放码规则类型及数值输入状态，且可以进行数值的修改。

鼠标左键“框选”要检查规则的放码点，弹出如图 4-2 的对话框，显示出所选点的放码规则类型和当时输入的移动量，且可以在保持当前类型不变的情况下，修改输入框中的数值。修改完毕，按“确定”按钮。如未做任何修改，按“取消”按钮。

3. 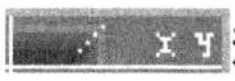 **移动点**

定义放码点横向及纵向的移动量，使之相对于固定点移动。主要推放有水平和垂直量要求的放码点。

鼠标左键“框选”需要放码的点，弹出如图 4-2 的对话框，在对话框中输入“水平方向”及“竖直方向”的放码量（既可以通过键盘直接输入数值，也可以用鼠标选取尺寸表中的项目），数值填写完毕，按“确定”按钮（如图 4-3）。

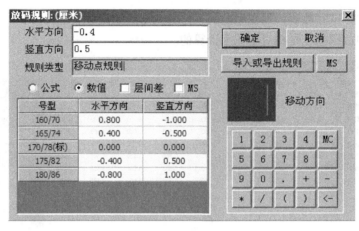

图 4-2　规则修改

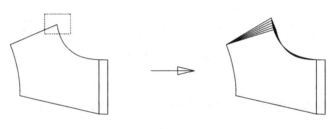

图 4-3　移动点

在对话框中，如果选择"数值"框，可以输入不均匀的档差；如果选择"公式"框，则可以按照公式方式，输入放码规则；"层间差"选择框表示可以显示层与层之间的档差。

按住<Shift>键可多框选放码点，松开<Shift>键时会弹出规则输入框。按住<Ctrl>键框选放码点，会出现 X、Y 坐标轴按住鼠标左键拖动坐标轴，可自定义放码点的方向，生成任意角度的坐标，输入适当规则，红线的数值在水平方向量中输入，绿线数值在竖直方向量中输入。

4. ▬▬▬▬固定点

此放码点的水平和竖直方向的移动量均为零。

鼠标左键"框选"放码点，按右键结束操作。

如图 4-4 所示，鼠标左键"框选"裁片 a 点，按右键结束，使 a 点成为放码的固定点；推板展现后可以看见 a 点处纵横向固定不动，如图 4-4（b）。如果该点不加固定点规则,则会出现胸围尺寸会变大的现象，如图 4-4（c）。

5. ◄▬▬▬►推板展开

点放码规则或放码规则输入完毕后，将裁片展开成网状图。

选此功能后，裁片展开情况如图 4-5。

注意"推板展开"是重新计算所有放码量然后显示出来，"全部"是把每个码以上一次的显示状态再次显示出来。

6. ▬▬┴▬对齐

可以以每一个点对齐显示，能更直观的查看放码效果。

鼠标左键"框选"对齐点，按住<Ctrl>可进行横向对齐，<Shift>可进行纵向对齐。恢复未对齐之前的网状图，必须用展开功能展开一次。如图 4-6。

注意对齐的点一定要是放过码的。

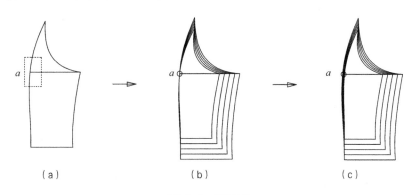

（a） （b） （c）

图 4-4　固定点

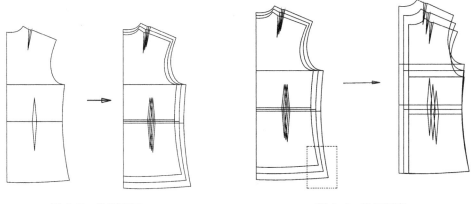

图 4-5　推板展开　　　　　　图 4-6　推板对齐

二、点放码工具组

1. ━━○━━ 要素比例点

此放码点在已知要素上按基码的比例自动放出其他码，不用输入数值，多应用在刀口点或内线与净边线相交的位置（要素距离点）。

鼠标左键"框选"要放码的点，再用左键"点选"参考要素的（点），结束操作。注意不能放端点，必须是线上的点，线必须是整条的，不能断。

图 4-7 所示，左键"框选"裤子侧缝上要放码的"刀口"，左键"点选"裤子侧缝线（点），要素比例点规则操作结束。在推板展现后可以看见，裤子侧缝上"刀口"的位置随该线放码，而未放码处理的内缝线上的"刀口"位置没有变化。

2. ┄┄┄┄ 两点间比例点

此放码点在已知的两放码点间按基码的比例自动放出其他码，不用输入数值。常用省道部位或裁片分割线等位置。

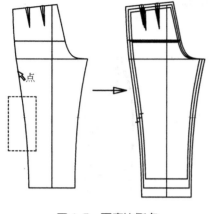

图 4-7　要素比例点

鼠标左键"框选"要放码的点，再用左键"框选"第一参考点（框 1），左键"框选"第二参考点（框 2），操作结束。注意省道上的 3 个码点，只能有一个做成两点间比例移动点，其他两点用点规则拷贝的功能做。否则，会影响各号型的省量。

注意不必是整条线，两参考点不用分先后框选，两参考点至少有一点是放过码的。

如图 4-8 裤子省道的放码，由于其省量在放码时不变，所以可以先用鼠标左键"框选"要放码省道的所有边线，用左键"框选"第一参考点"框 1"，左键"框选"第二参考点（框 2），操作结束。可以用同样的方法对裤子的另外一个省道进行放码。

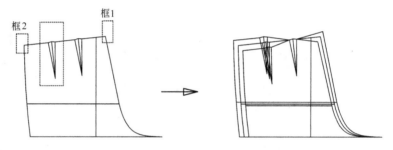

图 4-8　两点间比例点

3. 要素距离点

此放码点在已知的要素上移动，距要素的起点是变量。多应用在裁片上的刀口点或裁片内部分割线等位置。

左键"框选"要放码的点，左键"点选"参考距离的起点方向（点），弹出如图 4-9 的"放码规则"对话框，直接在"要素距离"处填入数值，或选择尺寸表中的部位名称。填写完毕，按<确定>按钮结束操作。

注意不能放端点，线必须是整条的，不能是断线，放出的结果不会改变所在线的线型。若距离通码为 0，可以不用输入任何数值，软件会默认为 0。

在图 4-10 中，原刀口在曲线上 10cm 的位置，当要素距离填"1"时，放码结果为小号刀口在 9cm 的位置，大号刀口在 11cm 的位置。

4. 方向移动点

此放码点沿要素方向移动，并可以定义要素方向及要素垂直方向的移动量。为放线长的工具。垂直方向不输数时，每个码是平行的或顺线延长的，输入垂直移动量，可以调节每个放码点之间间距，而且不会改变线长的要求。

鼠标左键"框选"要放码的点，左键"点选"参考要素，点 1，左键指示垂直方向，点 2，现出如图 4-11 的"放码规则"对话框，在"要素方向"及"垂直方向"的位置直接填入数值，或选择尺寸表中的项目。填写完毕按<确定>按钮，结束操作。

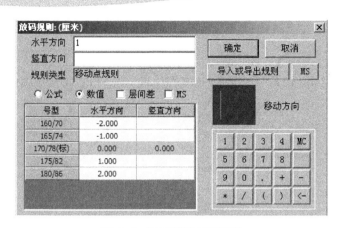

图 4-9　要素距离点对话框

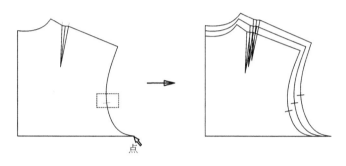

图 4-10　要素距离点

图 4-11　方向移动点对话框

注意要素方向距离是整条线的长，若每码长度一样，要素方向内可以不输入任何数值，软件会默认为 0，即通码。一条线的两端点不能都用方向移动点。

图 4-12 为插肩袖推放袖口点的实例，要求成品规格档差为袖长 1cm、袖口 0.5cm；鼠标左键"框选"要放码的点，左键"点选"袖口线，点 1，左键指示垂直方向（袖中线），点 2，输入"要素方向"数值为"0.25"，"垂直方向"数值为"−1"的放码结果。

看图学艺 · 服装篇

服装 CAD 应用实践

① 服装 CAD 概述

② 打板系统

③ 打板系统技巧与综合应用实例

④ 推板放码系统

⑤ 排料系统

附录

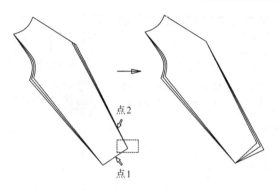

图 4-12　方向移动点

5. <u>距离平行点</u>

　　此放码点与已知要素平行，并可以定义横向或纵向的移动量。在保证参考线平行的情况下，推放点的水平或垂直量。如放肩宽点，保证肩斜线平行。

　　鼠标左键"框选"要放码的点，左键"点选"参考要素点，出现如下图 4-13 的对话框，在"水平方向"或"竖直方向"的位置直接填入数值，或选择尺寸表中的项目。填写完毕，按<确定>按钮。

　　注意"水平"和"竖直"框内不能同时输量，因为线平行的量是电脑自动算的，所以只需输入一个你要控制的距离的量；推好后可以用"两点测量"工具进行测量。

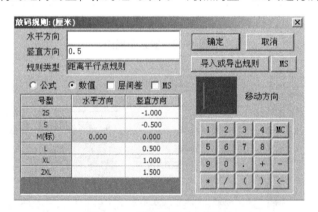

图 4-13　距离平行点对话框

　　如图 4-14 的实例为肩点档差 0.5cm，肩斜要和基码保持平行。在"放码规则"输入框的"竖直方向"直接填入数值"0.5"，按<确定>按钮即可。

6. <u>方向交点</u>

　　此放码点沿要素方向移动，并与放码后的另一要素相交。不用输入任何数值，能让每个码按基码的延伸方向相交锁定。多用于"T"型连接点。

　　鼠标左键"框选"要放码的点，左键"点选"锁定的要素，结束操作。

　　如图 4-15 所示，要求分割线的"a"点每个码要平行于基码，并且要交到外侧缝线上，而且侧缝曲线不能变形。左键"框选"要放码的"a"点，左键"点选"锁定的要素"侧缝线"，点 1，完成操作。

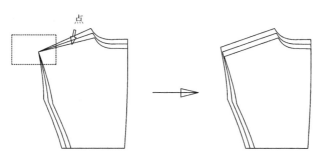

图 4-14　距离平行点

注意相交要素必须是 T 形相交形状，不能是成角的形状，或十字交叉形状。

7. 要素平行交点

此放码是已知两要素平行线的交点。不用输入任何数值，能让构成角的两条边每个码都平行。一般用在西装领口处的夹角放码。

鼠标左键"框选"要放码的点，左键指示平行要素，点 1，左键指示平行线要素，点 2 结束操作（如图 4-16）。

注意"点选"成角的两条边是不分先后的。

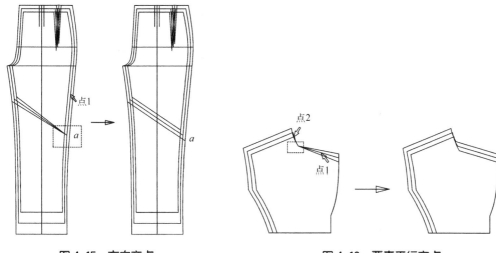

图 4-15　方向交点　　　　　　　图 4-16　要素平行交点

8. 删除放码规则

删除指定点的放码规则。

鼠标左键"框选"要删除放码规则的点，按右键结束操作。

注意若要修改放码量不用先删除放码量，因为再放的量可以覆盖以前的量。

三、复制拷贝放码工具组

1. 点规则拷贝

将已知放码点的规则，通过七种不同的方式，拷贝到当前的放码点上。

选此功能后，出现如图 4-17 "点规则拷贝" 的选择框，选择一种参照方式后，左键 "框选" 参照放码点，左键 "框选" 目标放码点（目标放码点可以多个），按右键结束操作。另外在拷贝时，左键 "框选" 目标放码点后，按住<Ctrl+右键>会弹出如图 4-2 的 "放码规则" 对话框，可输入附加移动量。

注意一定要先选择相对应的拷贝方式，才能进行拷贝操作。

图 4-17　点规则拷贝

七种参照方式分别为：

完全相同：横偏移量相同，纵偏移量相同。

左右对称：横偏移量相反，纵偏移量相同。

上下对称：横偏移量相同，纵偏移量相反。

完全相反：：横偏移量相反，纵偏移量相反。

单 X：只拷贝 X 规则

单 Y：只拷贝 Y 规则。

角度：拷贝参考点的角度。

2. 分割拷贝

将未分割前裁片上的放码规则拷贝到分割后的裁片上。分割的小片不用再一点点的放，可以一次性放好。多应用在分割线较多的裁片。

鼠标左键 "框选" 参考裁片的定位点，框 1，左键 "框选" 目标裁片的对应点，框 2，此时，目标裁片上的放码点由蓝色转变为其他颜色，证明放码规则已被拷贝，如图 4-18 所示。

注意小片一定是从大片上分割出的，才可用此拷贝方法。

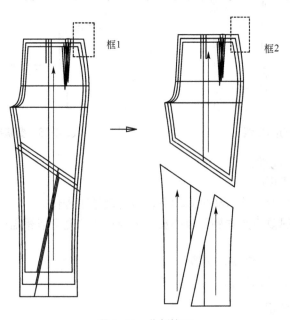

图 4-18　分割拷贝

3. 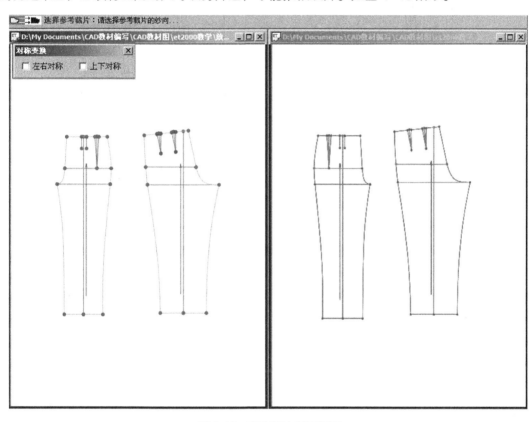文件间片规则拷贝

将整个裁片的放码规则拷贝到另一个文件形状类似的裁片上。两个款某些片或整个款的量有相同或对称关系的用此工具可以提高放码速度。此功能只能拷贝移动点规则。

选此功能后，会弹出"打开文件"的对话框，选择已放过码的参考文件，并按<打开>键。此时，屏幕上出现两个窗口，左边的窗口显示参考文件，右边的窗口显示当前文件。左键在左边窗口中"框选"参考裁片的纱向，左键在右边窗口中"框选"目标裁片的纱向，规则拷过来后，必须将公用的尺寸表打开后，才能推板展开。如图4-19所示。

图4-19 文件间片规则拷贝

4. 片规则拷贝

将整个裁片的放码规则拷贝到另一个形状类似的裁片，片之间有相同或对称量的关系可以不用再一点点地放，用此工具会提高速度。

鼠标左键"框选"参考裁片的纱向，左键"框选"目标裁片的纱向，按右键结束操作。

注意此功能只能拷贝"移动点规则"。

"点规则拷贝"与"片规则拷贝"不同之处在于，"点规则拷贝"是点与点之间拷贝，而"片规则拷贝"是与裁片与裁片之间拷贝，但是片规则拷贝的拷贝原理还是以点为依据。

如图4-20所示将 *a* 裁片的整片规则拷贝到 *b* 裁片。在选择该功能后，系统会弹出"对称变换"的选择框（系统默认为完全相同），勾选"左右对称"，鼠标左键"框选" *a* 裁片的

纱向，左键"框选" *b* 裁片的纱向，按右键结束操作。

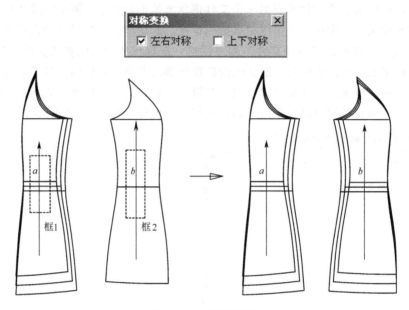

图 4-20　片规则拷贝

5. 　增加放码点

在裁片上需要放码的位置，增加可以放码的点。多应用在上袖窿弧线上的前胸宽点、后背宽点和侧缝腰节点等位置。

鼠标左键"点选"要增加放码点的曲线，左键指定目标放码点的位置，此时该点将呈现蓝色未放码点的状态。注意直线上不能增加放码点。

6. 　删除放码点

将用户自行增加的放码点删除。

鼠标左键"框选"要删除的放码点，按右键结束操作。

四、切线放码工具组

1. 　竖向切开线（绿色）

在裁片上输入竖向放码线，使衣片横向切开。

鼠标左键像用智能笔那样，连续输入竖向放码线的点列，按右键结束操作。一次选择该功能后，可以输入多条放码线（如图 4-21）。放码线起始点的颜色为红色，结束点的颜色为绿色，可以根据颜色来区分放码线的输入方向。

2. 　横向切开线（蓝色）

在裁片上输入横向放码线，使衣片竖向切开。

鼠标左键向用智能笔那样，连续输入横向放码线的点列，按右键结束操作。一次选择该功能后，可以输入多条放码线（如图 4-22）。放码线起始点的颜色为红色，结束点的颜色为绿色，可以根据颜色来区分放码线的输入方向。

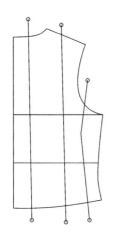

图 4-21　竖向切开线

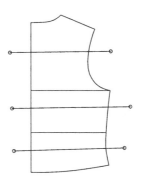

图 4-22　横向切开线

3. 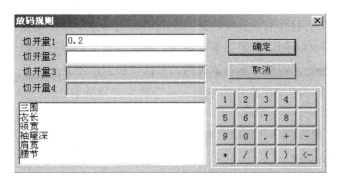输入切开量

在放码线上输入相对应的推放量。

鼠标左键"框选"放码量相同的切开线（不分横竖方向），按右键弹出如图 4-23 的"放码规则"对话框，直接填入数值或选择尺寸表中项目，填写完毕，按<确定>按钮结束操作（如图 4-24）。输入过切开量的放码线，在首末端点旁有数值存在。鼠标"框选"切开线后，按<Delete>键可以直接删除切开线。

对话框中项目的说明如下。

图 4-23　输入切开量对话框

切开量 1、2、3、4：表示一条切开线上最多可以输入 4 个切开量。

切开量 1：表示首端的切开量（放码线上红色点的位置）。

切开量 4：表示末端的切开量（放码线上绿色点的位置）。

如果只在"切开量 1"处填入数值，则"切开量 2"默认与"切开量 1"数值相同。

4. 斜向切开线（湖蓝色）

在衣片上输入任意方向的放码线，使衣片沿线的法向切开。

鼠标左键输入放码线的首末端点，按右键结束操作（如图 4-25）。

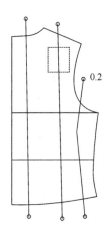

图 4-24　输入切开量

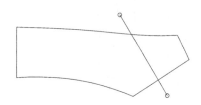

图 4-25　斜向切开线

一次选择放码线的类型后，可以输入多条放码线；同样放码线起始点的颜色为红色，结束点的颜色为绿色，可以根据颜色来区分放码线的输入方向。

5. ⚙ 展开中心点

在衣片中设置切开线放码时的展开中心点（放码原点），从而决定衣片放码时的展开方向。

鼠标左键直接在衣片上输入"展开中心点"的位置即可。衣片中出现红色的"展开中心点"，需注意以下 4 点。

（1）一个衣片中可以没有展开中心点，这时针对每条放码线放码量往两侧对称展开。

（2）若有展开中心点时，针对每条放码线，是往远离展开中心点的一侧展开。若展开中心点位于某条放码线上，则针对该条放码线，是往两侧对称展开。

（3）展开中心点不能加在衣片的外面；一个衣片上只能有一个"展开中心点"，此点只能移动，不能删除。

（4）"线放码"规则和"点放码"规则可以同时用在一个衣片上。

6. ━━ 增减切开点

在切开线上增减可以放码的点。此功能主要用于裤子放码，由于裤子的腰围、臀围和裤口的推放量可能不同，所以需要在臀围的位置增加 1 个放码点。

鼠标左键在放码线上输入需要增加的放码点，此时放码线上出现湖蓝色的点，再次指示增加的点，则为删除此点。每条放码线上最多可以增加 2 个放码点。

增加放码点后，"放码规则"对话框中切开量的填写方法要求是，当只增加 1 个放码点时，"切开量 1"为红色的首点，"切开量 2"为新增加的放码点，"切开量 3"为绿色的末点；当增加 2 个点时，"切开量 1"和"切开量 2"同上不变，"切开量 3"和"切开量 4"分别为先增加的点和后增加的点。

第三节 推板系统菜单工具

由于 ET 服装 CAD 系统采用了打推一体化的操作系统，所以除推板系统专用的两个菜单组（"推板"和"推板规则"）以外，打板系统的有些菜单功能也与推板有关，下面做具体的介绍。

一、【文件/系统属性设置/系统设置】菜单

在"系统属性设置"的最后一个子项"系统设置"中，可以设置明线、任意文字、平行剪切线是否进入推板。如图 4-26 所示。

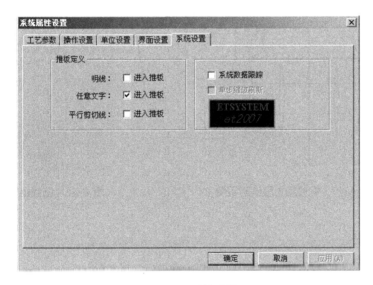

图 4-26　系统设置

"明线进入推板"选项表示：其他号型的明线会根据推板的结果自动计算出来。但当明线被剪切或延长后，其他号型的明线不会自动剪切或延长。

"任意文字进入推板"选项表示：系统会按基码的位置推放任意文字的位置。

"平行剪切线进入推板"选项表示：平行剪切线的基线会进入推板。

二、【检测/曲线组长度调整】菜单

可以利用推板测量结果来自动计算指定位置的放码量，主要用于袖容量的调整。

以袖窿与袖山的调整来示范此功能：如图 4-27 所示。

首先要确定袖容量允许调整的是什么部位，如果可以调整部位是袖山高，那么就要查看袖山顶上是不是有放码点，没有的话要用"增加放码点"工具在袖山顶上增加一个放码点。

打开"尺寸表",在尺寸表中增加一个新尺寸,如"袖山高"(注意该尺寸不要再用到其他地方,因为该尺寸是用来让系统自动帮你凑数的)。

选择"曲线组长度调整"工具,先选择"第一组曲线"袖山弧线(框1),按右键结束。再选择"第二组曲线"袖窿弧线(框2),按右键结束。弹出尺寸表对话框,在尺寸表中选择需要修改的部位名称如"袖山高"(或袖肥),接着系统会弹出测量值对话框如图4-28所示。在对话框中,将长度3中的档差值,改成所需的差值,点击"修改"此时,系统自动计算,并自动修改尺寸表中的数值。按确认关闭测量对话框。当再次打开尺寸表时,被选修改的部位名称后的数值,系统已自动调整。

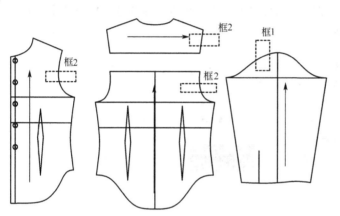

图 4-27　曲线组长度调整实例

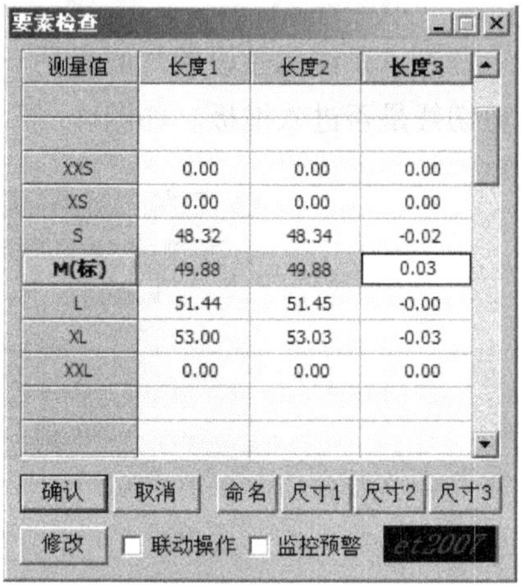

图 4-28　曲线组长度调整修改档差

三、【设置菜单/设置单步展开状态】菜单

在此工具前打勾时,每输入一个点规则后系统会立刻进行推板展现,并自动刷新推板网状图。

四、【打板/对格子】菜单

【打板/对格子】菜单下还分 4 个二级子菜单。对格点要在放完码后再定义,如裁片有改动,必须重新定义所有对格点。定义好对格点后,才能进行对条对格排料。

(一)【打板/对格子/定义横条对位点】

用于对条对格面料的横条对位点设定。

在要设定横条对位点的位置点击鼠标左键,再按右键结束,画面上在该点处出现粉红色圆点,完成横条对位点的设定。

（二）【打板/对格子/定义竖条对位点】

用于对条对格面料的竖条对位点设定。

在要设定竖条对位点的位置点击鼠标左键，再按右键结束。画面上在该点处出现蓝色圆点，完成竖条对位点的设定。

一般条格进行需要成对设定，下面以女套装为例介绍对条对格的成对设定。如图 4-29 所示。

（1）先选"定义横条对位点"功能。在前中胸围线"点 1"的位置，按左键，再按右键。画面上出现粉红色圆点；在前片侧缝腰节线"点 2"与侧片腰节线"点 2'"的位置，分别按鼠标左键，无先后顺序。屏幕上出现三角与圆圈；再依次定义"点 3"与"点 3'"、"点 4"与"点 4'"和"点 5"与"点 5'"。

（2）再选"定义竖条对位点"功能。在领下口中点"点 6"的位置，按左键，再按右键。画面上出现蓝色圆点；再在"点 6"与后领窝中点"点 6'"的位置，分别按鼠标左键，无先后顺序。屏幕上出现三角与圆圈。至此对格子点定义完毕，如图 4-29 所示。

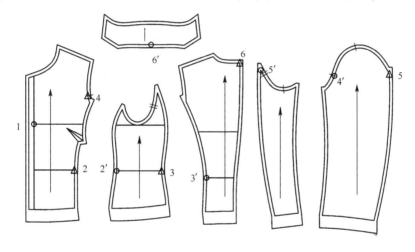

图 4-29　对条对格的成对设定

（三）【打板/对格子/删除所有对位点】

选择此功能可以删除屏幕上的所有横条和竖条对位点。

（四）【打板/对格子/显示对位点分组】

显示成对设定对格点的裁片组。

选择此功能，用鼠标左键点击要查看的目标裁片，在屏幕上该对格裁片组的所有裁片显示红色。

五、【推板】菜单

"推板"菜单共有 12 个子菜单，在此主要介绍专有功能，在图标工具中已有的功能不再赘述。

（一）【推板/锁定放码点】

将其他号型地选中端点位置锁住，使推板展开工具不影响这些锁定点。

在其他号型上增加一个基码上没有的图形，"框选"这个图形，可以将这个图形锁定在其他的号型上。

【注意】在其他号型上的原线上做修改，如用智能笔、端移动、裁片拉伸等功能调整线后，系统会自动将线锁定；但添加的内容，就必须用"锁定放码点"工具进行人工锁定。

（二）【推板/解锁放码点】

将锁定的放码点解锁。

此功能可以在多层的状态下操作，"框选"需要解锁的放码点。按右键结束操作。

（三）【推板/移动量检测】

查看当前屏幕上点的移动量，还可以将特殊点转为普通的移动点。

"框选"放码点后弹出如图 4-30 的"放码规则"对话框，如果该放码点是特殊放码点，按<确定>按钮，则此点就变为普通移动点。按<取消>按钮，此点还是原来的特殊点。

图 4-30　移动量检测

（四）【推板/移动量拷贝】

复制拷贝当前屏幕上的放码量（包括特殊点和对齐后的量），拷贝过来的量会变成普通的移动量。

分割后的虚拟点的拷贝如图 4-31 所示，按住<Shift>键，鼠标左键"点选"分割线的交点"A 点"，再一次性左键"框选"分割后的四个交点"a 点"即可。

（五）【推板/对齐移动点】

所有号型的衣板在按某点对齐操作后，再输入另一个点的放码量。

鼠标左键"框选"对齐点，再"框选"目标放码点，弹出如图 4-30 的"放码规则"对话框，填入所需的放码量，再点 ⊙ 数值 刷新放码量后，按<确定>按钮结束操作。

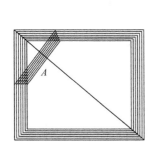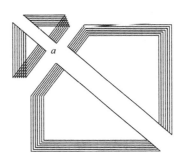

图 4-31　移动量拷贝

（六）【推板/量规点规则】

按照量规的方式进行放码。主要是用于西裤的斜插袋的放码，不仅袋长要改变，而且斜线还一定要交在前侧缝上。

如图 4-32 前裤腰上的斜插袋点先按照要求推好，选择"量规点规则"，鼠标左键"框选"侧缝线上的袋点（框 1），左键再"框选"前裤腰上的袋点（框 2），左键再"点选"侧缝靠腰的位置（点），弹出如图 4-33 的"放码规则"对话框后输入所需的斜袋的档差，按<确定>按钮即可。

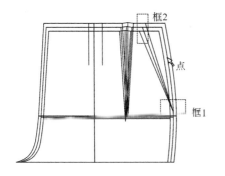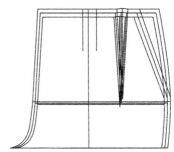

图 4-32　量规点规则

注意：侧缝线不能是断线；斜插袋下端点（框 1 处）上不能有多余的放码点和刀口。

（七）【推板/长度约束点规则】

用于袖隆曲线位置的放码。

这种方式，主要解决外贸订单放码中，需要电脑直接凑数的部位。例如图 4-34 的放码要求是袖隆曲线长的档差为 1.2cm，袖隆深未知。

用"长度约束点"规则，先用鼠标左键"框选"袖隆曲线靠近要放码的 A 点，左键再"框选"参考点（肩点），按右键弹出如图 4-35 的"约束放码点"对话框：

看图学艺 · 服装篇

服装 CAD 应用实践

① 服装 CAD 概述

② 打板系统

③ 打板系统技巧与综合应用实例

④ 推板放码系统

⑤ 排料系统

附录

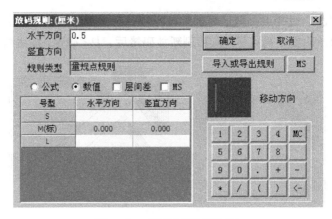

图 4-33　量规点规则对话框

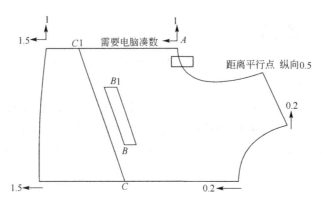

图 4-34　长度约束点规则

图 4-35　约束点规则对话框

在对话框中选择作用方式中的箭头方向（指系统需要凑数的方向），在"长度调整量"输入框中输入"1.2"（袖窿曲线长的档差），"附加移动量"输入框中输入"1"（胸围要移动的 1cm 档差），按<确认>按钮即可。此时，袖窿深的移动量已由系统凑出，袖窿曲线的档差为要求的 1.2cm。

【注】：如果客户给的档差是肩点到胸围点的直线档差，可以用"距离约束点"规则，操作方法与长度约束点相同。

（八）【推板/距离约束点规则】

用于外贸订单中夹直（肩端点到袖窿深点的斜量距离）位置的特殊放码。

例如如图 4-36 所示后衣片推板要求是夹直 1.2cm 的档差、胸围档差 1cm，鼠标左键"框选"目标放码点（点 a），左键再"框选"参考放码点（点 b），按右键结束。弹出"约束放码规则"对话框后，选择一个需要凑数的方向（垂直向下），在"长度调整量"输入框中输入"1.2"（夹直的档差），"附加移动量"输入框中输入"1"（胸围要移动的 1cm 档差），按<确定>按钮即可。

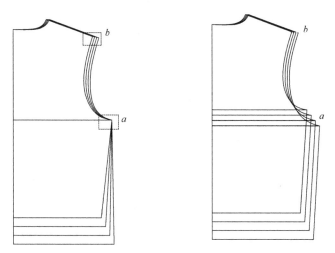

图 4-36　距离约束点规则

推板结束后，胸围尺寸裆差采用"要素长度测量"工具 ，夹直尺寸档差采用"两点测量" 工具来检测推板结果是否正确。

再例如上例图 4-34 中口袋部位的推放，放码要求是分割线 C、C1 推放后要求不保持平行关系，同时要求口袋线 B、B1 要与分割线平行。

鼠标左键先"框选"B1 点，再"框选"参考点（B 点），指示参考线 C、C1 线（靠近C1 端）。弹出如图 4-35 的"约束放码规则"对话框后，选作用方式中的右边第一个（斜线向上方向），输入长度调整量（口袋档差），按<确定>按钮放码完成。

六、【图标工具】菜单

【图标工具/推板规则】菜单中共有 26 个子菜单，分别与屏幕右侧的"推板常用工具"一一对应。

第四节　推板系统综合实例应用

计算机推板作业前。必须完成基础号型的制板作业，在基础号型衣板的基础上，进行放缩。

一、点放码实例一

推板是从某一个基本点向四周推移，其方向变化决定了推板的形式。推板不只是线的变化，而且有面积的增减，所以推板必须在二维坐标系中进行。把二维坐标的原点作为基准点，在 X 轴上确定横向增减量，在 Y 轴上确定纵向增减量，两数值共同决定该放码点的移动方向及移动量。衣片的形状越复杂，需要的放码点越多，反之则越少。

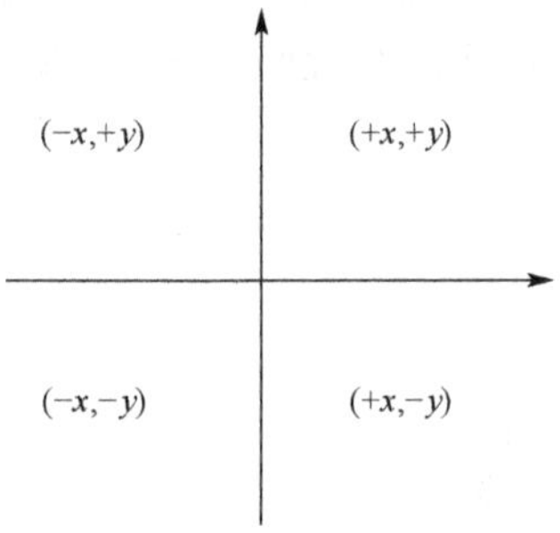

X 轴取向右方向为正方向；Y 轴取向上为正方向。X 轴和 Y 轴把坐标平面分成四个象限，右上面的叫做第一象限 $(+x, +y)$，其他三个部分按逆时针方向依次叫做第二象限 $(-x, +y)$、第三象限 $(-x, -y)$ 和第四象限 $(+x, -y)$。如图 4-37 所示。

ET 的推板系统的提供了数值点放码和公式点放码两种推板方法，下面以男西裤的为例，介绍点放码推板的操作方法。

图 4-37　推板基准线

（一）男西裤点放码（数值法）

1. 男西裤规格系列设置

放码前先要明确一共有几个号型规格,男西裤基板号型为 170/78，这里以五个规格系列为例，则号型系列设置为 160/70、165/74、170/78、175/82 和 180/86。男西裤规格系列与规格档差见表 4-1。

表 4-1　男西裤规格系列与档差设置　　　　　单位：cm

号型 部位	160/70	165/74	170/78	175/82	180/86	档差
裤长	98	100	102	104	106	2
腰围	72	76	80	84	88	4
臀围	102	105.2	108.4	111.6	114.8	3.2
上裆	29	29.5	30	30.5	31	0.5
横裆	33	34	35	36	37	1
中裆	24	24.5	25	25.5	26	0.5
裤口	21	21.5	22	22.5	23	0.5
袋口	14.5	15	15.5	16	16.5	0.5

2. 男西裤点放码规则

前裤片以前挺缝线与前横裆线为基准线。

（1）上裆深放量=0.5cm。

（2）前腰围档差为 4cm,每个裤片 1cm,按比例 0.4、0.6 分配。

（3）前臀围档差为 3.2cm,每片 0.8cm,按比例 0.3、0.5 分配。

（4）臀围线移动量=上裆深放量/3=0.5/3=0.17cm。

（5）裤长档差为 2cm,底边移动量=2cm-上裆放量 0.5cm=1.5cm。

（6）裤口档差为 0.5cm,平分为 0.25cm。

（7）前横裆放量=（横裆档差/2-1）/2=0.45cm。

（8）中裆放量=(裤口放量 0.25+前横裆放量 0.45)/2=0.35cm,或直接画顺。

（9）中裆线移动量=（裤长档差－立裆档差 2/3）/2－立裆档差 1/3=0.66cm。

后裤片以后挺缝线与后横裆线为基准线,后裤片的放码规则不再叙述,放大一个号型的具体放码数值和方向参见表 4-2 男西裤各放码规则和图 4-38 男西裤放码规则示意图。

表 4-2　男西裤放码规则 单位：cm

放码点	横档差	纵档差	放码点	横档差	纵档差
	前裤片			后裤片	
前腰侧缝 A	+0.6	+0.5	后腰侧缝 A	+0.9	+0.5
前腰缝 A1	−0.4	+0.5	后腰缝 A1	−0.1	+0.5
前腰省 A2	+0.3	+0.5	后腰省 A2、A3	+0.3	+0.5
前臀侧缝 B	+0.5	+0.17	后臀侧缝 B	+0.6	+0.17
前臀缝 B1	−0.3	+0.17	后臀缝 B1	−0.2	+0.17
前横裆侧缝 C	+0.45	0	后横裆侧缝 C	+0.55	0
前横裆弯 C1	−0.45	0	后横裆弯 C1	−0.55	0
前裤口侧缝 D	+0.25	−1.5	后裤口侧缝 D	+0.25	−1.5
前裤口缝 D1	−0.25	−1.5	后裤口缝 D1	−0.25	−1.5
前中裆侧缝 E	+0.35	−0.66	后中裆侧缝 E	+0.35	−0.66
前中裆缝 E1	−0.35	−0.66	后中裆缝 E1	−0.35	−0.66

（二）取出要放码的男西裤基板

单击"打开" 📂 文件图标工具,弹出"打开 ET 工程文件"对话框；找到所需文件,双击文件名,打开男西裤的纸样文件,点击屏幕右上角的"打"字图标 🔳 ,进入推推板系统,这时屏幕上显示有若干个蓝色的点,表示需要输入规则的放码点。

（三）推板号型设置

1. 号型名称设置

如果需要推板的号型系列不是系统默认的"S、M、L"代号制,需要单击【设置】菜单中的【号型名称设置】工具,弹出"号型名称设定"对话框如图 4-39；在 B 系列中与基码"M"同一行的位置设置基板的号型（如 170/78）,再设置其他要放码的号型；选择 B 系列（变成红色）后,按<确定>按钮结束号型名称设置。此时在号型层显示区可以看到,基板的号型已变为"170/78"。

如果按<保存>按钮可以以"*.sna"文件格式保存号型名称设置,以备日后通过<打开>按钮调用该号型名称；而按<恢复>按钮则是将号型名称及其各号型衣板的颜色设置恢复到系统默认的状态。

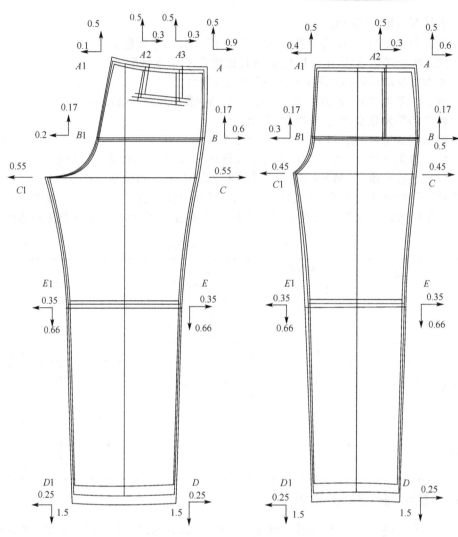

图 4-38　男西裤放码规则示意图

图 4-39　号型名称设置

2. 推板号型系列设置

在屏幕左下角的层选择方式处，用鼠标左键单击"显示层"按钮，该按钮变为"推板设置"，再用左键在号型层显示区中选择需要放码的号型系列，选中的号型将有各种颜色填充，未被选中的号型仍为灰色。如图4-40所示。

图4-40　号型系列设置

（四）输入点放码规则基本方法

（1）鼠标左键选择"移动点" 工具，左键再"框选"要放码的放码前腰缝 *A*1 点，弹出如图4-41的"移动点"对话框。

图4-41　移动点规则的输入

（2）在对话框中输入放大一个号型的纵横移动量，在"水平方向"输入框中输入"−0.4"，在"竖直方向"输入框中输入"0.5"，输完后按<确定>按钮，该放码点的颜色由蓝色变为橙色，表示该点已经设置了放码规则。通过鼠标点击屏幕右上角显示栏中"规则显示" 工具，可以显示该放码的放码数值和放码方向。如果勾选【设置/设置单步展开状态】，则系统会立刻将该放码点进行推板展开显示。如图4-42所示。

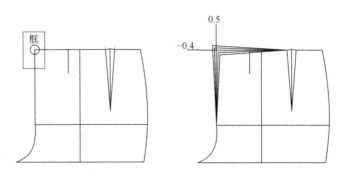

图4-42　点放码规则

（3）按上述方法输入各放码点规则，完成男西裤的放码操作。输入放码规则时应注意放码的方向（正负号的选择）。

（五）男西裤放码实例与放码技巧

如果按照常规逐点输入放码规则非常麻烦，同时也不能充分发挥计算机的功能。在下面男西裤的放码实例中体现出一些放码技巧仅供参考。

1. 前裤片放码

（1）前腰围线的放码。从男西裤的放码规则表和放码示意图中可以看出，前腰线上的所有放码点的纵档差是相同的。如图 4-43 所示，可以在选择"移动点" 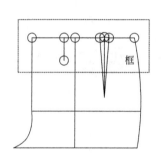 工具后，用鼠标左键同时"框选"这些放码点，在"移动点"对话框中输入共同的纵档差（竖直方向）"0.5"按<确定>按钮，然后再用左键分别"框选"各放码点，只要输入各自的横档差（水平方向）即可，在前腰侧缝 A 处输入"0.6"、在前挺缝线和前裤褶处输入"0"、在前腰缝处输入"-0.4"。

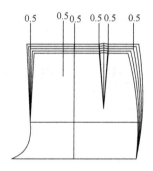

图 4-43　同时输入放码规则

这种方法可以简化每次都要输入纵档差的重复劳动。

（2）前裤省的放码。前裤省的放码可以用上述相同的方法输入横档差"0.3"来操作。

但由于前裤省位于前挺缝线和前侧缝的中点，也可以采用更加简便方法完成放码操作。选择"两点间比例点" 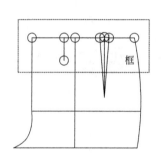 工具，左键先"框选"目标放码点（前裤省的两个省边和省中线，框1），在依次"框选"第一参考放码点（前挺缝线，框2）和第二参考放码点（前侧缝 A 点，框3），这样无需输入任何放码规则即可完成前裤省边的比例放码操作，如图 4-44 所示。

至于前裤省尖的放码，由于省尖到臀围线的距离为 3cm 定寸，所以该点的放码规则应该是"水平方向"同前腰线的 A 或 A1 即"0.3"，"竖直方向"同臀围线即"0.17"。

同理，可用上述方法对臀围线进行放码。

（3）前横裆线的放码。对于臀围线以下左右对称的部位，可以先只输入一侧的放码规则，然后选择"点规则拷贝" 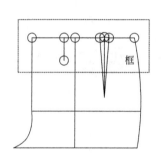 工具复制另一边的放码规则，前横裆侧缝 C 点在"水平"和"竖直"输入框中分别输入"0.45"和"0"，再选择"点规则拷贝"工具，弹出如图 4-45 的"点规则拷贝"选择框，选择"左右对称"拷贝方式，鼠标左键"框选"参考放码点（前横裆侧缝 C 点），左键再"框选"目标放码点（前横裆弯 C）

按右键即可。

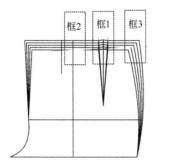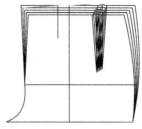

图 4-44　前腰省的比例放码技巧

图 4-45　点规则拷贝

（4）前中裆和前裤口的放码。先在前中裆侧缝 E 处的"水平"和"竖直"输入框中分别输入"0.35"和"-0.66"，在前裤口侧缝 D 处分别输入"0.25"和"-1.5"；然后再运用上述方法，选择"左右对称"方式，将放码规则拷贝到另一边。至于裤口中点处的放码规则，仍然使用"点规则拷贝"工具，选择"单 Y"拷贝方式，鼠标左键"框选"前裤口侧缝 D（或前裤口缝 $D1$），左键再"框选"该放码点即可。到此完成前裤片的放码操作。

2．后裤片放码

由于前后裤片各对应放码点的纵档差是相同的，而横档线以下各对应放码点的纵横档差更是完全相同，所以可以尝试采用"片规则拷贝"工具进行后裤片的放码操作。

（1）选择"片规则拷贝" 工具，左键"框选"参考裁片（前裤片）的纱向，左键再"框选"目标裁片（后裤片）的纱向，按右键确定完成放码规则拷贝操作。如果前后裤片的侧缝边不在同一侧，在按右键确定前可以在"对称转换"选择框中勾选"左右对称"选项。如图 4-46 所示。

（2）选择"规则显示" 工具，查看后裤片放码规则的实际状况，可以看到后裤片的所有纵档差规则全部正确，后裤口和中裆处的纵、横档差也符合要求；只是由于前后裤片腰线及省道处放码点布局的不同，横档差规则需要重新输入。

对称变换

☑ 左右对称　　☐ 上下对称

图 4-46　对称转换

（3）选择"移动点" 工具或"规则修改" 工具，鼠标左键"框选"需要修改放码规则的放码点，在弹出的"放码规则"对话框中修改横档差。在后腰侧缝 A 和后腰缝 $A1$ 处将横档差分别修改为"0.9"和"-0.1"，后腰省 $A2$、$A3$ 处修改为"0.3"，后臀侧缝 B 和处后臀缝 $B1$ 分别修改为"0.6"和"-0.2"，后横裆侧缝 C 和裆弯 $C1$ 处分别修改为"0.55"和"-0.55"。最后左键一次性"框选"后口袋的所有放码点（包括两个省尖和两个袋口端点），修改纵、横档差分别为"0.5"和"0.3"。至此完成后裤片放码。

① 服装 CAD 概述

② 打板系统

③ 打板系统技巧与综合应用实例

④ 推板放码系统

⑤ 排料系统

附录

（六）推板展开

如果没有设置"单步展开状态"，要用鼠标左键单击"推板展开" 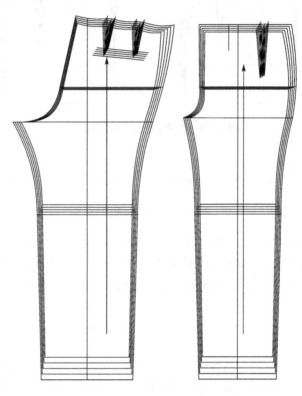工具，计算机显示出放码后的各号型衣片的网状图。如图 4-47 所示。

图 4-47 男西裤放码网状图

这是可以用鼠标左键点击号型层显示区中的每一个号型，查看大、小号型放码是否正确、裤片的内线和省道放码是否正确。

另外对于各号型裤板所用面料缩水率可能不同的问题，ET 服装 CAD 系统可以很方便的解决，用鼠标左键点击某个号型，选择"缩水操作" 工具，在"横缩水"和"纵缩水"输入框中输入需要的缩水率，左键"框选"前后裤片的纱向，按右键即可。

（七）放码文件的保存

由于 ET 服装 CAD 系统采用的是打推一体化的操作模式，所以在推板状态下不能保存放码文件，必须用鼠标点击屏幕右上角的"推"字图标推或者快捷键<Alt+V>,也可以在文字菜单中选择【推板/退出推板系统】，回到打板系统，才能进行放码文件的保存。

（八）放码检查

计算机推板后，由于计算机屏幕小于实际纸样，对于推板结果的正确性难于直接看出，所以检查功能是必须具备的。

1．号型间检查

先选择一个号型的裤板，用"要素长度测量" 工具，鼠标左键"框选"（可以通过多次框选求和）要检查的要素（如两次框选分段的前腰线），弹出"要素检查"对话框，从对话框中以看出各号型间的要索层间长度差，以此检验推板结果的正确性。如图 4-48 所示。

2．拼合检查

对衣片的拼合部位，如前侧缝与后侧缝、前肩缝与后肩缝、袖窿与袖山等，放码后，也需做必要的检查。

先选择一个号型的裤板，单击"拼合检查"工具，用鼠标左键"框选"第一组要素（如两次框选前内缝线求和），按右键结束选择；再"框选"第二组要素（如两次框选后内缝线求和），按右键结束选择，弹出"要素检查"对话框，对话框中的"长度 1"和"长度 2"分别表示前、后内缝各号型的长度，而"长度 3"则表示各号型两线的层间差值。如图 4-49 所示。如对列出的"长度 3"的层间差值不满意，可利用其他修改功能调整，再检查，直至满意。

测量值	要素长度和	长度2	层间长度差
160/70	19.00	0.00	0.00
165/74	20.00	0.00	-1.00
170/78(标)	21.00	0.00	0.00
175/82	22.00	0.00	1.00
180/86	23.00	0.00	1.00

测量值	长度1	长度2	长度3
160/70	64.24	64.04	0.20
165/74	65.75	65.58	0.17
170/78(标)	67.26	67.12	0.14
175/82	68.77	68.66	0.11
180/86	70.28	70.20	0.09

图 4-48　层间长度差检查　　　　　图 4-49　层间拼合检查

二、点放码实例二（男西裤公式法点放码）

在前面的菜单功能中曾经提到的【文件/打开模板文件】功能，对于翻板操作而言非常有用。在建立模板文件以后，使用打开模板文件功能，只需要改变尺寸表中的数值就可以完成修改纸样尺寸的操作。但前提条件是，模板必须是用尺寸表公式法打制的，而且放码也是通过尺寸表的参数用公式法进行的，才能实现改板操作。

下面以男西裤前片为例，具体说明公式法点放码的应用方法。

（一）男西裤规格系列与档差设置

男西裤规格系列与档差与上例相同，参见表 4-1。

（二）推板尺寸表设置

推板尺寸表设置在采用数值法点放码操作时，并不是必要的步骤。而在公式法点放码建立模板文件以及对样板库文件进行数据化管理，就必要建立与衣板对应的尺寸表文件。

在"设置"菜单下点击的"尺寸表设置"，会弹出"尺寸表"对话框，按照表 4-1 男西裤规格系列设置中的内容，在尺寸名称处填入所需的部位名称，在最右边的"实际尺寸"栏里填入 M 号各部位尺寸数值，再在大一号"L"的位置填入档差，按"全局档差"按钮，系统可以自动完成其他号型的档差计算；在"缩水"输入框中输入相应的纵横向缩水率，可以对档差进行缩水处理；最后以"男西裤规格系列"为文件名并保存尺寸表，如图 4-50 所示。

D:\My Documents\CAD教材编写\CAD教材图\男西裤\男西裤推板.stf

尺寸\号型	160/70	165/74	170/78(标)	175/82	180/86	实际尺寸
裤长	-4.000	-2.000	0.000	2.000	4.000	103.000
腰围	-8.000	-4.000	0.000	4.000	8.000	80.000
臀围	-6.400	-3.200	0.000	3.200	6.400	102.000
上裆	-1.000	-0.500	0.000	0.50	1.000	28.000
横裆	-2.000	-1.000	0.000	1.000	2.000	35.000
调节量	-0.200	-0.100	0.000	0.100	0.200	0.000
中裆	-1.000	-0.500	0.000	0.500	1.000	25.000
裤口	-1.000	-0.500	0.000	0.500	1.000	44.000
袋口	-1.000	-0.500	0.000	0.500	1.000	15.500

打开尺寸表　插入尺寸　关键词　全局档差　追加　缩水 [0]　☑ 显示MS尺寸　确认

保存尺寸表　删除尺寸　清空尺寸表　局部档差　修改　打印 □ 实际尺寸　et2007　取消

图 4-50　男西裤规格系列

（三）取出要放码的男西裤基板

打开公式法打板的男西裤文件，并且要核对该打板文件的尺寸表中的相同部位尺寸数值是否与推板尺寸表一致。并且用上例相同的方法进行推板号型设置。

（四）公式规则的编制

（1）放码公式规则中可使用+、-、*、/（即加、减、乘、除）四种运算符号；如"腰围/4"、"(臀围/4+小裆弯)/2"、"臀围/4-(臀围/4+大裆弯)/2"、"(后腰节+臀高)-袖隆深"等。

（2）要注意放码公式规则中不能有任何数值（这一点与打板时的公式组成不同）。在公式法打板中，如果尺寸公式为"（横裆-0.1）/2"是完全可以的；但该式却不能作为放码公式规则，因为在放码时"横裆"代表的是档差而不只是数值，在 L 号（大一档）裁片的档差为"（1-0.1）/2=0.45"，而在 S 号（小一档）裁片的档差却是"（-1-0.1）/2=-0.55"，并不是我们想要的"-0.45"了。

（3）解决此问题的方法是在尺寸表中追加一个新尺寸如"调节量"，并在比基码大一档的 L 号中设置档差为 0.1，然后再进行"全局档差"处理，这样就可以用"（横裆−横裆调节量）/2"作为放码公式了。

（4）男西裤前片各放码点的放码公式规则参见表 4-3，在表格中"理论公式"是指在手工放码时计算档差所用的四则运算公式，"规则公式"是指实际采用的放码公式规则。

表4-3　男西裤前片公式放码规则　　　　　　　　　　单位：cm

放码点	横　档　差		纵　档　差	
	理论公式	规则公式	理论公式	规则公式
腰侧缝 A	腰围/4×3/5	腰围×3/20	上裆	同理论公式
腰缝 A1	−腰围/4×2/5	−腰围×2/20	上裆	同理论公式
腰省 A2	腰围×3/20/2	腰围×3/40	上裆	同理论公式
臀侧缝 B	臀围/4×3/5	臀围×3/20	上裆/3	同理论公式
臀缝 B1	−臀围/4×2/5	−臀围×2/20	上裆/3	同理论公式
横裆侧缝 C	（横裆−0.1）/2	（横裆−调节量）/2	0	同理论公式
横裆弯 C1	−（横裆−0.1）/2	−（横裆−调节量）/2	0	同理论公式
裤口侧缝 D	裤口/2	同理论公式	−（裤长−上裆）	同理论公式
裤口缝 D1	−裤口/2	同理论公式	−（裤长−上裆）	同理论公式
中裆侧缝 E	[（横裆−0.1）/2+裤口/2]/2	[（横裆−调节量）/2+裤口/2]/2	−[（裤长−立裆2/3）/2−立裆1/3]	同理论公式
中裆缝 E1	−[（横裆−0.1）/2+裤口/2]/2	−[（横裆−调节量）/2+裤口/2]/2	−[（裤长−立裆2/3）/2−立裆1/3]	同理论公式

注：调节量取 0.1cm。

（五）输入点放码公式规则基本方法

（1）鼠标左键选择"移动点" 工具，左键再"框选"要放码的放码前腰缝 A1 点，弹出如图 4-51 的"移动点"对话框。

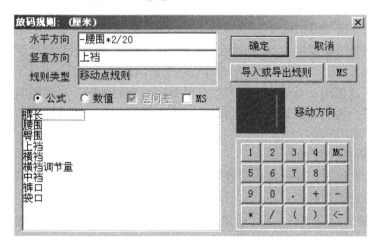

图4-51　输入点放码公式规则

（2）在"放码规则"对话框中选择"公式"，在尺寸列表中对某个尺寸名（如腰围等）双击鼠标左键，该尺寸名会进入水平方向或竖直方向规则输入框。尺寸列表中的尺寸名表示的为档差值。

（3）对于前腰缝 $A1$ 点，在"水平方向"和"竖直方向"输入框中分别输入"–腰围×2/20"和"上裆"，按<确定>按钮即完成该放码点的规则输入，再按上例同样的操作方法进行"规则显示"和"单步展开"，其放码结果如图 4-52 所示。

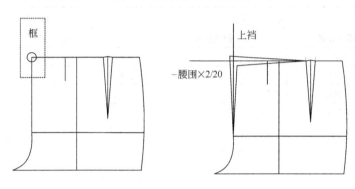

图 4-52　公式法点放码

（4）按上述方法输入各放码点的放码规则，上例中的使用的同时输入相同放码点档差、两点间比例点、点规则拷贝和片规则拷贝等放码技巧，在公式法点放码中仍然适用。最后再用"推板展开"等操作即可完成裁片的公式法放码操作。

（六）公式法点放码的技巧

1. 放码规则组的应用

在如图 4-53 的"放码规则"对话框中完成输入某个点的放码规则后，点击"导入导出放码规则"按钮，会弹出如图 4-52 的"放码规则表"对话框，可以建立常用的放码规则组。

（1）鼠标左键点击"增加规则组"可以增加一个放码规则组，如"裤子"、"女西服"等。

（2）左键再点击"追加规则"，当前放码点的放码规则会自动进入规则表中。

（3）左键双击"新规则"，可以利用"关键词"或手工输入对该新规则进行重命名；最后点击"保存规则"和"确定"键，即可建立一个新的放码规则组。

（4）在下一次使用该放码规则组时，只需要在"放码规则"对话框中点击"导入导出放码规则"按钮，再点击需要的规则名称，该放码规则就会自动导出到"放码规则"对话框中。

2. 公式法点放码的推板检查

通过公式法放码后，实际放码结果是否正确，最好能够用数值的形式进行档差检查；在输入放码点的公式规则后，在"放码规则"对话框中的先点击"数值"框，再勾选"层间差"，可以立刻显示该放码点各个号型的公式规则所对应的档差数值，如果各号型的"层间差"数值相同（正负只代表推板的方向），则表示该放码公式应用是正确的，如图 4-54 所示。

图 4-53　导入导出放码规则

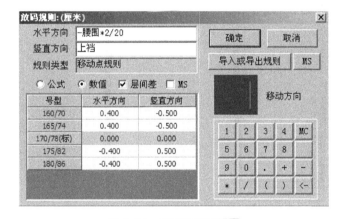

图 4-54　放码层间差检查

三、点放码综合操作技巧

（一）不规则（跳档）放码

在实际生产中经常会遇到跳档放码的问题。例如，男西裤最大号型的裤长档差为 1cm，而其余号型档差为均码 2cm。由于是不规则（跳档）放码，所以只能用数值点放码进行放码操作，下面以男西裤的裤口侧缝 D 点为例进行操作说明。左键"框选"该放码点，先进行规则（均码）放码，即在"放码规则"对话框"水平方向"和"竖直方向"输入框中分别输入"0.25"和"−1.5"；再勾选"层间差"，将最大号型（180/86）的竖直方向（纵档差）由均码的"−1.5"改为"−0.75"按<确定>按钮即可，如图 4-55 所示。

用相同的方法对腰围线、臀围线和中档线最大号型的"层间差"进行相应修改（都改为均码档差的一半），完成整个裤片的跳档放码操作，如图 4-56（a）为裤口原均码放码网状图，图（b）则为跳档放码网状图。

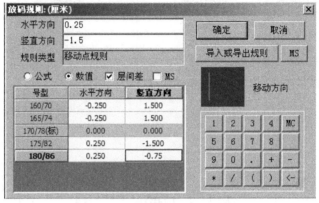

图 4-55　输入跳档放码档差

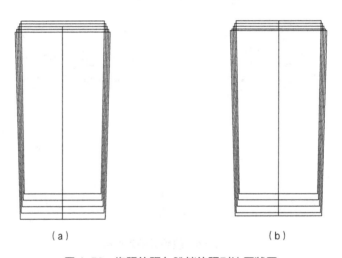

（a）　　　　　　　　　　　　　　（b）

图 4-56　均码放码与跳档放码对比网状图

（二）弧形腰头的放码

弧形腰头由于放码点不是水平或垂直方向的，属于指定方向的放码，所以无法用常规放码方法进行操作。

可以仍然选择"移动点"工具，先按住<Ctrl>键在用左键"框选"弧形腰头的一个放码点，在该点会出现一个水平、垂直与腰头边线十字辅助线和一个直角放码方向标，移动鼠标将放码方向标旋转到指定方向，再按右键则会弹出"放码规则"对话框，如图 4-57 所示，按照对话框中红蓝色方向标的指示，在"竖直方向"输入框中输入放码量"0.5"，按<确定>按钮即可完成该点指定方向的放码，如图 4-58（a）所示。

用相同的方法对另一侧的放码点进行放码，再分别用"点规则拷贝"工具将放码规则复制拷贝到剩余的两个放码点，完成弧形腰头的放码。如图 4-58（b）所示。

图 4-57　指定方向放码

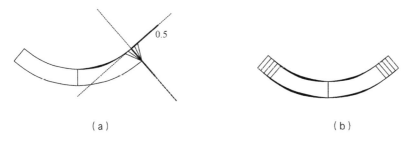

図 4-58　弧线腰头的放码

（三）放码的变形修正

在放码完成后，经常会有推出的其他号型裁片出现变形的情况，灵活应用 ET 服装 CAD 系统提供的专用放码工具可以非常方便的解决此类问题。

例如上例中的弧形腰头放码后就存在裁片变形问题，用"区域放大"等工具可以明昂的看到在后中线的两侧出现弧线变形现象，如图 4-59（a）。选择"增加放码点"工具，在基码（M 号）上，先用左键"点选"或"框选"目标要素（弧线腰线），再在出现变形的部位点击左键，按右键结束，增加若干个放码点，如图 4-59（b）；然后选择"固定点"工具，用左键"框选"这些新增的放码点，将它们全部设置为"固定点"，推板展开后可以看到裁片变形现象完全消失，如图 4-60 所示。

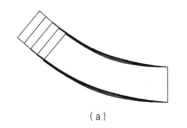

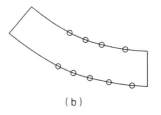

图 4-59　放码变形与设置固定点

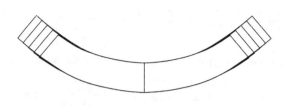

图 4-60　放码变形修正

四、切线放码实例一

下面以西服裙后片的放码处理为例，说明切开线方式推板的应用方法。

（一）西服裙的规格档差

在推板前，先要确定各号型的档差量，分析将这些档差分散到衣片的哪些部位，可以达到档差要求的较佳的效果。西服裙成品规格档差见表 4-4。

表 4-4　西服裙成品规格档差　　　　　　　　　　　　　　　　　单位:cm

部位	裙长	腰围	臀围	裙摆
尺寸	70	68	98	98
档差	2.5	4	3.2	4

（二）输入切开线

切开线一般分三类:竖向切开线，沿水平方向放缩；横向切开线，沿垂直方向放缩；斜向切开线，沿切开线的垂直方向放缩。根据需要选择切开线的类型，输入切开线。

（1）选择"竖向切开线" ←─→ 工具，根据放缩部位均匀输入竖向切开线。单击鼠标左键画出 A、B 两点，按右键结束。切开线的输入是随意的，但切开线的位置和分布必须尽量合乎放码规律，如图 4-61（a）所示。

（2）选择"横向切开线" ↕ 工具，根据放缩部位均匀输入横向切开线。单击鼠标左键在臀围附近画出 C、D 两点，按右键结束，再在裙摆附近画出 E、F 两点；切开线的输入亦是随意的，但切开线的位置和分布必须尽量合乎放码规律，如图 4-61（b）所示。

（3）选择"增减切开点" 工具，根据西服裙的腰围与臀围、裙摆的档差不同，需要增加切开点。在臀围线附近的竖向切开线上单击鼠标左键，增加一个切开 G 点，如图 4-61（c）所示。

（三）输入切开量(档差)

选择"输入切开量" ——ooo 工具，根据档差量在切开线上输入衣片的切开量(即把档差量分配到各条切开线上)。

（1）鼠标左键"框选"要切开线 A 点后按右键（若几条切开线的切开量相同，可同时选中这几条切开线），弹出"放码规则"对话框，如图 4-62 所示。

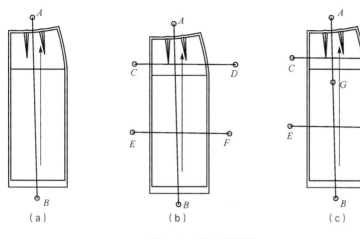

（a）　　　　　　　　（b）　　　　　　　　（c）

图 4-61　输入切开线

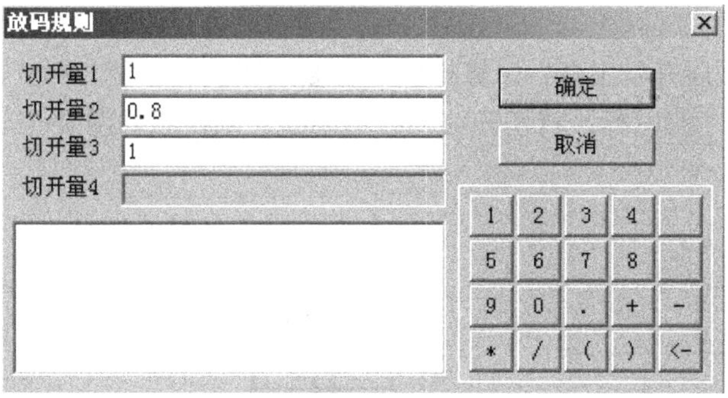

图 4-62　输入不同切开量

切开量 1 处为腰围（鼠标框选的点），档差数是 4cm，前后腰围每一档比例差是 1cm；切开量 2 处为臀围，档差数是 3.2cm，前后每一档比例差是 0.8cm；切开了 3 处为裙摆，档差数是 4，前后每一档比例差是 1cm。

一条切开线上一次最多可以输入 4 个切开量，其含义是允许在两端及中间指定的位置上可以有不同的放缩。如果三个位置的档差量相等时只需输入切开量 1；如果只输入切开量 1 和 3，表明放缩是从切开量 1 均匀过渡到切开量 3 的。如果三个切开量不同，则按菱形或梯形放缩。

（2）鼠标左键"框选"要切开线 C 点后按右键，由于 C、D 两点的切开量相同，所有在弹出的对话框中只需输入切开量 1 "0.5"即可，如图 4-63 所示。用同样的方法输入切开线 EF 的切开量 "2.5"。

（四）设置推板展开中心点

选择"展开中心点" 工具，在裁片内某一个位置点击鼠标左键，设置推板展开的中心点（点 H），从而决定衣片放码时的展开方向为右下方，如图 4-64（a）所示。

（五）推板展开

待切开线和相应的切开量均输入完毕后，在各切开点上会显示切开量的数值，可以用"区域放大"工具（快捷键<Z>）来查看数值输入是否正确，如图 4-64（b）；检查完毕后就可以进行推板展开了(自动放码)。

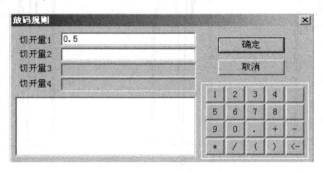

图 4-63　输入相同切开量

（1）在屏幕最下角点击<显示层>按钮，在变为<推板设置>后，用左键选择要放码的号型。

（2）选择"推板展开"工具，计算机显示出要放码的各号型。再点击"切开线显示" ![icon] 图标和"缝边显示" ![icon] 图标，将切开线和缝边隐藏，则得到如图 4-64（c）的效果(三个号型的纸样)。

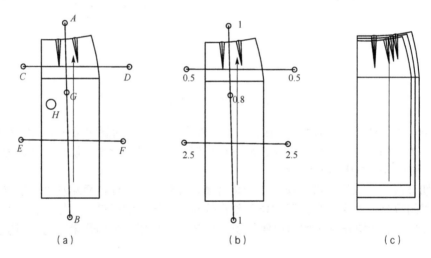

（a）　　　　　　　　　　（b）　　　　　　　　　　（c）

图 4-64　切开线推板展开

（六）推板检查与修正

（1）用"要素长度测量" ![icon] 工具，对推板后要素进行"号型间检查"长度差（档差值），以此检验推板结果的正确性，并判断误差是否在允许范围内。如对推板结果不满意，可以放弃推板结果，调整切开线的位置，重新推板。

（2）"拼合检查" ![icon] 工具，对需要拼合的成对要素进行检查，查看放码后各对要素的长度差，如对列出的"长度差"不满意，可利用其他修改功能调整，再检查，直至满意。

（3）"线放码"规则和"点放码"规则相结合进行推板修正。通过检查可以看到裙子的两个腰省处的省道放码量不均匀需要修正；由于这两个省道分别位于前腰围的三分之一和三分之二处，可以选择"点放码"规则中的"两点间比例点"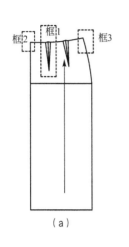工具，在基码 M 号上，用鼠标左键"框选"目标放码点（这个右省道的所有放码点，框1），再"框选"第一参考放码点（框2），最后"框选"第二放码点，完成该省道的放码修改，推板展开后如图 4-65（a）和（b）所示；用相同的方法对另外一个省道进行放码修正，裙子推板的最终修正结果如图 4-65（c）所示。

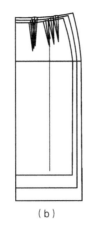
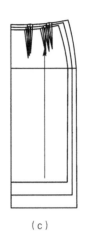

（a） （b） （c）

图 4-65　线放码修正

五、切线放码实例二

下面再以女西服前后衣片为例进一步说明切线放码应用方法。

（一）女西服规格档差

女西服的成品规格档差见表 4-5。

表 4-5　女西服的成品规格档差　　　　　　　　　　　　　　　单位:cm

部位	衣长	胸围	肩宽	袖长	袖	领大
档差	2	4	1.2	1.5	0.5	1

（二）输入切开线

（1）选择"竖向切开线"工具，根据放缩部位均匀输入竖向切开线。

竖向切开线 A: 推后领宽；竖向切开线 B: 推后肩宽；竖向切开线 C: 推侧袖窿宽；竖向切开线 D: 前袖窿宽；竖向切开线 E: 前胸宽；竖向切开线 F: 前肩宽；竖向切开线 G: 推前领宽。

（2）选择"横向切开线"工具，根据放缩部位均匀输入横向切开线。横向切开线 H: 推后袖窿深；横向切开线 I: 再推后袖窿深；横向切开线 J: 推袖窿至腰节（前后片同

① 服装 CAD 概述

② 打板系统

③ 打板系统技巧与综合应用实例

④ 推板放码系统

⑤ 排料系统

附录

时推）；横向切开线 K：推腰节至底摆（前后片同时推）；横向切开线 L：推前领深；横向切开线 M：推串口线；横向切开线 N：推前袖窿深。如图 4-66 所示。

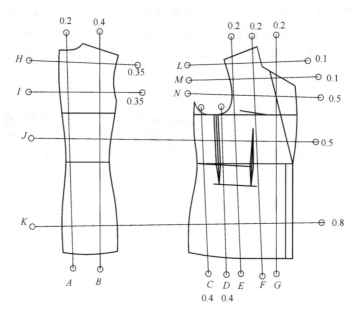

图 4-66　女西服切开线设置

（三）输入切开量(档差)

选择"输入切开量" ▭▭000 工具，根据档差量在切开线上输入衣片的切开量(即把档差量分配到各条切开线上)。

鼠标左键同时"框选"切开量相同的切开线竖向和横向后，单击右键。弹出"切开量"对话框，在对话框中的"切开量1"的位置输入切开量，按<确定>按钮即可。各条切开线输入的切开量为：切开线 A、F、G 切开量输入"0.2"；切开线 B、C、D 切开量输入"0.4"；切开线 H、I 切开量输入"0.35"；切开线 J、N 切开量输入"0.4"；切开线 K 切开量输入"0.8"；切开线 L、M 切开量输入"0.1"；如图 4-55 所示。

竖向切开线 A、B、C、D、E、F、G 的切开量之和=2.0cm（1/2 胸围挡差量）；横向切开线 H、I、J、K 的切开量之和=2.0cm（后衣长挡差量）；而横向切开线 J、K、L、M、N 的切开量之和=2.0cm（前衣长档差量）。

（四）推板展开

（1）选择"展开中心点" ▭▭◉▭ 工具，在裁片内某一个位置点击鼠标左键，设置推板展开的中心点。点击<显示层>按钮，用左键选择要放码的号型。

（2）选择"推板展开"工具，计算机显示出要放码的各号型。再点击"切开线显示"图标和"缝边显示"图标，将切开线和缝边隐藏，则得到如图 4-67 的网状图(三个号型的纸样)。

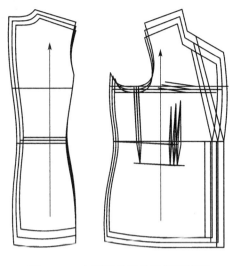

图 4-67　女西服前后片推板网状图

（五）线放码注意事项

（1）切开线的起点位置和终点位置必须在衣片轮廓线外。

（2）切开线上除了起点和终点外，中间还可以有多个放码点。

（3）切开线只能与一个衣片的周边线有两个交点。

（4）切开线上一般不需增加切开点，除非"切开量1、切开量2、切开量3不相等"时。

（5）在线放码中，放码量为正值，表示伸展衣片(比基码大的号型放码量为正)；放码量为负值，表示收缩衣片(比基码小的号型放码量为负)。

　　排料又称排版、套料，在服装 CAD 中也称为马克（MARK）或排麦架，是指在满足设计、制作等要求的前提下，将服装各规格的所有裁片在指定的面料幅宽内进行科学的排列，以最小面积或最短长度排出用料定额。目的是使面料的利用率达到最高，以降低产品成本，同时给铺料、裁剪等工序提供可行的依据。

　　排料系统具有衣片自动排料参数编辑、成组排放和拷贝、开窗放大、设置剪刀线、衣片操作、显示和换屏、排料图绘制打印等功能。

第一节　计算机辅助排料

传统排料是由人按照经验手工进行的，排料效率低、劳动强度大、易出差错，特别是在裁片多以及排新的款式时更是如此。而计算机排料是根据数学原理，利用计算机图形学设计而成的，且这项技术仍在处于不断进步中，因此具有良好的发展前景。

一、计算机辅助排料的优点

与传统手工排料相比，计算机辅助排料有如下6个优点。

（1）计算机排料在显示器屏幕上进行，操作方便、快捷，可以减少人工排料的来回走动、需要裁片时的不断翻找。

（2）计算机排料所需的空间与手工相比要小得多，可以节约场地，降低生产成本。

（3）由于计算机高度的精确性，在自动排料时可以实时显示排料信息，不会漏排、多排，降低或杜绝了人工排料时出错概率，且其精确的信息有助于估料、成本核算各方面的工作。

（4）计算机自动排料可以在较短的时间内得到较满意的排料效果，而且所排好的排料图可以保存下来供多次反复使用，大大降低重复性劳动、节约了人工费用。

（5）计算机排料可以跟后续的自动裁剪以及自动缝制等工序无缝连接，实现服装生产的自动化。采用电脑排料可以提高工作效率，降低成本，避免人工排料时常见的多排、漏排的错误。提高排料质量，减轻排料人员的劳动强度，提高劳动生产率。

（6）计算机排料可多次试排，并能精确计算各种排料图的用料率，以寻找最佳衣片组合方式，从而获得较高的面料利用率。

二、排料规则

排料的目标是尽可能地提高面料使用率，降低生产成本。要达到这个目的，一般要遵循下面排料原则。

1．先大后小

即在排料时先排大裁片，然后再排小裁片，小裁片尽量穿梭在大裁片之间的空隙处。

2．凹凸相对

即在排料时直对直、斜对斜、弯对弯、凹对凸、或者凹对凹，加大凹部位范围，可以便于其他部位排放，减少裁片间的空隙。

3．大小套排

即在排料时大小搭配，若所排服装为大、中、小三种款型，可以大小号套排，中档排，使裁片间能取长补短，实现合理用料。

4．防止倒顺

在排料过程中，对裁片进行翻转或旋转时要注意防止"顺片"或者"倒顺毛"。

5．合理切割

在排料过程中，根据实际需要进行合理切割，以提高面料使用率。

另外，还需调剂平衡，采用裁片之间的"借"与"还"，在保证部位尺寸不变的情况下，调整裁片缝合线相对位置，在客户允许的情况下，可在一定范围内倾斜一下纱向，来提高排料利用率。

三、计算机辅助排料方法

计算机辅助排料的方法有多种，但归纳起来大致有以下 3 种。

1．手工排料

利用服装 CAD 提供的排料工具将裁片从待排区取出，按照排料规则排到工作区里。

2．自动排料

自动排料是计算机自动完成裁片的排料。即先设置好排料参数，如排料的时间、面料的幅宽、裁片的限制信息，然后由计算机自动配置衣片，让衣片自动寻找合适位置靠拢已排衣片或布料边缘。在排料的同时自动报告用料长度、面料利用率、待排衣片数目等，并自动检查衣片的排料条件（如限制某一衣片可否翻转、限定旋转角度等）。自动排料在排料过程中无须操作者干预，因而速度快。特别是近年发展起来的智能自动排料，采用模糊智能技术，结合专家排料经验，模仿曾经做过的排料方案进行优化排料，还可以进行无人在线操作，系统深夜持续运转可以处理大量排版任务，大大提高排料效率和减轻人工的繁重劳动。但至今为止，其排料结果的面料利用率仍不及人机交互式排料高，一般起估料作用。

3．人机交互式排料

人机交互式排料是指按照人机交互的方式，由操作者利用鼠标根据排料的规则和自身排料的经验将裁片通过旋转、分割、平移等手段排成裁剪用的排料图。在操作过程中，系统实时提供已排放的裁片数、待排裁片数、面料幅宽、用料长度、面料利用率等信息，为排料提供参考。

人机交互式排料是目前实际生产中最常用的排料方式。

第二节　排料系统简介

一、排料系统界面布局

双击排料图标 ETMARK.exe 进入 ET 服装 CAD 的排料系统主画面，如图 5-1 所示。

排料主界面可分为：文字菜单栏、待排区、正式排料区、裁片临时放置区、排料信息显示栏以及排料工具栏等组成。待排区主要用来存放用户所选择的待排裁片，包括待排裁片号型显示区和待排裁片显排区；正式排料区则是布料区域，用户在上面排列裁片即相当于在布料上进行操作。

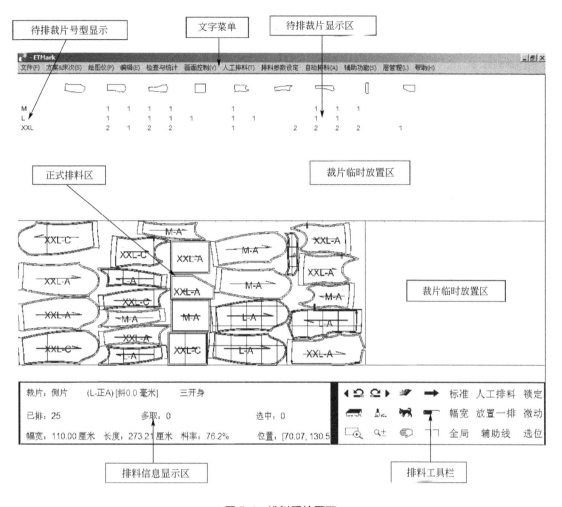

图 5-1 排料系统界面

用鼠标左键点击"待排裁片号型显示"中号型，可以取下整行裁片；点击"待排裁片显示区"中的数字，可以取下相应裁片，有些裁片图形下边有两列数字，左边的数字表示左片，右边的表示右片。

二、如何新建一个排料文件

（1）选择菜单中的【文件/新建】功能，弹出"打开"对话框，如图 5-2 所示。

（2）在对话框中选择要排料的裁片文件（可以进行多个样板文件的套排），按<增加款式>按钮后，文件增加到右边的白框内。款式选择完毕，按<OK>键，又弹出"排料方案设定"对话框，如图 5-3 所示。

看图学艺·服装篇

服装 CAD 应用实践

① 服装 CAD 概述

② 打板系统

③ 打板系统技巧与综合应用实例

④ 推板放码系统

⑤ 排料系统

附录

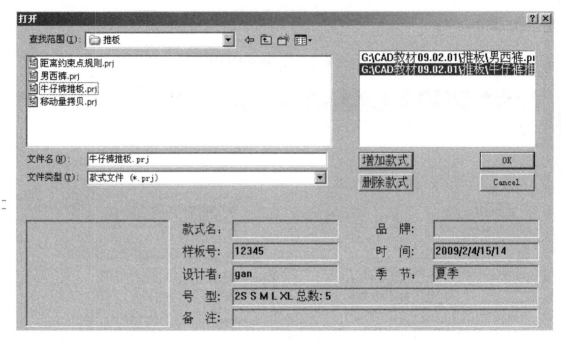

图 5-2　新建排料文件

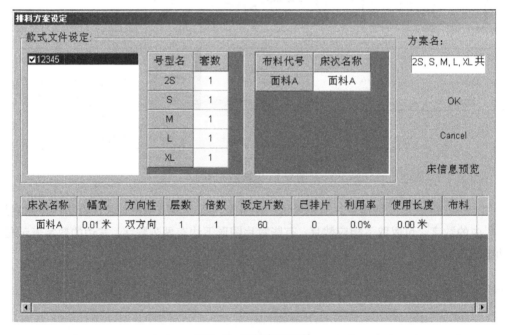

图 5-3　排料方案设定

此对话框中的"号型名"处，显示推板中推放过的所有号型，在"套数"下，根据用户的需要修改填写每个号型要排的套数，两个款式可以填写不同的套数比例。如删除"2S"和"XL"两个号型，将"M"号的套数修改为"2"，见表 5-1。

（3）排料套数设定完毕后，用鼠标左键清空"方案名"下方的文字信息，再按<床信息预览>按钮，此时"排料方案设定"对话框的改变如图5-4所示。主要改变内容包括套数、方案名和设定片数等方面。

注：一个排料文件中，可以存多个排料方案。在"方案名"处，可以填写当前方案的名称。

（4）"排料方案对话框"中内容填写完毕，按<OK>键，弹出"床属性设定"对话框，如图5-5所示。

表5-1　设置裁片排料的套数

号型名	套数
2S	0
S	1
M	2
L	1
XL	0

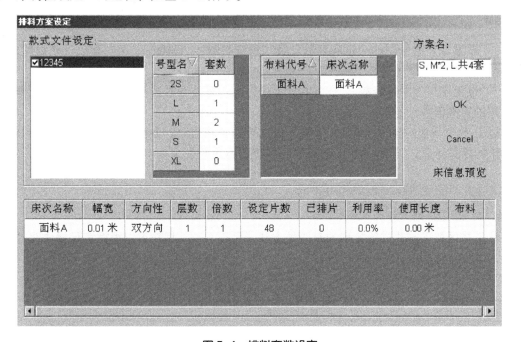

图5-4　排料套数设定

图5-5　床属性设定

在此对话框中按如下顺序设置。

① 先设置面料的幅宽。

② 如果面料需设缩水量，则在"经纱方向缩水"及"纬纱方向缩水"处填写相应的缩水量。

③ 对"单方向"、"双方向"和"合掌"三种排片纱向的选择，决定裁片在排料过程中的转动属性，且与打板中样片的旋转属性相关，具体含义详见表 5-2。

表 5-2　三种排片纱向

布料方向	打板中设裁片可任意旋转	打板中设裁片不可任意旋转
单方向	裁片可任意角度旋转	裁片不可旋转
双方向	裁片可任意角度旋转	裁片可 180° 旋转
合掌	裁片可任意角度旋转	裁片可任意角度旋转

④ 设置裁片各号型的"正向套数"及"反向套数"（只需在"正向套数"处设置，"反向套数"会自动改变）。

⑤ 设置排料方案的倍数。"在方案设定中定义的基本套数的基础上，乘以"输入框中输入需要的方案倍数。

以上 5 项设置完毕后，按<OK>键，进入排料主画面。以上设置，仅设定了"面料 A"这一床的相关信息，"里料 A"还需按加上 5 步进行重新设定。

三、排料中的取片方法

从待排区取下裁片进行排料的有四种方法，见表 5-3。用户可以根据实际操作时的不同需要，选择合适的取片方法进行排料。

表 5-3　取片方法

序　号	取片方法	图　示
方法 1	在待排区中，鼠标左键"点选"裁片下的数字，就可取下相应的裁片；无论数字为几，只可取下框内相应的一片	
方法 2	在待排区中，鼠标左键"框选"时，裁片下的数字，就可取下框内所有裁片	
方法 3	在待排区中，鼠标左键点击号型名称，可取出此号型的所有裁片	
方法 4	在排料区中，鼠标左键"框选"，可选取多个裁片。此时若按下<Ctrl>，可加选裁片或将选错的裁片取消	

四、排料信息介绍

在排料界面的左下角是如图 5-6 所示的排料信息显示区，可显示排料面料的长度、幅宽、面料利用率、已排片数和未排片数等信息，该信息随排料是的操作进展而自动产生。具体题目解释如下。

裁片信息：ET001 前侧片[斜 0.0 毫米][正 A]				
已排：17	待排：51	多取：0	杂片：0	选中：1
幅宽：144.00 厘米	长度：181.10 厘米	料率：53.7%	位置：[171, 94, 39, 28]	

图 5-6　排料信息显示

（1）裁片：RT001-S 前侧片[斜 0.0 毫米][正 A]：指当前选中的裁片是 ET001 款的 S 号的前侧片，此样片没做倾斜操作，是正向套数的第一套。

（2）已排：指当前排料图中正式排放的有效样片。

（3）待排：指等待排放的裁片，这些裁片均放在待排区内。当已排片数为 0 时，待排片数就是方案设计中的总片数。

（4）多取：排料系统中，允许选择方案设定片数之外的多余样片，此时多选片数后面，会有相应的数值，而待排区裁片下的数字也会有负数出现。

（5）杂片：指在临时放置区内，随意放置的裁片。

（6）选中：指当前选中的裁片数，选中裁片显示为红色外框。

（7）幅宽：指当前床次排料图的幅宽。

（8）长度：指当前排料图的长度为 181.10 厘米。

（9）料率：指排料区的裁片，在面料上的实际使用率。

（10）位置：指鼠标在排料区内的坐标位置。

第三节　排料工具功能介绍

一、排料工具条

在排料系统界面的右下角是"排料工具栏"，如图 5-7 所示。

图 5-7　排料工具条

（一）UNDO（撤销）

功能：依次撤销前一步操作。排料中撤消功能，无次数限制。

（二）REDO（重复）

功能：在进行撤销操作后，依次重复前一步操作。排料中撤消功能，也无次数限制。

（三）刷新视图

功能：清扫画面。在画面不清晰时使用。

（四）右分离

功能：裁片群按指示位置向右移动。

鼠标左键拖动指示两点位置（拖 1、拖 2），与指示点的垂线相交的裁片，以及其右侧的裁片都按指示位置向右移动。如图 5-8 所示。

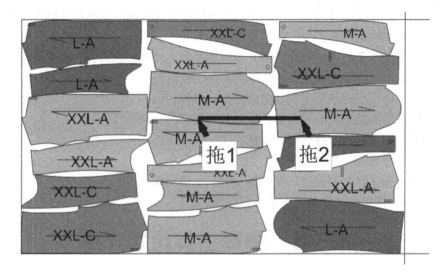

图 5-8 右分离

注：用右分离功能，向右移动的裁片，系统都把它视为杂片。如图 5-9 所示。

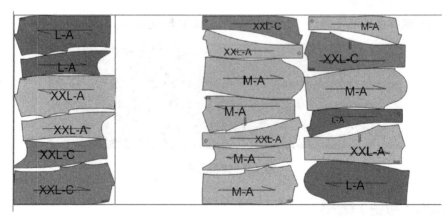

图 5-9 右分离操作结果

（五）清空麦架

功能：排料区内所有裁片，均被收回到待排区中。

（六）杂片清除

功能：排料区内所有未正式放置的裁片，被收回到待排区中。

（七）裁片寻找

功能：点击需要寻找的裁片，系统显示此裁片在排料区的相应信息。

（1）用鼠标左键在待排区内，点击要寻找的裁片底下的数字。寻找到的裁片，不光在排料区内有特殊显示，在排料信息中也会显示裁片的名称、号型，以及是否做过倾斜处理等。

（2）用鼠标左键在排料区内点击裁片，整套裁片会有特殊显示。按右键后再次点击裁片，可将拿起的裁片施加待排区中。

（3）在排料区内，移动鼠标到任意裁片上，可在排料信息中，看到相应的裁片的名称、号型及是否做过倾斜处理等。

（八）接力排料

功能：将选中的一组裁片，按系统随机的顺序，传送到鼠标上。此功能最适合排放小片。

鼠标左键框选一组需接力排料的裁片，并点选其中的一片，开始排放；排好第一片后，在排料区空白处，单击鼠标左键，系统会随机自动将下个裁片放在鼠标上。放置裁片的同时，可配套使用"K"、"L"、"<"、">"和"空格键"旋转裁片。如此循环反复，直到框选的裁片全部排完。

使用接力排料的过程中，还可以同时移动其他裁片，当鼠标在黑色屏幕上点击时，会自动回到接力排料状态。

（九）放大

功能：通过"框选"区域，放大画面。

将鼠标左键在要放大的位置拖出一个方框即可放大该区域的画面。此功能选择后，只可使用一次。

（十）缩放

功能：通过拖动鼠标，可同时放大或缩小画面。

向右或向上方拖动左键鼠标，为放大画面；向左或下方拖动，为缩小画面。此功能选择后，也只可使用一次。

（十一）平移画面

功能：通过拖动鼠标，平移画面。
拖动鼠标左键，使屏幕上、下、左、右移动。

（十二）裁片切割 切割

功能：通过拖动鼠标，将裁片切割。

拖住左键拖动，在需要切割的裁片上画切割线，弹出"裁片切割"对话框，见图 5-10。切割线必须贯穿一块整个裁片。而切割线的方向系统默认的是垂直、水平和 45° 三个方向；如果在鼠标左键按第一点后，再按一下 <Ctrl> 键，可以拖画出任意角度的分割线。

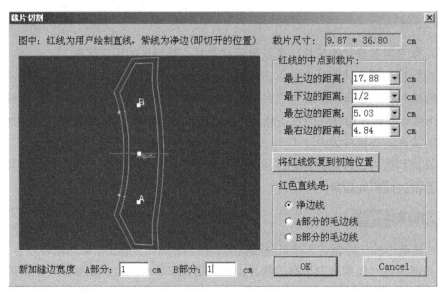

图 5-10　裁片切割

在对话框中可以修改切割线的位置、切割处缝边的宽度等数值，修改完毕按 <OK> 键。

（十三）标准 标准

功能：以标准的方式显示排料图。

此种显示方式，可看到待排区、临时放置区和正式排料区。

（十四）幅宽 幅宽

功能：以布宽充满工作区的方式，显示排料图。

此种显示方式，可看到待排区和正式排料区。

（十五）全局 全局

功能：以布长充满工作区的方式，显示排料图。

此种显示方式，可看到排料图的全貌。

（十六）人工排料 人工排料

功能：以压片的方式排放裁片。

鼠标左键"点选"一个裁片，裁片被吸在鼠标上，移动鼠标，将该裁片压住其他裁片，或压住排料区边线；点击左键放下裁片，该片自动放置到合理位置；在裁片放下后，可按"空格"键，系统会自动选择其他可以放置的位置。

裁片在鼠标上时，可按键盘上的上、下、左、右方向键来滑动裁片；放下裁片时，裁片外周显示红色边框，此时，可以用小键盘的 2、4、6、8 键进行微动。

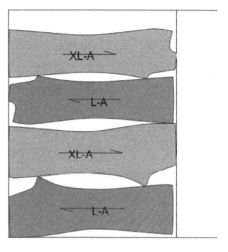

图 5-11　放置一排

（十七）放置一排 放置一排

功能：系统自动将待排区内的裁片，在排料区内放置一排。

选此功能后，裁片自动按裁片的长度，一排一排地放置。如果对放置的裁片不满意，可用人工排料的方式，调整裁片位置。调整后，再用放置一排功能，放置下一排裁片。如图 5-11 所示。

（十八）辅助线 辅助线

功能：在当前排料图上增加水平、垂直、45°角的辅助线。

选此功能后，在屏幕上的任意位置，单击鼠标左键，就会出现一条垂直于屏幕的辅助线，按"空格"键，可以改变辅助线的方向，确定辅助线的方向后，单击鼠标左键，弹出如图 5-12 的"辅助线"对话框，在对话框中修改数值后，按"OK"键。

图 5-12　辅助线

辅助线在鼠标上时，可以按<Delete>键，将辅助线删除；如果想删除所有辅助线，可选用菜单中"辅助功能"里面的"清除所有辅助线"功能。

（十九）锁定 锁定

功能：用来锁定床尾线。

床尾线被锁定后，裁片可左右靠齐被锁定的床尾线摆放。

（二十）微动 微动

功能：根据自定义的微动量，上、下、左、右移动裁片。

先可以在如图 5-42 的【排料参数设定/当前床次参数】菜单对话框中，设置"手工微调移动量"，系统默认值为 1mm。选"微动"功能，并用鼠标左键选择一个或一组裁片，按键盘上的上、下、左、右方向键，移动裁片，每按一次方向键，裁片移动 1mm。

看图学艺·服装篇

服装 CAD 应用实践

① 服装 CAD 概述

② 打板系统

③ 打板系统技巧与综合应用实例

④ 推板放码系统

⑤ 排料系统

附录

（二十一）选位 选位

功能：指定好要排放的小片后，系统自动在当前排料图中找适当的空位，并标识出位置。

鼠标左键"点选"小片后，选择"自动选位"功能，系统自动找到可以放下小片的位置，并用白线标识出来。此时，领片还在鼠标上，放至合理位置即可。要去除屏幕上的标位白线，用"刷新视图"功能即可。如图 5-13 所示。

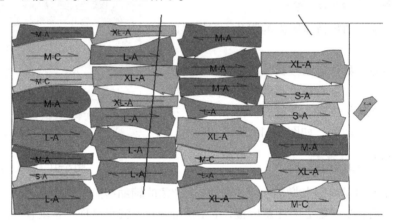

图 5-13　选位

二、排料系统快捷键

快捷键名称	用　途
Page Up	待排区内裁片向左平移
Page Down	待排区内裁片向右平移
W、A、	排料区内排料图向下平移、排料区内排料图向右平移
S、Z	排料区内排料图向左平移、排料区内排料图向上平移
↑、↓、	在人工排料时，为上、下、左、右滑动
←、→	在微动排料时，为上、下、左、右按微动量移动
小键盘 2、4、6、8	在微动排料时，为上、下、左、右按微动量移动
空格键	当裁片在鼠标上时，根据布料的方向设置，转动裁片 （1）布料单方向，不能转动裁片； （2）布料双方向，180° 转动裁片； （3）布料无方向，180° 转动、水平翻转及垂直翻转裁片
Insert	复制裁片（此功能多在可"允许额外选取裁片"时，才能使用） 左键框选要复制的裁片；按<Insert>键，可将所选裁片复制在鼠标上
Delete	删除裁片，在鼠标上的裁片或选中的裁片，被删回待排区
K、L	向左微转裁片、向右微转裁片

快捷键名称	用　途
<、>	向左 45°转动裁片、向右 45°转动裁片
F3、F4	人工排料、输出
F5、F6、F7	放大、动态放缩、平移
I、O、G	垂直翻转、水平翻转、对格排料模式
Home、End	床起始线到鼠标位置、床尾线到鼠标位置
+、−	组合、拆组
Ctrl+A、	全选
Ctrl+S、Ctrl+O	保存、打开

三、排料系统菜单应用

排料系统菜单系统中，共有 12 个菜单（其中层管理菜单不可用），每个菜单中又分若干子菜单，一级菜单的内容见图 5-14。下面主要介绍排料系统的专用功能，工具条中已有的功能在此不再赘述。

文件(F)　方案&床次(S)　绘图仪(P)　编辑(E)　检查与统计　画面控制(V)　人工排料(T)　排料参数设定　自动排料(A)　辅助功能(S)　层管理(L)　帮助(H)

图 5-14　排料系统菜单

（一）【文件】菜单

1. 【文件/追加款式】

功能：在当前的排料文件中追加其他要套排样板文件。

在弹出的如图 5-2 所示"打开"对话框中，选择需要进行套排的样板文件，按<追加款式>按钮；再通过"排料方案设定"和"床属性设定"的操作，完成套排文件的追加。

2. 【文件/刷新款式】

功能：对于排好料的样板文件进行了局部修改，不需要重新排料，使用"刷新款式"功能就能将排料图进行修正。

打开原始排料图，选择"刷新款式"功能，在弹出的"打开"对话框中找到修改后的同名称样板文件，在按<刷新款式>按钮。如图 5-15 所示。

3. 【文件/更改样板号】

功能：可以在"打开"对话框中更改打板文件的"样板号"。

4. 【文件/款式文件导出】

功能：由排料文件反向导出样板文件。

当某一个排好麦架的样板文件丢失或找不到文件存放的位置时，可以依靠排料文件重新恢复该样板文件。选择此功能后，弹出"文件导出"对话框，如图 5-16 所示；选择需要导出的样板文件，按<导出>按钮，弹出文件"另存为"对话框，选择保存的位置后，按<确定>按钮，完成样板文件的导出。

看图学艺·服装篇

服装 CAD 应用实践

① 服装 CAD 概述

② 打板系统

③ 打板系统技巧与综合应用实例

④ 推板放码系统

⑤ 排料系统

附录

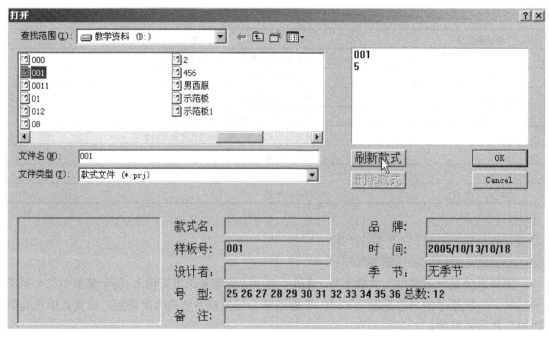

图 5-15　刷新款式

图 5-16　款式文件导出

5.　【文件/款式及裁片属性】

功能：查看样板文件的所有信息。

选择此功能后，弹出如图 5-17 的"款式文件检查"对话框，对话框的上方显示了样板的所有相关信息(包括样板号、基础码、款式名、品牌、放码号型等)；用鼠标左键点击下方的裁片，可以在全视图与单片全屏视图间切换；点击"全号型"右边的小三角，可以选择查看某一个号型。

6.　【文件/将小排料图导入 WORD】

功能：将排料图导入到通用办公软件 Word 文档中。

选择此功能后，打开 Word 文档按<Ctrl+V>键或选择"粘贴"功能，就可以缩小的排料图粘贴到 Word 文档中，如图 5-18 所示。方便没有绘图仪的用户按小排料图进行排料或作为资料保存。

7.　【文件/打开】、【文件/保存】、【文件/另存为】

功能：分别"打开"、"保存"和"另存为"一个排料文件"*.pal"。

8.　【文件/恢复非正常退出前的状态】

功能：文件备份。在为保存的情况下退出系统后，特别是当由于非人为要素（如死机、停电等）造成重启计算机时，用此功能可以恢复最后一步的排料操作画面。

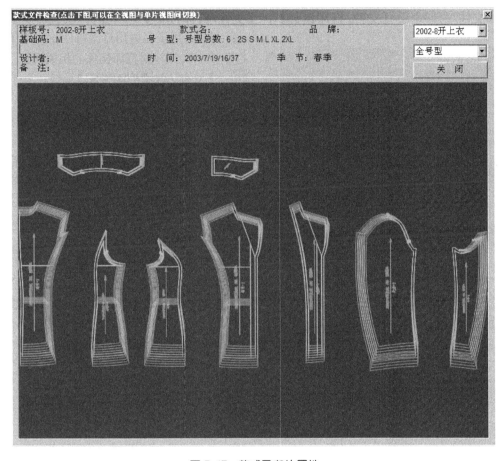

图 5-17　款式及裁片属性

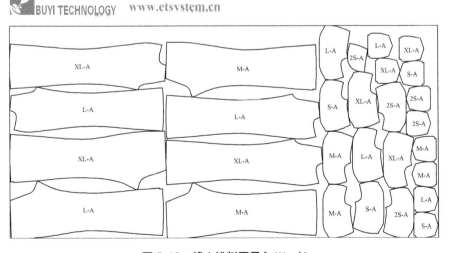

图 5-18　将小排料图导入 Word4

操作时要注意，重新进入排料系统后，不要进行"打开"或"新建"操作。

9.【文件/打印】、【文件/打印设置】、【文件/打印预览】、【文件/页面设置】

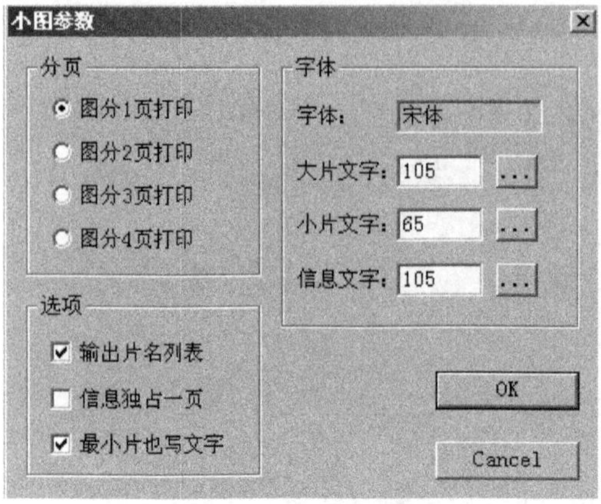

功能：用于在通用打印机（如 A4 打印纸）打印排料文件时对打印操作的相关设置。

10.【文件/小排列图设定】

功能：对于"小排料图导入 Word"导入格式的相关设定，选择此功能弹出"小图参数"对话框，如图 5-19 所示。

其中勾选"输出片名列表"选择项后，在导入 Word 文档的小排料图的下方将有如图 5-20 的排料信息。

图 5-19　小排料图参数设定

选择该功能可以在弹出如图 5-3 的"排料方案设定"对话框中修改排料方案（如增减某号型的排料套数、减少套排样板等）；对于一个排料文件有面料、里料、实样等多床的情况，可以通过选择如图 5-21 所示右边的麦架种类，对其他麦架的排料方案进行设定。

（二）【方案&床次】菜单

1.【方案&床次/当前方案设定】

功能：用于对当前排料方案的重新设定。

款式：12345

后片：	4 片	前片：	4 片
前袋布：	10 片	后袋：	10 片
前袋贴：	1 片	后机头：	0 片

备注：＿＿＿＿＿＿＿＿＿＿＿＿＿＿＿＿＿＿＿＿＿＿＿＿＿＿＿＿＿＿＿＿＿＿

排料师签字：　　　　　　　　　　主管签字：

图 5-20　排料信息

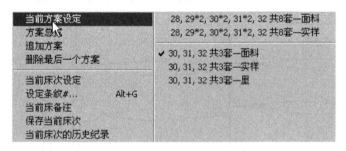

图 5-21　当前方案设定

2.【方案&床次/方案总览】

选择该功能弹出如图 5-22 的"方案浏览"对话框，可以查看当前排料方案总共有几床，以及各床的排料信息；在"方案名"选择某一床后，按<切换到指定的床>按钮，可以进入指定床的排料麦架。

方案名	床名	幅宽(cm)	方向性	倍数	利用率	长度(cm)	已排	备注
28, 29*2, 30*2, 31*2, 32 共8套	面料	149.00	双方向	1	81.3%	684.34	46	
	实样	1.00	双方向	1	0.0%	0.00	0	
30, 31, 32 共3套	面料	149.00	双方向	1	70.4%	323.20	10	
	实样	1.00	双方向	1	0.0%	0.00	0	
	里	149.00	双方向	1	0.0%	0.00	0	

切换到指定的床　　　　关闭对话框

图5-22　方案浏览

3. 【方案&床次/追加方案】

功能：在当前排料文件中追加另外一床排料方案。

选择此功能，通过如图5-3的"排料方案设定"和图5-5"床属性设定"的设定，可以在当前排料文件中追加一床方案，点击【方案&床次】菜单可以看到在图5-21的方案的下方又增加了第三床排料方案，如图5-23所示。

图5-23　追加方案

4. 【方案&床次/删除最后一个方案】

功能：追加方案的反向操作。此功能只能删除最后一床方案。

点击【方案&床次】菜单，必须先勾选设置其他方案为当前方案，再选择此功能后，即可删除图5-23中的最下一床方案（排料方案变为如图5-21所示的两床）。

5. 【方案&床次/当前床次设定】

功能：对当前排料麦架的"床属性"进行重新设定。

选择此功能，弹出如图5-5的"床属性"设定对话框，可以修改"面料幅宽"、"经纬向缩水"、"布料方向"、"裁片组合"及"正反向套数"等床属性。另外，可以通过【方案&床次】菜单勾选设定当前方案，实现对其他裁床属性的修改设定。

6. 【方案&床次/设定条纹】

功能：在有对条对格要求的排料麦架进行条纹设定。

选择此功能，弹出如图5-24的"条纹设定"对话框，先选择面料条格的种类，再输入条格参数（A、B数值），按<OK>键完成条纹设定，此时在排料界面上会显示条格。

此功能必须和打推系统中【打板/定义对格点】功能结合使用才能实现对条对格排料操作。

① 服装 CAD 概述

② 打板系统

③ 打板系统技巧与综合应用实例

④ 推板放码系统

⑤ 排料系统

附录

看图学N · 服装篇

服装 CAD 应用实践

① 服装 CAD 概述

② 打板系统

③ 打板系统技巧与综合应用实例

④ 推板放码系统

⑤ 排料系统

附录

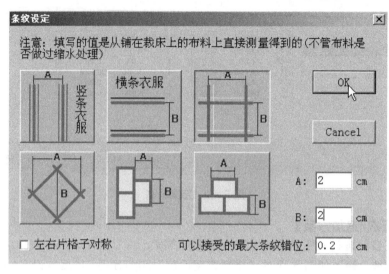

图 5-24　设定条纹

7. 【方案&床次/当前床备注】

功能：将当前裁床注明必要的备注信息。

选择此功能，弹出如图 5-25 的"备注"对话框，在框内输入必要的裁床备注信息（如条格 2×2），按<OK>键完成裁床备注。

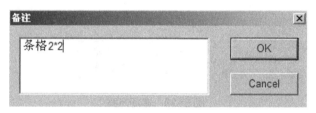

图 5-25　当前床备注

裁床的备注信息在【绘图仪/信息栏设置】功能中可以查看到。如图 5-26 所示。

图 5-26　裁床信息栏

8. 【方案&床次/保存当前床次】、【方案&床次/当前床次的历史记录】

两个功能结合使用，可以实现排料过程中的分步保存。

一般排料过程中存在前半部分满意而后面不满意的情况，使用这两个功能可以找回前面的排料记录。先选择"保存当前床次"功能，在弹出的"备注"对话框中输入步骤代号，完成一次排料步骤的保存；如此可以进行若干次保存操作。如图 5-27 所示。

图 5-27　保存当前床次

如果想要恢复某一次排料操作，选择"当前床次的历史记录"功能，弹出"本床的所有历史记录"对话框，选择要恢复的排料步骤，按<恢复为选中的历史状态>按钮，即可实现麦架的历史恢复。如图 5-28 所示。

保存时间	能否恢复	可用幅宽	利用率	长度	已排	倍数	方向性	双皮	备注
02-06 20:11	较大可能	145.00 厘米	74.6%	3.01 米	29片	1	单方向	N	1
02-06 20:12	较大可能	145.00 厘米	74.3%	3.04 米	30片	1	单方向	N	12
02-06 20:12	较大可能	145.00 厘米	74.5%	3.05 米	31片	1	单方向	N	123

当前方案的设定时间： 02-05 22:33　　恢复为选中的历史状态　　删除　　关闭对话框

图 5-28　本床历史记录

（三）【绘图仪】菜单

"绘图仪"菜单包括"出图"、"输出预览"、"综合检查"、"绘图仪设定"和"布纹线和刀口形状"等内容，其中"出图"是操作最后一步，在此笔者按照常规出图的基本顺序来介绍本菜单的内容。

1.【绘图仪/布纹线和刀口形状】

绘图仪进行出图操作的第一步，选择此功能弹出"输出参数设定"对话框，如图 5-29所示。打印麦架和打印样板是不一样的，为了节省时间、提高绘图仪的打印速度，一般要省略或简化一些麦架中不必要的输出内容。

（1）布纹线一般设定为"双箭头"形式，即如图所示的两端都有单边箭头的形式。

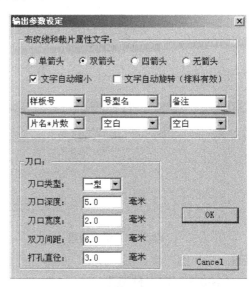

图 5-29　绘图仪输出参数设定

（2）勾选"文字自动缩小"选择项，系统会根据裁片的大小自动调整文字的大小，以免

看图学艺·服装篇

服装 CAD 应用实践

① 服装 CAD 概述

② 打板系统

③ 打板系统技巧与综合应用实例

④ 推板放码系统

⑤ 排料系统

附录

小裁片上的文字标注打印出界。

（3）"文字自动旋转"选项，根据打板操作中设置的文字倾斜在排料图中也有效。

（4）在打印排料图时，文字标注的内容方面，布纹线上下方一般只设置一个"号型名"就可以了，其他选项都设置为空白。其中"备注"表示的是打板文件中对缩水等内容的说明。

（5）刀口参数的设置一般应用系统默认的参数即可。

2.【绘图仪/信息栏设定】

功能：查看排料图的所有信息。

选择此功能弹出如图 5-26 的"自定义 Mark 信息栏"对话框，检查要出图的麦架信息是否正确。

3.【绘图仪/绘图仪设定】

功能：用于安装和调试绘图仪。

选择此功能弹出"绘图仪设定"对话框，如图 5-30 所示。绘图仪的设定一般是由系统供应商的技术人员调试好的，一般要求用户不能随便更改，否则可能出现打印精度或有效宽度不精确等系列技术问题。

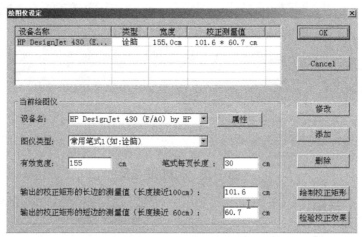

图 5-30　绘图仪的设定

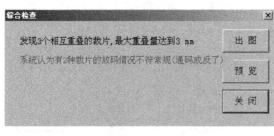

图 5-31　综合检查

4.【绘图仪/综合检查】

功能：用于出图前系统的自动综合检查。

选择此功能，弹出如图 5-31 的"综合检查"对话框，系统可以分别检查出 11 项方案中的问题，在出图前一定要先用这个功能检查后再出图。

选择<出图>或<预览>按钮，可以直接进入"出图"或出图"预览"的操作界面。

5.【绘图仪/输出预览】

功能：对绘图仪的出图进行输出预览。

选择此功能弹出"输出预览"对话框如图 5-32 所示，用户可以预览在绘图仪上出图的裁床布局情况。

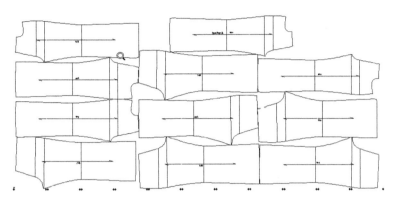

图 5-32　输出预览

6.【绘图仪/出图】

功能：上述参数设置好了以后就可以进行出图操作了。

选择此功能弹出如图 5-33 的"输出"对话框。可以对输出的参数进行最后的设定。一般绘图仪输出排料图的设置如下。

（1）只输出毛边、输出毛刀口、属性文字、布纹线、信息栏（麦架头部的文字信息）等内容。

（2）不输出净边、片内文字（样板图中的任意文字）、工艺线（裁片内部结构线）等。

（3）"切割"选择框表示麦架宽度超过绘图仪幅宽时，可以采用切割方式分两次输出，再将两个接在一起。

（4）"宽幅模式"表示将麦架横向打印，同样用于处理超宽麦架问题。

（5）按对话框中的"↓"图标 ⇩，可以展开"不经常变更的选项"的内容。

出图最后参数设定结束后，按<OK>键进行绘图仪出图操作。

7.【绘图仪/HP DesignJet 430 (E/A0) by HP】

功能：惠普绘图仪打印任务管理。

当绘图仪出图过程中出现故障后，需要选择此功能，通过点击【打印机/取消所有文档】的操作，取消绘图仪的出图任务，否则在重新启动绘图仪出图时会从出故障处继续打印。如图 5-34 所示。

（四）【编辑】菜单

"编辑"菜单中大部分功能在排料工具条中已经介绍，此处只介绍以下几个功能。

1.【编辑/各取一片】

功能：将待排区的所有号型的裁片各取一片到鼠标上。常用于裁片比较少的裁床的排料

看图学艺·服装篇

服装 CAD 应用实践

① 服装 CAD 概述

② 打板系统

③ 打板系统技巧与综合应用实例

④ 推板放码系统

⑤ 排料系统

附录

操作，可以方便鼠标取片。注意此功能只能使用一次，因为必须在清空麦架的基础上才能进行各取一片的操作。

图 5-33　出图

图 5-34　绘图仪打印任务管理

图 5-35　整体复制

2.【编辑/整体复制】

功能：对已经排好的麦架进行整体复制操作。

选择此功能弹出如图 5-35 的"整体复制"对话框，在"扩大到原来的"输入框中输入 2～20 的整数。

（1）对话框中共有四种整体麦架复制模式，前三个模式一般在当前麦架全部排好的情况下使用，在原来方案的基本套数的基础上将麦架整体扩大 X 倍。而最后一个模式则可以在当前麦架的排料过程中使用。"互补"方式是在旋转之后与原麦架咬合，"咬合"方式是将原麦架进行直接扩大复制，"整齐"是与原麦架有整齐的纵向分界线的复制方式。

（2）这里重点介绍在人工排料操作过程中可以使用的第四种"对称"复制方式，属于仿制已排裁片的复制排料方法，不会按照设定扩大倍数扩大麦架。人工排料时，某些裁片已人工排好一部分，而剩余部分裁片想参照已排的部分进行排料时，可以选择该功能，剩余部分就按照其已排的裁片的位置进行排放。

例如先用人工排料方式将对称裁片的一半排好，如图5-36所示；再点击【编辑/整体复制】功能，选择"对称——仿制已排裁片的对称片"选项，按<OK>按钮，就会得到如图5-37的排料结果。

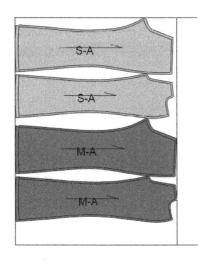

图5-36　已排好的裁片　　　　　图5-37　对称仿制

3. 【编辑/整体转180°】

功能：将麦架整体逆时针旋转180°，即将麦架的右上角旋转为左上角。

4. 【编辑/整体上下翻转】

功能：将麦架整体的上下进行对调。

5. 【编辑/整体左右翻转】

功能：将麦架整体的前后进行对调。

（五）【检查与统计】菜单

1. 【检查与统计/测距】

功能：测量麦架上任意两点间的距离。

选择此功能，在排料界面上鼠标变成"三角板"的样子，用鼠标左键点击要测量的两个点，屏幕左下方会弹出如图5-38的测量结果。

> 水平：805.0 毫米
> 垂直：14.9 毫米
> 长度：805.1 毫米

图5-38　测距

2. 【检查与统计/格子匹配度检查】

功能：检查对条对格麦架的格子匹配情况。

看图学艺·服装篇

服装 CAD 应用实践

① 服装 CAD 概述

② 打板系统

③ 打板系统技巧与综合应用实例

④ 推板放码系统

⑤ 排料系统

附录

选择此功能弹出"格子匹配度检查"对话框，如图 5-39 所示；鼠标左键在左栏中选择要检查的套名，在右栏中会显示该套名中有对条对格关系的相关裁片，在"相对偏差"栏中显示格子匹配度的相对偏差数值；左键再依次点击右栏中的裁片名，屏幕将自动最大化显示这些裁片的对条对格情况。

套名	最大偏差	片数	类型		裁片名	相对偏差
M-A	0.0 mm	3	对竖条		前片	0.0 mm
L-A	16.0 mm	2	对竖条		过面	0.0 mm
XXL-A	0.0 mm	2	对竖条		前片	0.0 mm
L-A	0.0 mm	2	对竖条			
XXL-C	0.0 mm	2	对竖条			
M-A	0.0 mm	2	对竖条			
L-A	0.0 mm	2	对竖条			
XXL-A	0.0 mm	2	对竖条			
L-A	0.0 mm	2	对横条			
XXL-C	0.0 mm	2	对横条			
M-A	0.0 mm	2	对横条			

图 5-39 格子匹配度检查

片名	重叠量	微转量
双牌	6.7mm	
后袋	6.7mm	
双牌	2.7mm	
袋贴	0.1mm	
袋贴	0.1mm	
机头		48.0mm
机头		46.0mm
机头		38.0mm
机头		43.0mm
机头		70.0mm

刷新数据

图 5-40 标记（重叠&微转）裁片

3.【检查与统计/标记（重叠&微转）裁片】

功能：检查麦架中所有裁片的重叠或微转情况。

选择此功能弹出如图 5-40 的"裁片微观情报"对话框，鼠标左键点击"片名"、"重叠量"或"微转量"，对话框中的情报排列会做相应的改变；点击某一片名屏幕会自动最大化显示该裁片的位置，可以用键盘上的方向键（或 K、L）直接对裁片进行重叠（微转）调整，再按<刷新数据>按钮查看调整后的重叠（微转）情况。

4.【检查与统计/标记排料区内（杂片）】

功能：检查排料区内的杂片。

选择此功能，在屏幕左下角会显示检查信息。

5.【检查与统计/标记（方向错误）的裁片】

功能：检查有纱向错误的裁片。

选择此功能，在排料界面内会以特殊颜色显示纱向错误的裁片。在实际排料过程中，可能由于进行多次旋转操作，而将裁片的纱向排放错误。

6.【检查与统计/标记（斜置）裁片】

功能：检查排料区内斜置的裁片。此功能可以用【标记（重叠&微转）裁片】功能代替。

选择此功能，在排料界面内会以特殊颜色显示斜置裁片。

7.【检查与统计/选择被标记的裁片】

功能：直接选择被上述检查操作中标记的裁片，便于对这些裁片进行集体操作。

（六）【画面控制】菜单

1. 【画面控制/单位设置】
功能：对排料界面所使用的单位进行设置。

选择此功能弹出"单位设定"对话框，选择需要的单位制（厘米、1/8 英寸、1/16 英寸等），按<OK>按钮即可。

2. 【画面控制/填充颜色】
功能：对裁片进行颜色填充的选择项。

系统默认为有填充色。如果取消此功能，则裁片以打推系统一样的线框形式显示。

3. 【画面控制/显示格子线】
功能：在排料界面中显示设定的条格线。

在排对条对格的麦架时，通过【方案&床次/设定条纹】设定好条格后，勾选此功能可以在排料界面上显示条格线。如图 5-41（a）所示。

4. 【画面控制/显示格子点】
功能：在排料界面中显示设定的条格点。

在排对条对格的麦架时，勾选此功能可以在排料界面上显示条格点。如图 5-41（b）所示。

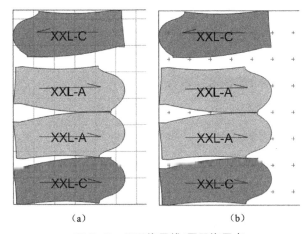

（a）　　　　　　　　（b）

图 5-41　显示格子线/显示格子点

5. 【画面控制/显示工艺线】、【画面控制/显示刀口和净边】
功能：在排料界面上的裁片显示其内部的工艺线（胸围线、腰围线、臀围线、横裆线、扣位等）或显示裁片的刀口和净边。

6. 【画面控制/自动调整文字大小】
功能：在排料界面上自动调整裁片的属性文字的大小，大裁片的文字较大，小裁片的文字较小。一般需要勾选此功能，否则小裁片的文字可能会到写裁片的外面。

（七）【人工排料】菜单

1. 【人工排料/左对齐排料】、【人工排料/右对齐排料】
功能：在排料区内将所选的裁片做纵向排料，裁片的左或右边界在同一竖直线上。

看图学艺 · 服装篇

服装 CAD 应用实践

① 服装 CAD 概述

② 打板系统

③ 打板系统技巧 与综合应用实例

④ 推板放码系统

⑤ 排料系统

附录

2. 【人工排料/上对齐排料】、【人工排料/下对齐排料】

功能：在排料区内将所选的裁片做横向排料，裁片的上或下边界在同一水平线上。

（八）【排料参数设定】菜单

1. 【排料参数设定/额外取片】

功能：在排料方案之外额外多取裁片，在麦架有余缺的情况下，添加备用裁片，可以提高面料利用率。

选择此功能可以进行额外取裁片操作，同时在待排区会以负数显示多取裁片的数量和种类，而在排料信息栏内仅会显示多取数量。

2. 【排料参数设定/自动放置】

功能：自动将裁片排放到合适的位置。

选择此功能，在不追加用料长度的前提下，用鼠标左键点击待排区的裁片数字，该裁片会自动排放到合适的位置。

3. 【排料参数设定/组合取片】

功能：将几片排放合理的裁片组成一组，整体移动，提高排料速度。

用鼠标左键"框选"要做组合的裁片，再用左键对成组的裁片作整体移动操作。

4. 【排料参数设定/当前床次参数】

功能：对当前裁床的排料参数进行设定。

选择此功能，弹出如图 5-42 的"排料参数设定"对话框，可以对当前裁床的总体参数先将设定。

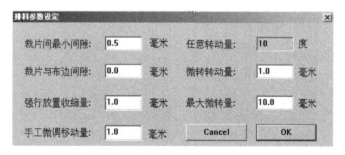

图 5-42　排料参数设定

（1）裁片间最小间隙：一般设定制为"0.0 毫米"；而对于某些容易脱散的面料，可以将此参数设定为"0.5 毫米"，避免裁片散边变小。

（2）裁片与布边间隙：裁片一般要紧靠面料的布边，参数设定一般为"0.0 毫米"。

（3）强行放置收缩量：在强行放置裁片时每移动一步的移动量。

（4）手工微调移动量：在"微动"功能操作时，每按一次方向键的移动量。

（5）微转转动量：在按"K、L"键进行微转操作时，每次转动的转动量。

（5）最大微转量：微转操作的最终转动量的极限值。

5. 【排料参数设定/系统默认参数】

功能：为裁床排料参数的系统默认参数。

（九）【自动排料】菜单

1. 【自动排料/继续排料】

功能：在部分排好的麦架基础上，将剩余的裁片进行自动排料。

2. 【自动排料/自动排料】、【自动排料/快速排料】

功能：选择这两个功能，系统会进行自动排料操作。随着时间不断地自动调整、搭配，达到理想的面料使用率；其中的快速排料功能，由于系统自动排料时间较短，面料使用率会有所下降。

3. 【自动排料/自动放置小裁片】

功能：在大裁片排好的基础上，可以选择此功能让系统对小裁片进行自动排料操作。

4. 【自动排料/同面料仿制】

功能：对于同一款式、同一面料、相同排料套数，仅不同排料方案的麦架，可以用此功能将已排好的麦架作为模板进行仿制排料。

在新建的排料文件（如27、28、29码）状态下，选择此功能弹出"仿制排料"对话框，见图5-43。在对话框中选择要仿制的麦架"所属方案"名（如30、31、32码），再按<OK>按钮，新建的麦架就会仿制原来的麦架图自动完成排料。

图5-43　同面料仿制排料

5. 【自动排料/仿制其他文件】

功能：对于款式相近、面料相近、套数相同的麦架，可以用此功能将已排好的麦架作为模板进行仿制排料。

（十）【辅助功能】菜单

1. 【辅助功能/自定义快捷菜单】

功能：同打推系统一样，可以将菜单栏中的采用工具设置到鼠标滚轮上。

选择此功能弹出如图 5-44 的"自定义快捷菜单"对话框，在文字菜单栏中选择常用的工具，再按<OK>按钮即可。在以后排料操作时，压一下鼠标滚轮就可以找到这些常用工具。

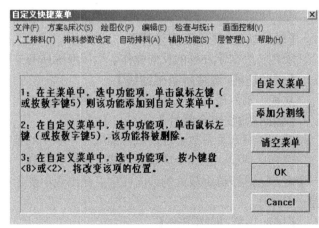

图5-44　自定义快捷菜单

看图学艺 · 服装篇

服装 CAD 应用实践

① 服装 CAD 概述

② 打板系统

③ 打板系统技巧与综合应用实例

④ 推板放码系统

⑤ 排料系统

附录

2. 【辅助功能/编辑布纹信息文件】

功能：设定布料的名称。

选择此功能弹出如图 5-45 的"布料代名设定"对话框，在对话框中可以对布料的代用名进行重新设定，设定完毕后按<OK>按钮即可。

布料代名设定:

面料:	里料:	其他:	实样:
01 面料A	11 里A	21 衬	31 实样
02 面料B	12 里B	22 棉	32
03 1	13	23	33
04 2	14	24	34
05	15	25	35
06	16	26	
07	17	27	OK
08	18	28	
09	19	29	Close
10	20	30	

图 5-45　布料名称设定

3. 【辅助功能/文字注释】

功能：在裁片或麦架上输入文字注释。

选择此功能,鼠标会变成一支铅笔形状,鼠标左键点击要输入注释的位置,弹出如图 5-46 的"文字"对话框，在对话框的"文字内容"中输入文字后。按<OK>按钮即可。"文字高度"输入框可以设定文字的大小。

文字

文字内容：　有重叠

文字高度：　5.00　厘米　　OK　　Cancel

图 5-46　文字注释

4. 【辅助功能/清除所有注释】

功能：为文字注释的反向操作，可以清除所有文字注释。

5. 【辅助功能/清除所有辅助线】

功能：清除所有排料操作过程中设置的辅助线。

6. 【辅助功能/组合裁片】

功能：将几片排放合理的裁片组成一个单个的整体裁片。

选择此功能，鼠标变成锁的形式，用鼠标左键"框选"要群组的裁片，左键再点击其中一个裁片，这些群组裁片的纱向线中点处出现小菱形框，完成裁片的组合。组合后的裁片只能一起操作。

7. 【辅助功能/撤销组合】

功能：对撤销一组指定裁片的组合。

选择此功能，鼠标变成钥匙的形式，用鼠标左键点击组合裁片中的任何一片，就可以撤销整个裁片的组合。

8. 【辅助功能/撤销所有组合】

功能：撤销麦架上所有裁片的组合。

选择此功能，麦架上所有裁片组合全部被撤销。

9. 【辅助功能/辅助计算】

功能：通过预设的计算公式对面料成本进行辅助计算。

选择此功能弹出如图 5-47 的"按公式计算"对话框，按<计算>按钮系统会自动完成面料成本的计算。其中"经、纬纱缩水"、"单价"、"公式"和"方案基本套数"等项目可以直接修改。

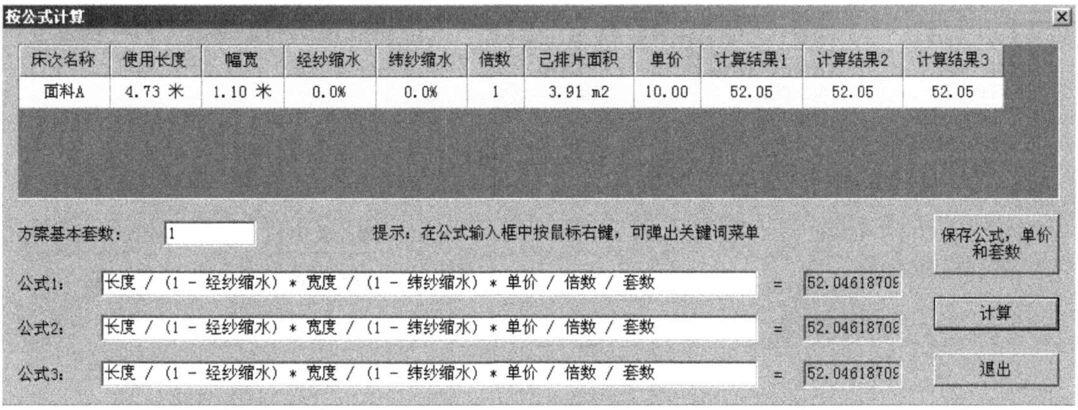

床次名称	使用长度	幅宽	经纱缩水	纬纱缩水	倍数	已排片面积	单价	计算结果1	计算结果2	计算结果3
面料A	4.73 米	1.10 米	0.0%	0.0%	1	3.91 m2	10.00	52.05	52.05	52.05

方案基本套数： 1 　　　　提示：在公式输入框中按鼠标右键，可弹出关键词菜单

保存公式，单价和套数

公式1： 长度 / (1 - 经纱缩水) * 宽度 / (1 - 纬纱缩水) * 单价 / 倍数 / 套数 = 52.04618709

计算

公式2： 长度 / (1 - 经纱缩水) * 宽度 / (1 - 纬纱缩水) * 单价 / 倍数 / 套数 = 52.04618709

公式3： 长度 / (1 - 经纱缩水) * 宽度 / (1 - 纬纱缩水) * 单价 / 倍数 / 套数 = 52.04618709

退出

图 5-47　辅助计算

（十一）【帮助】菜单

1. 【帮助/当前功能说明】

选择此功能后，在屏幕左下角弹出如图 5-48 的排料工具简单说明显示框，在选择其他工具操作前该显示框会自动消失。

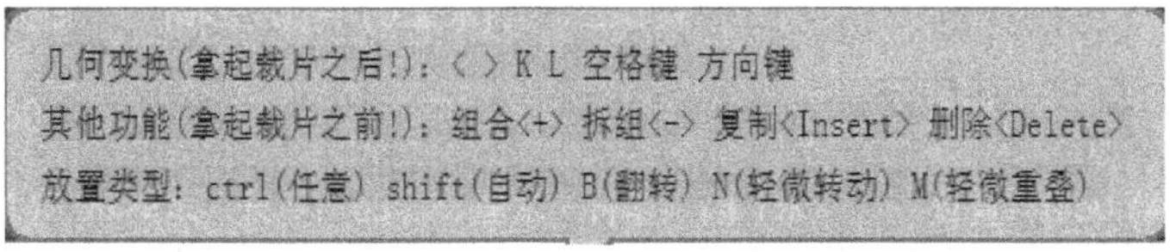

几何变换(拿起裁片之后!)：< > K L 空格键 方向键

其他功能(拿起裁片之前!)：组合<+> 拆组<-> 复制<Insert> 删除<Delete>

放置类型：ctrl(任意) shift(自动) B(翻转) N(轻微转动) M(轻微重叠)

图 5-48　当前功能说明

2. 【帮助/关于 ETMark】

选择此功能会显示当前排料系统的程序版本、版权等信息，看完后按<OK>即可。

第四节　排料系统综合实例应用

下面主要来介绍自动排料、手工排料和对格排料。

一、自动排料实例

排料是在打板和推板完成之后进行的，排料方案设置为：女西服三个号型的排料。其操作顺序如下。

（一）新建排料文件

双击排料图标 ETMARK.exe 进入 ET 服装 CAD 的排料系统主画面。

（1）选择菜单中的【文件/新建】功能，弹出"打开"对话框，如图 5-49 所示。

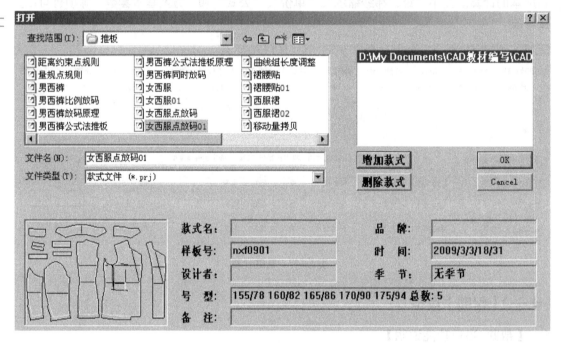

图 5-49　新建排料文件

（2）在对话框中选择要排料的女西服推板文件（可以进行多个样板文件的套排），按<增加款式>按钮后，文件增加到右边的白框内。款式选择完毕，按<OK>键，又弹出"排料方案设定"对话框，如图 5-50 所示。

此对话框中的"号型名"栏里显示出女西服推板中推放过的所有号型，在"套数"栏中，根据需要进行修改每个号型要排的套数，如删除"175/94"和"155/78"两个号型；在"床次名称"栏下的输入框中双击鼠标左键，输入新的排料床次名称如"女西服 0901"；再用鼠标左键连续两次点击"方案名"，第一次是清空下面的排料号型名、第二次是自动更新修改好的排料方案（要排料的号型）。如果按<床信息预览>按钮，可以看到本次排料床次方案的修改后主要信息，如床次名称由"面料 A"（系统默认名称）改为"女西服 0901"、"设定片数"由原来的"115"改为"69"等。排料方案设定完毕，按<OK>键，弹出"床属性设定"对话框，如图 5-51 所示。

（3）在"床属性设定"对话框中按如下顺序设置。

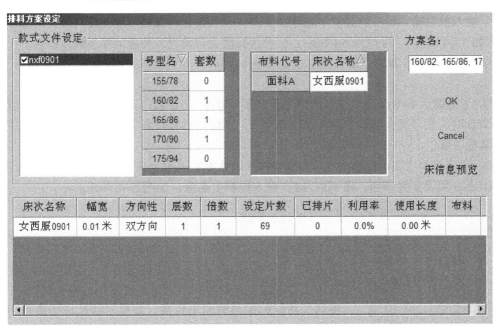

图 5-50　排料方案设定

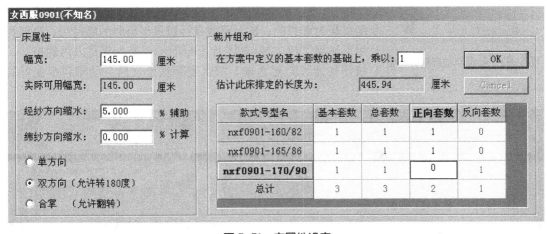

图 5-51　床属性设定

① 先设置面料的幅宽为 145 厘米（系统默认值）。

② 设置"经纱方向缩水"为"5%"、"纬纱方向缩水"仍为"0%"。如果在女西服打板和推板过程中已经设置了一个面料缩水率，但排料时面料缩水率又有变化，则不需要回到打推系统去重新修改缩水，只需要点击"辅助"或"计算"按钮，会弹出如图 5-52 的"缩水补偿辅助计算"对话框，在对话框中分别在"样板已作的缩水处理值"和"实际布料的缩

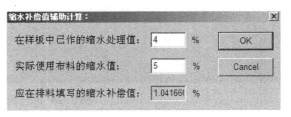

图 5-52　缩水补偿辅助计算

水值"输入框中输入相应的数值（如 4% 和 5%），系统会计算出"应在排料填写的缩水补偿值"（如 1.0416%），按 <OK> 按钮后，该补偿数值会自动进入相应的缩水输入框中。

③ 选择排片纱向为"双方向"的，即面料没有方向性要求，排料时裁片可进行 180° 翻转。

④ 设置裁片各号型的"正向套数"及"反向套数"，如将 170/90 号型的"正面套数"设定为 0 时，其"反向套数"会自动由 0 变 1，则排料总套数为 3 套，其中正向套数 2 套、反向套数 1 套。

⑤ 设置排料方案的倍数为 1。即需要排料的方案女西服为 3 套，不进行倍数放大。

以上 5 项设置完毕后，按 <OK> 键，进入排料主画面，如图 5-1 所示。

图 5-53 多步自动排料计时框

（二）自动排料

ET 服装 CAD 系统的自动排料功能分为"多步排料"、"自动排料"和"快速排料"三种排料精细度由高到低的自动排料方法，系统进行自动排料所需时间也相应的有长到短。"多步排料"功能的面料利用率最高，如果时间允许尽量采用这种方式。

（1）选择【自动排料/多步排料】菜单，弹出如图 5-53 的"计时"框，耐心等待计时框自动消失后，麦架的利用率和长度是最为理想的，该女西服在经过近半小时的等待后，麦架利用率达到了 80.1%，如图 5-54 所示。但是如果是人为的按"×"按钮关闭计时对话框，那么麦架就是之前自动排料中最好的一床。

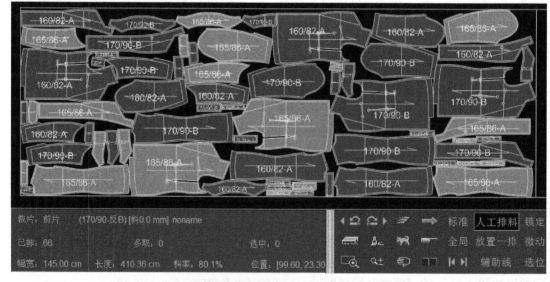

图 5-54 多步自动排料麦架

（2）选择【自动排料/自动排料】或【自动排料/快速排料】菜单，系统会在较短时间内自动排出较为理想的麦架，但面料利用率没有"多步排料"高，如本实例在"快速排料"和

"自动排料"时的面料利用率分别为70%和73.6%。在排料时间比较紧张时，可以先采用这两种方式进行大片的自动排料，然后再对小片或可以微压、微转的裁片进行人工排料。

（3）自动排料结束后，右下角麦架信息栏中可以看到排料的相关信息，包括：已排 66 片、幅宽 145.00cm、长度 410.36cm、料率 80.1%以及多取等。

（4）选择菜单中的【文件/保存】功能，弹出"保存"对话框，选择保存排料文件的文件夹，取排料文件名为"女西服0901"点击"保存"按钮，完成排料文件的保存，如图5-55所示。

图5-55 保存排料文件

二、手动排料实例

新建排料文件部分可参考前面自动排料的步骤。

新建一个排料文件后进入排料界面即可进行排料，排料操作难度不大，但技术要求较高，要有经验是排料人员操作才能制作出较好的排料图。

1. 取片

排料时在待排区中用鼠标左键"点选"裁片下的数字，就可取下相应的一片裁片，可观查到待排区的裁片数相应减少了一个；取下的裁片被吸附在鼠标上。

2. 压片排料

鼠标在排料区中选定一个位置后，以叠压已排麦架的方式点击左键，该裁片会自动弹开成靠紧状，而不重叠。如图5-56和图5-57所示。

3. 用以下操作方法提高面料利用率

（1）裁片重叠操作。先选择"放大"工具（快捷键F5），放大需要调整的部位；再选"微动"工具，用鼠标左键选择一个或一组裁片，按键盘上的↓、↑、←、→键，移动裁片使其与其他裁片重叠一定尺度；每按一次方向键，裁片移动1mm（屏幕上会及时显示重叠量）。

（2）裁片旋转操作。裁片在被鼠标吸附状态时，按<空格>键可以180°转动裁片；按"<"或">"键可以向左或向右45°转动裁片；按"K"或"L"键可以向左或向右微转裁片。

4. "接力排料"和"选位"功能

在大片排完之后仅剩若干下片，特别是进行小片比较多、号型比较多的板型排料时，使用 ET 服装 CAD 系统独创"接力排料"和"选位"的功能，使小片的繁杂取片和选位排料工作变得方便快捷。

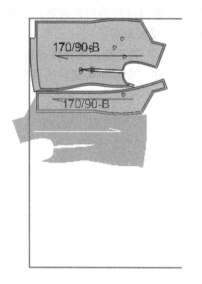

图 5-56　压片排料操作　　　　　　图 5-57　排料结果

（1）鼠标左键选择"接力排料"功能后，左键点击待排区的裁片号型，则该号型裁片将一个接一个的吸附在鼠标上，这时再选择"选位"功能，系统会用白色的引导线指示可以排放的位置，点击左键即可排放该小片。

（2）再次点击左键，鼠标上又有一个小片，再次选择"选位"功能，根据引导线放置小片……如此往复直到该号型的小片全部排放为止。如图 5-58 所示。

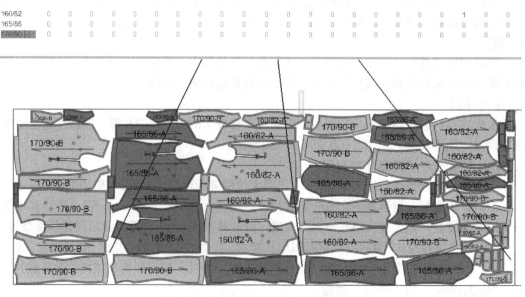

图 5-58　接力排料和选位功能组合应用

5．裁片排放完毕

在待排区的裁片下的数字或者麦架信息栏中的"待排"都显示为 0 时，说明裁片已经排放完毕，保存唛架或直接打印出图。

三、对格排料实例

对有条格的服饰，排料中必然会涉及对条对格处理，必须对布料的条格质量有所保证。以女西服主要衣片为例，对格排料的操作过程如下。

（一）设定衣片格子点

ET 服装 CAD 系统服装 CAD 的格子点功能设置在打板、推板系统的【打板/对格子】菜单中，设定衣片格子点之前，首先要确定各排片的对格关系。在各衣片间，存在着主从关系，起主要作用的衣片为主片，该衣片对格位置确定后，才能确定其他衣片。各衣片均有一个对格点，主从关系的衣片通过匹配位置相联系。

1．设定横条主对格子点

（1）在打板、推板系统中打开放过码女西服打推文件，用鼠标左键点击图标"打"或快捷键<Alt+V>进入推板状态，在基码 165/86 层进行格子点设定的操作，其他号型的格子点系统会依据基码自动生成。

（2）先选择【打板/对格子/定义横条对位点】菜单功能，进行横条对位点的设置。

在前中胸围线"点 A"的位置，按左键，再按右键。把前衣片的驳根点设为主对格子点，画面上出现粉红色圆点（横条主对格子点）。

2．设定横条对格子匹配点

仍用"定义横条对位点"功能，在前片侧缝袖窿翘处"点 B"与后片袖窿翘处"点 B'"的位置，分别按鼠标左键，无先后顺序，屏幕上出现三角与圆圈，把前衣片袖窿翘处设为与后衣片格子对齐的匹配点。再定义"点 C"与"点 C'"把前衣片袖窿处靠近肩点的第一个对凹设为与大袖片格子对齐的匹配点；用同样方法定义"点 D"与"D'"和"点 E"与"点 E'"。

3．设定竖条主对格子点

选择【打板/对格子/定义竖条对位点】菜单功能。在后领窝中点"点 F"的位置，按左键，再按右键。画面上出现蓝色圆点（竖条对格子点）。

4．设定竖条对格子匹配点

后衣片对领片来说是主片，可以作出与领片格子对齐的匹配点(后领窝点)。在"点 F"后领窝中点与领下口中点"点 F'"的位置，分别按鼠标左键，无先后顺序。屏幕上出现三角与圆圈，至此对格子点定义完毕，如图 5-59 所示。设定女西服其他主要衣片的对格子点，然后进入排料画面。

（二）新建排料文件

新建排料文件部分可参考前面自动排料的步骤。

（三）设定面料的条纹大小

在排料操作界面。选择【方案&床次/设定条纹】菜单功能（快捷键 Alt+G），弹出如图

看图学艺·服装篇

服装 CAD 应用实践

① 服装 CAD 概述

② 打板系统

③ 打板系统技巧与综合应用实例

④ 推板放码系统

⑤ 排料系统

附录

5-60 的"条纹设定"对话框，按照款式需要选择面料条纹的类型并输入条纹参数，如选择"方格"类型，横条纹参数"*A*"设置为 15cm、竖条纹参数"*B*"设置为 12cm、可以接受的最大条纹错位 0.2cm（系统默认值），按<OK>按钮完成面料条纹设定。

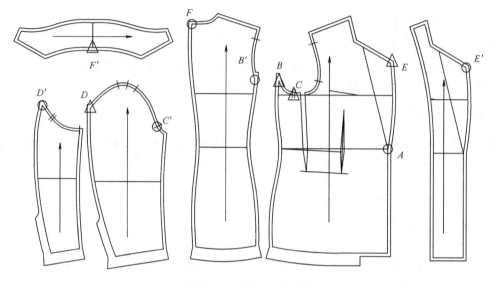

图 5-59　设定衣片格子点

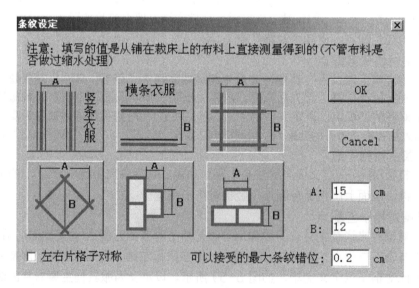

图 5-60　条纹设定

　　若排料区没有格子显示，可选择【画面控制／显示格子线】菜单功能，勾选次功能后排料区会显出格子线。

（四）对条对格排料

　　进行对格排料，由于衣片有主从关系，所以对于主对格子点的衣片和对格子匹配点的衣片的排放方法自然不同，因此排料时应该先排主片，再排匹配对格衣片。

1. 主片对格子

鼠标左键在待排区点击主片(前衣片)，到排料区再点击左键，衣片自动找到最近的对格点。

2. 必须在主片排完之后才能进行匹配对格子衣片排放

（1）鼠标左键在待排区点击前衣片匹配对格的后衣片，到排料区再点击左键，调整至适当位置，可以看见后衣片已与前衣片对位了。

（2）按照主从关系确定排片的排放顺序排放领片和大袖片、小袖片等，其排料结果如图5-61所示。

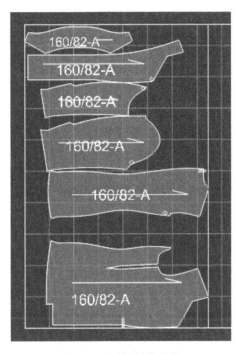

图5-61　对条对格排料

附　　录

附录一　ET 服装 CAD 系统智能笔功能

一、作图类（先左键点选）

（1）任意直线（左键点一下拉出一条任意直线，再左键点一下，右键结束）。

（2）矩形（输入长度和宽度，左键点一下，把方形框拉成你想要的位置，再点左键确定；画任意矩形时按住 Shift 键不放，左键点击一下，拉出方形，再左键点击一下即可）。

（3）画曲线（左键点击 3 下以上，右键结束）。

（4）丁字尺（左键点一下拉出一条任意直线，这时按一下 Ctrl 键就可以切换成丁字尺。所谓的丁字尺就是：水平线、垂直线、45°线；如果想换回任意直线，就再按一下 Ctrl 键）。

（5）作省道（输入长度和宽度，左键在要开省的线上点一下，拉出一条任意直线，左键再点一下即可）。

二、修改曲线类（先右键点选）

（1）调整曲线（右键点选曲线，左键拖动要修改的点，右键结束）。

（2）点追加（如果在调整曲线时发现曲线点数不够时，可以按住 Ctrl 键，在需要加点的位置点一下左键）。

（3）点减少（如果在调整曲线时发现曲线点数太多时，可以按住 Shift 键在需要删除点的位置点一下左键）。

（4）两端固定修曲线（右键点选要修改的线、输入指定长度、左键点住要调整的曲线点拖动）。

（5）点群修正（按住 Ctrl 键，右键点选要调整的线，左键点住某个点拖动）。

（6）直线变曲线（右键点选直线，中间自动加出一个曲线点）。

（7）定义曲线点数（右键点选曲线、输入指定的点数、右键确定即可）。"指定点数已包含线上的两个端点"。

（8）多功能修改（Shift+右键点选，可以调整线长度、属性文字、任意文字、刀口、缝边、线型等）。

三、修改类（先框选）左键点住拖动是框选

（1）线长调整（框选调整端后，在长度或调整量中输入数值，右键确定）。"长度"是指

把整条线调整成需要的长度；"调整量"是指把线段进行延长或减短，减短需输入负的数值。

（2）单边修正（框选调整端，左键点选修正后的新位置线，右键结束）。注意：框选时不要超过线的中点。

（3）双边修正（框选要修正的线，点选两条修正后的位置线，右键结束）。

（4）连接角（框选需要构成角的两条线端，框选时也是不过线的中点，右键结束）。

（5）删除（框选要删除的要素，按 Delete 键删除或按住 Ctrl 键点右键删除）。

（6）省折线（框选需要做省折线的四条要素，右键指示倒向侧）。

（7）转省（框选需要转省的一部分线，左键依次点选闭合前、闭合后、新省线，右键结束）。

（8）平行线（框选参照要素，按住 Shift 键点右键指示平行的方向。如果在长度输入数值，可做指定的平行距）。

（9）要素打断（框选要打断的要素，点选"通过延伸方向将线打断的那条要素"，按住 Ctrl 键点右键）。

（10）端移动（框选移动端，在框选未松开左键时按住 Ctrl 键，先松开鼠标左键再放开 Ctrl 键，右键点新端点）。

（11）要素合并（框选要合并的要素，按＋号）。

附录二　打板、推板的快捷键及功能

点模式类	
F4: 要素点模式	F5: 任意模式/智能模式
显示：	
F6 或 V: 全屏显示	F7 或 B: 单片全屏显示
F8: 关闭所有皮尺显示	F9: 显示与关闭分类对话框
F10: 恢复前一画面显示	F11: 显示隐蔽后的裁片
F12: 关闭英寸白圈表示	C: 视图重叠
Z: 放大	X: 缩小
功能类	
~: 智能笔工具	Enter: 切换到点纵横偏移工具
: 切换到计算器输入框	Back Space: 曲线退点
Alt+A: 裁片平移	Alt+C: 移动点规则
Alt+D: 曲线群点修改编辑	Alt+S: 刷新缝边
Alt+V: 切换打、推板状态	Alt+X: 基础号型显示
Alt+Z: 推板展开	
辅助线类	
Alt+1: 添加/删除水平、垂直于"屏幕"的辅助线	
Alt+2: 添加/删除水平、垂直于"要素"的辅助线	
测量工具类	
Ctrl+1: 皮尺测量	Ctrl+2: 要素长度测量
Ctrl+3: 两点测量	Ctrl+4: 要素拼合测量
Ctrl+5: 要素上的两点测量	Ctrl+6: 角度测量

其他类	
F2 或 Ctrl+S：保存文件	F3 或 Ctrl+O：打开文件
Ctrl+Z：UNDO 撤消操作	Ctrl+X：REDO 恢复操作
Page Up：切换到智能点输入框	Page Down：切换到数值输入框
空格键 Space：所有输入框数值清零	

附录三　排料系统快捷键及功能

快捷键名称	用　途
Page up	待排区内裁片向左平移
Page down	待排区内裁片向右平移
W、A	排料区内排料图向下平移、排料区内排料图向右平移
S、Z	排料区内排料图向左平移、排料区内排料图向上平移
↑、↓	在人工排料时，为上、下、左、右滑动
←、→	在微动排料时，为上、下、左、右按微动量移动
小键盘 2、4、6、8	在微动排料时，为上、下、左、右按微动量移动
空格键	当裁片在鼠标上时，根据布料的方向设置，转动裁片 1. 布料单方向，不能转动裁片 2. 布料双方向，180°转动裁片 3. 布料无方向，180°转动、水平翻转及垂直翻转裁片
Insert	复制裁片（此功能多在可"允许额外选取裁片"时，才能使用） 左键框选要复制的裁片；按<Insert>键，可将所选裁片复制在鼠标上
Delete	删除裁片，在鼠标上的裁片或选中的裁片，被删回待排区
K、L	向左微转裁片、向右微转裁片
<、>	向左 45°转动裁片、向右 45°转动裁片
F3、F4	人工排料、输出
F5、F6、F7	放大、动态放缩、平移
I、O、G	垂直翻转、水平翻转、对格排料模式
Home、End	床起始线到鼠标位置、床尾线到鼠标位置
+、−	组合、拆组
Ctrl+A	全选
Ctrl+S、Ctrl+O	保存、打开

附录四　ET 服装 CAD 系统打板工具使用方法

序号	图　标	名称	使 用 方 法
1		端移动	框选（或点选）移动端，右键结束，把移动点移到目标点（按 Ctrl 键可以复制），分"局部"和"整体"移动,"局部移动"指的是只移动端点与它最近一点之间的线，而"整体移动"则是指整条线都移动
2		平行线	先选择参考线，输入对应的平行距离和线数，在指定的方向上点击左键

看图学艺·服装篇　服装 CAD 应用实践

① 服装 CAD 概述
② 打板系统
③ 打板系统技巧与综合应用实例
④ 推板放码系统
⑤ 排料系统
附录

序号	图 标	名称	使 用 方 法
3		角度线	选择参考要素，输入长度和角度，左键分别点击角度线起点和终点，左键结束
4		双圆规	点击目标点 1 和目标点 2，然后选择合适的位置和方向，按左键确认
5		单圆规	输入半径，左键点击起点，选择目标要素
6		扣子	先输入数值，左键点击扣子的起点和终点，右键生成基线。绿色显示时可修改数值，点左键进行预览，右键结束；可做"等距"和"非等距"两类扣子
7		扣眼	先输入数值，左键点击扣眼的起点和终点，右键生成基线；左键指示扣偏侧方向，绿色显示时可修改数值，点左键进行预览，（按 Ctrl 键生成纵扣眼）右键结束；也可做"等距"和"非等距"两类扣眼
8		单向省	先输入省量，左键框选或点选省尖位置，左键确定省线方向
9		枣弧省	左键指示省的中心点，在对话框内输入所需数值；按"确定"结束
10		省道	法向省：先输入省长和省量，按住左键拖动做出省中心线 斜省：先输入省量，点选做省线，再点选省中心线
11		省折线	左键框选四条省线，移动鼠标选择省的倒向侧，也可自定义省深度，点左键确定
12		转省	选择所有参与转省要素，按右键结束，然后选择闭合前省线，再选闭合后省线，最后选择新的省线，按右键结束（若做等分转省，则在"等分数"框里输入数值即可）
13		接角圆顺	首选确定被圆顺要素是否需要合并，依次选择被圆顺要素，按右键结束要素选择，依次点选缝合要素的起点端，按右键结束；调整圆顺曲线，按右键结束曲线调整
14		点打断	左键点选要打断的线，左键点选要打断的位置，可在点输入框中输入数值
15		要素打断	选择被打断要素，按右键结束（按 Shift 键可进行相互打断），左键点选打断要素即可
16		要素合并	先输入要素合并后的点数，选择合并要素，右键结束
17		要素属性设置	选择目标要素，按右键结束要素选择（包括：辅助线，对称线，全切线，不对称，虚线，不输出，半切线，剪切线，清除，不推线，内环线）
18		形状对接及复制	选择对接要素，按右键结束选择，再指定对接前起点，指定对接前终点，指定对接后起点，指定对接后终点，按住 Ctrl 可进行复制
19		纸形剪开及复制	选择所有被剪开要素，按右键结束选择，选择剪要素，按右键结束选择，在移动侧拖动鼠标到指定位置，按 Ctrl 可以复制
20		刀口	普通刀口：先在长度或比例处输入数值，框选要素起点端，右键结束 要素刀口：点选两要素，右键结束，如按 Ctrl 可做反转要素刀口
21		袖对刀	依次选择前袖笼线，按右键结束选择；然后选择前袖山线，按右键结束；再选择后袖笼线，按右键结束选择；再选择后袖山线，按右键结束。最后把需要的数值填入对应的对话框内即可
22		刀口修改及删除	框选被修改刀口，输入新的刀口参数，按右键结束修改（若要删除刀口，先框选刀口，按 Delete 键即可）
23		打孔	左键点选打孔的位置，可在点输入框中输入数值

① 服装 CAD 概述
② 打板系统
③ 打板系统技巧与综合应用实例
④ 推板放码系统
⑤ 排料系统
附录

序号	图标	名称	使用方法
24	TEXT	裁片属性定义	在目标裁片中画出纱向两点位置（第2点为纱向箭头方向），按住Shift+左键可定义二级纱向，按右键可修改纱向，按Shift+右键可选删除二级纱线
25		缝边刷新	直接点击该工具，能把闭合图形变成裁片；如对净边进行修改，按该工具后，缝边会自动进行修改；可将要素线转为属于裁片的线
26		自动加缝边	选输入缝边宽，左键框选一个或多个完整裁片，右键结束
27		修改缝边宽度	输入新的缝边宽，左键点选（或框选）要修改的净边，按右键结束
28		缝边角处理	延长角：点选单一要素，反转角：框选单一要素（按Ctrl直线反转）；折叠角：框选成角的两条同片要素；直角：点选两条缝合要素；延长反转角：分别框选两条缝合要素；切角：先输入切量1和切量2的数值，按住Shift，分别框选两要素
29		删除缝边	选择目标裁片，按右键结束选择
30		缩水操作	先输入缩水量，左键框选或点选所需操作的裁片，按右键确认（按Shift键进行单方向缩水）
31	朴	自动生成朴	选择朴基础边，按右键结束选择；然后选择放置位置；按左键放下
32		裁片拉伸	一次性框选参与操作的要素（左键可点选多余要素），右键结束；在对话框中输入移动量，点上、下、左、右移动，按确定
33		两枚袖	选择前袖山线，再选择后袖山线，把数值输入对话框，按确定
34	2/1	等分线	首先输入等分数，左键指示等分线起点，然后指示终点
35	abc	任意文字	指定文字标定位置和标注方向，并输入标注文字
36	R	皮尺测量	左键选择测量要素的起点端，按F8键可关闭皮尺显示
37		要素长度测量	选择被测量要素（如果为多条，则作求长度求和），按右键结束选择
38		两点测量	选择第一点，然后选择第二点即可
39		拼合检查	选择第一组目标要素，（Ctrl+右键：求和检查）右键结束。然后选择第二组目标要素，右键结束选择
40		要素上两点测量	选择目标要素，指定第一点，然后指定第二点即可
41		角度测量	指定两条目标要素即可
42		变更颜色	选择目标要素，右键结束选择
43		直角连接	输入直角连接起点，然后输入连接终点，左键确定直角连接方向
44		固定等分割	先输入分割量和等分数，框选参与分割的要素，右键结束；指示固定侧要素的起点端，指示展开侧要素的起点端，右键结束（按Ctrl键+右键，可自动连接）
45		指定分割	先输入分割量，框选参与分割的要素，按右键结束。点选固定侧要素，点选展开侧要素；从静止端依次选择分割线，右键结束（按Ctrl键+右键，可自动连接）
46		单边分割展开	先输入展开量，选择基线要素，按右键展开

序号	图标	名称	使用方法
47		多边分割展开	先输入分割量，框选参与展开的要素，按右键结束；左键选择基线，左键选择分割线，按右键结束
48		半径圆	输入半径，左键点击圆心位置即可
49		切线\垂线	指定切线（或垂线）起点，指定切线圆或曲线，按 Shift 键可获得垂线
50		圆角处理	选择参与圆角处理的两条要素，可拖动鼠标指示圆角半径大小，也可输入圆角半径
51		曲线圆角处理	选择参与圆角处理的两条要素，可拖动鼠标获得理想的曲线连接
52		贴边	框选参与贴边操作的要素，右键结束。按住左键拖动贴边线或直接输入贴边宽度
53		明线	先输入数值，左键点选参考线，左键点选明线方向
54		波浪线	左键点选基线的起点，然后点选终点，左键点选波浪线的位置（此点距基线的距离可决定波浪线的浪高）
55		衣褶	先输入褶量，左键框选参与做褶的要素，右键结束；从固定侧开始依次点选褶线的上端，右键结束；左键点选衣褶的倒向侧，绿色显示时可修改数值，点左键进行预览，右键结束
56		两点相似	点选或框选参考要素的起端，然后指定第一点与参考要素的参考点对应，再指定第二点，按住 Shift 键可以同时删除原要素
57		局部调整	在一条或多条要素上指示调整要素的固定点，右键结束（右键位置要靠近调整侧的端点），在对话框中输入移动量，点上、下、左、右键移动，按确定
58		删除	选择被删除对象，按右键确认
59		平移	选择平移对象，按右键确认。拖动或采用方向键平移目标对象到指定位置，按下 Ctrl 可进行移动拷贝
60		水平垂直补正	选择所有参与的要素，按右键结束选择；选择补正参考要素，按 Shift 键为水平补正，否则为垂直补正
61		水平垂直镜像	选择镜像要素，按右键结束选择，作出镜像轴，按 Ctrl 可进行复制
62		要素镜像	选择镜像要素，按右键结束选择，指定镜像轴要素，按 Ctrl 可进行镜像复制

① 服装 CAD 概述　② 打板系统　③ 与打板系统综合应用实例　④ 推板放码系统　⑤ 排料系统　附录

附录五　ET 服装 CAD 系统放码工具使用方法

序号	图标	名称	使用方法
1		尺寸表	选尺寸表功能，输入放码部位名称及推放数值，确定
2		移动点规则	框选放码点，输入横纵放码量，确定；按 Shift 键可以多选点，按 Ctrl 键可以自定义放码方向

看图学艺·服装篇

服装 CAD 应用实践

① 服装 CAD 概述

② 打板系统

③ 打板系统技巧与综合应用实例

④ 推板放码系统

⑤ 排料系统

附录

序号	图标	名　称	使 用 方 法
3		固定点规则	框选放码点，确定
4		要素比例点	框选放码点，点选该点所在线
5		两点间比例点	框选放码点，再框选两边的参考点
6		要素距离点	框选放码点，点选要素距离的起点方向，输入距离数值或尺寸，确定
7		方向移动点	框选放码点，点选参考线，点击要素垂直方向，输入要素长度与（垂直移动量一般不用输入），确定
8		距离平行点	框选放码点，点选参考线，输入横向或纵向的偏移量，确定
9		方向交点	框选放码点，点击要锁定的线
10		要素平行交点	框选放码点，点选构成角的两条边
11		删除放码规则	框选放码点右键结束
12		点规则拷贝	先选择拷贝方式，框选参考点（已放过码的）再框选需放码的点（可以很多）点右键结束
13		分割拷贝	先框选大片（放过码的点）某点，再框选从大片上分割下来的小片上的相对应的点
14		片规则拷贝	先选择拷贝方式，框选放过码的片的布纹线，再框选需放码的片的布纹线右键结束，展开
15		文件间片规则拷贝	选择该工具，选择对应的拷贝方式，框选弹出的参照文件中的片的纱向，再框选须放码文件中的对应的片的纱向，右键结束
16		推板展开	按此工具即可
17		对齐	框选要对齐的点就行，按 Shift 可以纵向对齐，按 Ctrl 要以横向对齐。要回到原来状态按展开

参考文献

[1] 谭雄辉，张宏仁，徐佳. 服装 CAD. 北京：中国纺织出版社，2002.

[2] 罗春燕，马仲岭，虞海平. 服装 CAD 制板实用教程. 第二版. 北京：人民邮电出版社，2009.

[3] 刘荣平，李金强. 服装 CAD 技术. 北京：化学工业出版社，2007.

[4] 吴俊. 女装结构设计与应用. 北京：中国纺织出版社，2002.

[5] 刘瑞璞，刘维和. 女装纸样设计原理与技巧. 北京：中国纺织出版社，2005.

[6] 王海亮，周邦桢. 服装制图与推板技术. 第三版. 北京：中国纺织出版社，1999.

[7] 罗春燕，马仲岭，虞海平. 服装 CAD 制板实用教程. 第二版. 北京：人民邮电出版社，2009.

[8] 陈建伟. 服装 CAD 应用教程. 北京：中国纺织出版社. 2008.

[9] 齐德金. 服装 CAD 应用原理与实例精解. 北京：中国轻工业出版社. 2009.

[10] 宋玉生. 服装 CAD. 北京：高等教育出版社. 2005.

[11] 傅月清，龙琳. 服装 CAD. 北京：高等教育山版社. 2007.

[12] [英]斯蒂芬·格瑞. 服装 CAD/CAM 概论. 张辉等译. 北京：中国纺织出版社. 2000.